普通化学实验

主 编 谷学德 盘鹏慧 杨柳青

北京理工大学出版社
BEIJING INSTITUTE OF TECHNOLOGY PRESS

内 容 简 介

本书是根据普通高等学校少数民族预科教育这一特殊层次的需要而编写的《普通化学实验》教材。

该书共 8 章，第 1 章为绪论；第 2 章至第 5 章为实验基础知识和基本操作部分，介绍了实验室基本常识、实验数据的表达与处理、常用仪器的使用和实验基本操作，以便于学生学习掌握化学实验的基础知识和基本操作技术；全书共 33 个实验，其中第 6 章的 23 个实验是基础实验，第 7章的 10 个实验是综合、设计与研究性实验，为学生实验技能的训练和综合实验能力及创新能力的培养提供了丰富的实践教学资源；第 8 章的阅读材料选编了 8 篇化学与农业、环境、材料学、健康等方面的文章，以期达到素质教育的目的。

本书为高等院校民族预科普通化学实验课教材，同时适用于高等院校非化学化工专业、医科院校非药学专业、高等师专、高职高专和成人教育的教学，也可作为中专、中学化学教师的教学参考书。

图书在版编目（CIP）数据

普通化学实验 / 容学德，盘鹏慧，杨柳青主编. —北京：北京理工大学出版社，2020.8（2023.8重印）

ISBN 978-7-5682-8932-0

Ⅰ. ①普…　Ⅱ. ①容…　②盘…　③杨…　Ⅲ. ①化学实验-少数民族教育-高等学校-教材　Ⅳ. ①O6-3

中国版本图书馆 CIP 数据核字（2020）第 154049 号

出版发行 / 北京理工大学出版社有限责任公司
社　　址 / 北京市海淀区中关村南大街 5 号
邮　　编 / 100081
电　　话 / （010）68914775（总编室）
　　　　　 （010）82562903（教材售后服务热线）
　　　　　 （010）68944723（其他图书服务热线）
网　　址 / http://www.bitpress.com.cn
经　　销 / 全国各地新华书店
印　　刷 / 三河市天利华印刷装订有限公司
开　　本 / 787 毫米×1092 毫米　1/16
印　　张 / 13.5
字　　数 / 293 千字
版　　次 / 2020 年 8 月第 1 版　2023 年 8 月第 2 次印刷
定　　价 / 38.00 元

责任编辑 / 江　立
文案编辑 / 赵　轩
责任校对 / 刘亚男
责任印制 / 李志强

图书出现印装质量问题，请拨打售后服务热线，本社负责调换

前 言

化学是一门以实验为基础的学科。实验教学在化学教学中一直占有相当重要的地位。普通化学实验是大学预科学生在预科阶段学习期间的一门实践性课程，该课程在培养学生的化学实验基础知识、基本操作技能以及化学实验素养等方面具有十分重要的作用，为预科学生升入大学本科后更好地适应后续课程的学习奠定一个良好的基础。

在教育教学改革的新形势下，为了更好地满足普通化学实验教学和学生实践性学习的需要，根据广西普通高等学校民族预科普通化学实验教学大纲的要求，重新对《普通化学实验》教材进行编写。

在编写教材过程中，既考虑了我国现行普通高中化学实验教学的现状，又考虑了高等学校预科化学实验教学的特殊要求，还吸收了一些大学本科院校的基础化学实验、无机化学实验等课程对应教材的优点，并结合了编写组成员多年来的实验教学经验。全书由绪论，实验基础知识和基本操作，基础实验，综合、设计与研究性实验，阅读材料和附录6部分组成。

实验基础知识和基本操作部分（第2章至第5章）介绍了实验室基本常识、实验数据的表达与处理、常用仪器的使用和实验基本操作等内容，以利于学生掌握化学实验的基础知识和基本操作技术，为顺利完成实验内容做准备。

基础实验部分（第6章）选编了23个实验，其中有5个微型实验。这部分内容作为课程教学的重点，其目的是通过实验，训练学生实验技能，培养学生掌握实验数据的处理和实验结果的分析、归纳方法，掌握无机化合物的性质、制备方法及应用，使学生在做好基础化学实验的同时，又培养了实验品质、提高了实验能力。

综合、设计与研究性实验部分（第7章）选编了10个实验，这部分实验主要是为了鼓励学生运用已掌握的实验知识和技能，自己开拓思路、探索实践，充分调动学生的积极性和创造性，培养学生实践创新能力和实验设计能力。

阅读材料部分（第8章）选编了8篇化学与农业、环境、材料学、健康等方面的文章，通过介绍化学与人类社会之间的密切关系，以期达到素质教育、提高学生学习兴趣和开阔学生视野的目的。

附录部分列出了实验过程中可能需要用到的一些常用数据，数据准确、全面，便于学生随时查阅。

本教材由容学德组织编写和修订，编写工作由容学德、盘鹏慧、杨柳青共同完成，具体编写工作为：容学德（第1~5章、第6章实验1~5和实验13~15及实验19~23、第7章、第8章、附录）；盘鹏慧（第6章实验12及实验16~18）；杨柳青（第6章实验6~11）。全书由容学德完成统编定稿工作。

本书的编写，参阅和引用了一些书籍资料及优秀教材的内容和研究成果，虽尽量在参考文献中列出，但可能还有遗漏，在此向他们表示诚挚的谢意。

本教材的出版获得了广西民族大学教材建设立项资助，在编写过程中得到了广西民族大学化工学院的吴胜富老师和广西民族大学图书馆的卢家利老师的大力支持和帮助，北京理工大学出版社为本书的出版做了大量细致的工作，在此一并表示感谢。

由于编者水平有限，书中难免有错漏和不妥之处，恳请读者批评指正。

编　者

2020年4月

目 录

第1章 绪 论 ……………………………………………………………… (1)

1.1 化学实验的重要意义 ……………………………………………… (1)

1.2 普通化学实验的教学内容 ………………………………………… (2)

1.3 普通化学实验的目的和任务 ……………………………………… (2)

1.4 普通化学实验的学习方法 ………………………………………… (3)

1.5 普通化学实验的教学方法 ………………………………………… (4)

1.6 普通化学实验报告的格式 ………………………………………… (4)

第2章 实验室基本常识 ………………………………………………… (8)

2.1 学生实验守则 ……………………………………………………… (8)

2.2 化学实验室安全守则 ……………………………………………… (9)

2.3 实验室中一般伤害救护常识 ……………………………………… (9)

2.4 实验室"三废"物质的处理 ……………………………………… (10)

2.5 实验室常用水 ……………………………………………………… (12)

第3章 实验数据的表达与处理 ………………………………………… (13)

3.1 误差 ………………………………………………………………… (13)

3.2 有效数字 …………………………………………………………… (15)

3.3 实验数据的表达与处理 …………………………………………… (17)

第4章 常用仪器的使用 ………………………………………………… (20)

4.1 常规玻璃仪器及器皿用具 ………………………………………… (20)

4.2 微型仪器简介 ……………………………………………………… (27)

4.3 称量仪器 …………………………………………………………… (30)

4.4 pH 计 ……………………………………………………………… (35)

4.5 电导率仪 …………………………………………………………… (37)

4.6 分光光度计 ………………………………………………………… (39)

4.7 其他 ………………………………………………………………… (42)

第5章 实验基本操作 …………………………………………………… (44)

5.1 玻璃仪器的洗涤和干燥 …………………………………………… (44)

5.2 基本量度仪器的使用方法 ……………………………………………… (45)

5.3 化学试剂的储存和取用 …………………………………………………… (51)

5.4 加热与冷却 ………………………………………………………………… (54)

5.5 固体物质的溶解、蒸发、结晶和固液分离 ……………………………… (58)

5.6 试纸的使用 ………………………………………………………………… (61)

第 6 章 基础实验 ………………………………………………………………… (64)

实验 1 玻璃管的简单加工 ………………………………………………… (64)

实验 2 分析天平的使用 …………………………………………………… (67)

实验 3 溶液的配制 ………………………………………………………… (68)

实验 4 粗食盐的提纯 ……………………………………………………… (70)

实验 5 化学反应速率和化学平衡 ………………………………………… (73)

实验 6 酸碱滴定 …………………………………………………………… (76)

实验 7 电离平衡和盐类水解 ……………………………………………… (79)

实验 8 沉淀溶解平衡 ……………………………………………………… (83)

实验 9 氧化还原反应和电化学 …………………………………………… (86)

实验 10 蒸馏水的制备 ……………………………………………………… (90)

实验 11 元素性质的周期性变化 …………………………………………… (94)

实验 12 配位化合物 ………………………………………………………… (96)

实验 13 碳、硅、硼、氮、磷 ……………………………………………… (98)

实验 14 卤素、氧、硫 ……………………………………………………… (101)

实验 15 碱金属和碱土金属 ………………………………………………… (105)

实验 16 铬和锰 ……………………………………………………………… (108)

实验 17 铁、钴、镍 ………………………………………………………… (111)

实验 18 铜、银、锌 ………………………………………………………… (114)

实验 19 微型滴定（微型实验） …………………………………………… (117)

实验 20 电离平衡和盐类水解（微型实验） ……………………………… (119)

实验 21 电导法测定乙酸电离度和电离常数（微型实验） ……………… (122)

实验 22 沉淀溶解平衡（微型实验） ……………………………………… (125)

实验 23 卤素（微型实验） ………………………………………………… (128)

第 7 章 综合、设计与研究性实验 …………………………………………… (131)

实验 1 果蔬维生素 C 含量测定 …………………………………………… (131)

实验 2 茶叶中微量元素的分离和鉴定 …………………………………… (133)

实验 3 从含银废液中回收金属银 ………………………………………… (136)

实验 4 碱式碳酸铜的制备 ………………………………………………… (138)

实验 5 硝酸钾的制备和提纯 ……………………………………………… (140)

实验 6 海带中碘的提取 …………………………………………………… (142)

实验 7 固体酒精的制备 …………………………………………………… (143)

实验 8 吸烟与喝酒的检测 ·· (145)

实验 9 红砖中氧化铁成分的检验 ····································· (147)

实验 10 离子鉴定和未知物的鉴别 ··································· (148)

第 8 章 阅读材料 ··· (150)

阅读材料 1 化肥与现代农业 ·· (150)

阅读材料 2 水质指标 ··· (152)

阅读材料 3 水处理技术 ··· (154)

阅读材料 4 化妆品与防晒 ·· (156)

阅读材料 5 维生素 C 的发现及其作用 ······························ (157)

阅读材料 6 太阳能（光伏）电池 ···································· (158)

阅读材料 7 纳米材料 ··· (161)

阅读材料 8 控制全球变暖的综合对策 ································ (163)

附 录 ··· (165)

附录 1 元素的相对原子质量 ·· (165)

附录 2 不同温度下水的饱和蒸气压 ·································· (167)

附录 3 实验室常用酸碱浓度 ·· (169)

附录 4 某些特殊试剂的配制 ·· (170)

附录 5 弱酸的电离平衡常数 ·· (172)

附录 6 常见难溶电解质的溶度积常数 ································ (174)

附录 7 常见金属离子沉淀时的 pH 值 ································ (179)

附录 8 标准电极电势（298 K） ····································· (181)

附录 9 一些金属配合物的稳定常数 $\lg \beta_i$ ························· (189)

附录 10 某些离子和化合物的颜色 ··································· (193)

附录 11 常见阴阳离子的鉴定 ······································· (196)

附录 12 危险药品的分类、性质和管理 ······························ (201)

参考文献 ··· (203)

第1章

绪 论

化学是自然科学中的一门重要的学科，它是人类认识和创造物质世界的科学。化学实质上是一门以实验为基础的科学，其形成和发展都是建立在实验的基础上。化学实验为化学理论的完善和发展提供了依据，而化学理论对于化学探索具有指导意义。因此，化学实验和化学理论是相辅相成的，正是化学实验和理论的相互促进、相互制约，共同推动着化学科学的不断发展。

1.1　化学实验的重要意义

化学实验是人类认识物质化学性质、解释化学变化规律和检验化学理论的基本手段。化学家在实验室中模拟各种条件，细致地对实验现象进行观察、分析、比较，并从中得出有用的结论。例如，很多新元素和新的化合物都是在实验室中被发现的，门捷列夫的周期律也是建立在大量实验事实的基础之上的，而且门捷列夫周期律的科学性和正确性也是由实验来验证和确立的。

在浩瀚的化学领域中，绝大多数化学家都从事着实验发现的工作。这不仅仅因为实验是化学学科的传统，也由于化学研究对象的复杂性。面对复杂体系的探索和研究，在很多时候，通过实验来认识或深入理解几乎是唯一选择。在化学史上，有许许多多这样的实例来印证化学实验对于化学发展的重要性，例如居里夫人发现镭元素的故事就是其中一个精彩的范例。

化学实验的重要性，一方面表现在：化学实验是化学理论产生的基础，化学的变化规律和理论成果建筑在实验成果之上；另一方面表现在：化学实验是检验化学理论正确与否的唯一标准。今天的化学家不仅研究地球重力场作用下发生的化学反应，而且已开始研究物质在磁场、电场、光能、机械能以及声能等条件下的化学过程。化学实验推动着化学学科乃至相关学科飞速发展，引导人类进入崭新的物质世界。

总之，在开始化学学习时，要重视实验技能的训练，掌握熟练的实验技巧，为今后的课程学习和实验探索打好基础。

1.2　普通化学实验的教学内容

普通化学实验是一门重要的基础实验课程，是实践性环节的重要一环。该课程以介绍化学实验原理和方法为主要内容，以实际操作为主要手段，以培养操作技能和创新精神为主要目标。通过基本操作技能的训练，使学生学会和掌握化学实验的基本操作技能，提高动手能力，为今后的学习和将来从事科学研究奠定基础；通过物质的制备、分离、提纯和合成实验，学会制备、合成相关物质的原理和方法，掌握分离提纯物质的方法；通过理论验证实验，验证化学的理论和物质的性质，总结出化学的原理、定律和变化规律；通过滴定分析实验，学会和掌握定量分析的基本原理、方法及滴定结果的表达，并培养正确规范的滴定操作；通过化学常数测定实验，学会和掌握相关数据的测定原理、测定方法及仪器的使用，并对数据进行分析处理，进而得出相关的定律、原理或结论；通过综合、设计和探究性实验，使学生注重理论与实际应用的结合，有助于培养学生发现问题、提出问题、分析问题和解决问题的综合能力和创新意识；通过对微型化学实验的初步研究和应用，有助于增强学生的节能环保意识、实验安全意识和科学探究意识，提高学生的观察能力、创新思维能力和批判性思维能力。总而言之，通过本课程的教学，使学生的思维方法和操作技能得到训练，让学生学会对实验现象、实验数据、实验结果进行观察分析、归纳总结和联想演绎，对物质的"组成—结构—性质—应用—制备—提纯—测定"的关系有一个较为全面的认识，从而获得化学实验的基础知识、基本理论和基本技能，培养学生的环保意识和安全意识，并培养学生的科学精神、创造性思维和创新能力。

1.3　普通化学实验的目的和任务

普通化学实验不仅能让学生验证、巩固和扩大课堂上学过的一些知识，使其掌握实验操作的基本技术，提高学习兴趣，同时还能在化学实验的过程中，培养他们的创造性思维能力，使其掌握科学研究和科学发明的基本方法，为他们将来从事科学研究打下基础，也为日后在工作中分析解决问题提供更多的思路和途径。

通过普通化学实验课程的学习，学生要达到以下要求：

(1)具有规矩意识、安全意识和环境保护意识；

(2)经过严格训练，能规范地掌握基本操作、基本技能，正确使用各类相关的仪器，掌握阐明化学原理的实验方法，掌握无机物的一般制备、分离、提纯及常见化合物和离子鉴定的实验方法；

(3)学会记录和处理实验数据，正确表达实验结果，逐步提高对实验现象及实验结果进行分析判断、逻辑推理和得出正确实验结论的能力；

(4)提高查阅资料、获取信息的能力，具备一定的应用化学知识和实验技能分析解决化学问题的能力；

(5)形成实事求是的科学态度、勤俭节约的优良作风、整洁卫生的良好习惯、相互协作的团队精神和勇于探索的创新意识；

(6)了解实验室工作的有关知识，如实验室试剂与仪器的管理、实验中可能发生的一般事故及其处理方法、实验室废液的处理办法等。

1.4 普通化学实验的学习方法

要做好普通化学实验，不仅要明确实验目的，而且要有正确的学习态度，还要掌握学习普通化学实验的方法。现将学习普通化学实验的方法介绍如下。

1. 认真预习

认真预习是做好实验的前提和保证。只有清楚所做的实验将要解决哪些问题，怎样去做，为什么这样做，才能主动和有条不紊地进行实验，取得应有的效果。

(1)阅读理解实验教材、普通化学教科书和参考资料。

(2)明确实验目的，理解实验原理。

(3)了解实验内容、步骤、基本操作、仪器的使用方法及实验中的注意事项。

(4)在预习的基础上，写好预习报告(内容包括实验目的、实验原理、实验步骤、实验习题、做好实验的关键及应注意的安全细则等)。

2. 亲手实验

实验前认真倾听教师对实验原理、实验内容和注意事项的讲解和提问，参加讨论，做好笔记，对不理解的问题及时发问，仔细观看教师的操作示范。实验过程中应该：

(1)严格遵守实验规则，实验过程中应保持肃静，节约药品和水电，爱护仪器，公用的实验仪器和药品用完应及时放回原位；

(2)正确、规范地操作和使用仪器，养成专心致志地观察实验现象的良好习惯；

(3)亲手完成每项实验操作和全部实验工作，认真操作，细心观察，深入思考，得出实验结果和结论，逐步提高实验技能；

(4)遇到疑难问题，要善于思考分析，若无法解答，可以与指导教师或身旁的同学小声讨论；

(5)如实记录实验现象和数据，不能抄袭、杜撰(虚报)数据。

3. 写好实验报告

实验报告须用专用实验报告纸撰写。实验报告是实验教学的最后一个环节，是将感性认识上升为理性认识的过程，也是撰写科技论文的初步训练。所以，应及时、独立、认真地完成实验报告，根据实验记录，归纳总结实验现象和数据，分析讨论实验结果和问题，并得出相应的结论。

书写实验报告应字迹端正，简明扼要，整齐清洁。实验结束后应及时写好实验报告，交指导教师批阅。实验报告内容一般包括：实验目的、实验原理、仪器与试剂、实验内容、实验步骤、实验现象或数据记录、现象解释或数据处理、问题讨论、提出的改进意见、思考题回答等。

1.5 普通化学实验的教学方法

实验前，向学生讲清课程的性质、任务、要求、课程安排和进度、考核内容、实验守则及实验室安全制度等。教学上，应使学生明确实验原理、实验方法及实验技术在操作步骤中的具体运用，注意基本操作技能的培养，启发学生的思维，充分发挥学生的积极性和主观能动性，使学生通过本课程的学习与实践，具备一定的化学实验素质和创新能力，以便能在一定程度上从分子水平去观察分析和研究解决本学科的各种现象和相关问题。

（1）课程教学以学生实验操作为主，积极引导和启发学生自主地实践与学习，对典型的实验技术、仪器的使用操作进行针对性的规范演示和指导。

（2）实验过程中，及时了解学生实验情况及实验结果，维持实验课堂的纪律，保证实验课程的正常运行。

（3）实验安排1人1组或2人1组，在规定的课堂时间内，由学生独立完成，出现问题及时引导学生分析解决。

1.6 普通化学实验报告的格式

实验报告的书写除了在内容和文字上有要求之外，其书写格式方面也有严格的要求。而且，不同类型的实验，报告格式有所不同。下面举出几种较为常见的实验报告格式，以供参考。

格式示例1 普通化学性质实验报告

班级_____ 姓名_____ 学号_____

同组人_____ 指导教师_____ 实验日期_____

实验名称：_____

实验目的：

实验仪器、药品：

实验内容	实验现象	理论解释和反应方程式

讨论：

小结：

附注：

格式示例 2　普通化学制备实验报告

班级＿＿＿＿＿＿＿＿＿＿　　姓名＿＿＿＿＿＿＿＿＿＿　　学号＿＿＿＿＿＿＿＿＿＿

同组人＿＿＿＿＿＿＿＿　　指导教师＿＿＿＿＿＿＿　　实验日期＿＿＿＿＿＿＿

实验名称：＿＿＿＿＿＿＿＿＿＿＿＿＿＿＿＿＿＿＿＿＿＿＿＿＿＿＿＿＿＿＿＿＿

＿＿＿＿＿＿＿＿＿＿＿＿＿＿＿＿＿＿＿＿＿＿＿＿＿＿＿＿＿＿＿＿＿＿＿＿＿＿＿

实验目的：

实验仪器、药品：

基本原理(简述)：

制备过程：

实验过程主要现象：

实验结果：

　　产品外观

　　产量

　　产率

问题和讨论：

格式示例3 普通化学测试实验报告

班级_____ 姓名_____ 学号_____

同组人_____ 指导教师_____ 实验日期_____

实验名称：_____

实验目的：

实验仪器、药品：

测定原理（简述）：

实验内容：

数据记录和结果处理：

实验结果：

附注：

第2章
实验室基本常识

化学实验室是进行实验教学的主要场所，化学实验室中有许多仪器、仪表、设备，涉及许多化学试剂甚至有毒药品。学习了解化学实验的一些基本常识，制定和遵守实验室各种规章制度，是规范教学秩序和保证师生安全的重要保障，维护仪器设备的完好、防火防毒和保护环境是贯穿整个实验过程的重要任务，也是要求学生掌握的重要课程内容。

2.1　学生实验守则

学生实验守则是学生进入化学实验室开展科学研究和实验工作时，应当要遵守的基本规则，它是维护实验室学习环境、工作秩序以及做好实验的重要前提。

(1)实验前要认真预习实验内容，写出预习报告。通过预习，明确实验目的、要求、原理，了解实验步骤、方法和有关操作技术，熟悉实验所需的药品、仪器，对可能出现的情况、现象进行预测、估计，做到心中有数。

(2)应提前10 min进入实验室，熟悉实验室环境布置及各种设施的位置，在指定的位置进行实验，对未预习者或无故迟到者，实验指导教师有权停止其实验。

(3)在实验室内，不得高声喧哗，不得随意串走，不得随意摆弄与本实验无关的仪器设备。

(4)实验开始前，应检查所需仪器、药品是否备齐。如果发现缺少，应及时补领，不能随意乱拿周围同学的仪器、药品。

(5)要注意安全，爱护仪器，节约药品、水及电。对于公用药品、仪器，应在指定地点使用，用后立即复位并保持其整洁。

(6)严格遵守操作规程，服从实验指导教师的指导。如因违反操作规程或因不听从指导，而造成实验仪器设备损坏等事故，将严格按照实验室管理的相关规定进行处理。实验过程中如发生故障，应立即向实验指导教师报告，以便及时处理。

(7)实验过程中要集中精力、认真操作、仔细观察、积极思考，及时、如实、详细地记录实验现象和实验数据。

(8)注意随时保持工作区的整洁，做到台面、地面、水槽和仪器干净，火柴梗、废弃物等应随手放入废物缸中，不得丢入水槽，以免堵塞。废液、废渣、废物不得随意倾倒，应按要求统一处理。

(9)实验结束后,应将玻璃仪器洗净收好,抹净实验台面,整理好试剂药品。值日生负责打扫整理实验室,做好清洁卫生工作,检查水、电、门窗等是否关好,以确保安全。经实验指导教师认可后方可离开实验室。

(10)根据实验记录、实验结果以及所学理论知识,认真、如实地处理数据,分析实验现象,得出实验结论,写出报告,按时上交指导老师批阅。

2.2 化学实验室安全守则

化学实验经常使用水、电、火及各种仪器、药品,有些药品是易燃、易爆、有毒、有腐蚀性的,所用仪器大部分是玻璃制品,易碎。因此特别需要注意安全,切忌麻痹大意。

(1)实验前做好预习,了解所用药品的性质及仪器的性能,熟习每个具体操作的安全注意事项。在实验过程中要集中精力,认真操作,严格遵守操作规程,以防意外事故发生。

(2)熟习实验室电门、水门的位置,用完要及时关严阀门。不要用湿的手、物去接触电源,谨防触电。酒精灯用完后要立即盖好灯帽。

(3)严禁在实验室饮食或带入餐具,不得尝化学药品。严禁将实验室的仪器、药品带出实验室。

(4)禁止随意混合各种试剂,以免浪费药品和发生事故。实验中如需用到剧毒试剂和贵金属等特殊化学品,应严格按照有关管理制度及注意事项操作。

(5)易燃、易爆、易挥发和具有腐蚀性或毒性的药品,使用时应尽量在远离明火的通风橱内进行;防止试剂入口或接触伤口,也不能随意倒入水槽,应回收处理。

(6)浓酸、浓碱具有强腐蚀性,不要洒在衣服或皮肤上。稀释浓硫酸时应将浓硫酸缓慢注入水中,并不断搅拌,切不可将顺序倒过来。

(7)倾注或加热液体时,不要俯视,以防溅出伤害眼睛,加热试管中的药品时,管口不要朝向自己或他人。

(8)嗅闻气体时不要俯向器皿,应用手轻扇气流,使少量气体飘向鼻孔。

(9)按照实验步骤认真操作,未经允许不准随意改动实验操作前后次序。

(10)一旦发生意外事故,不要惊慌,立即报告教师,及时采取合理的救护措施,减少伤害和损失。

2.3 实验室中一般伤害救护常识

学习了解化学实验室中一些常见的伤害救护常识是十分重要和必要的,有助于伤害、险情的预防和处理。

(1)割伤或扎伤:先去掉皮肤中的异物,再用蒸馏水冲洗,然后涂红药水或紫药水并包扎好;不要使伤口接触化学药品,以防引起中毒。

（2）烫伤：不要用冷水冲洗伤处，要涂烫伤药，或用10%高锰酸钾溶液润湿伤口，至皮肤变为棕色。

（3）受酸腐蚀：先用水冲洗，再用稀氨水或肥皂水冲洗，然后再用水冲洗，涂上凡士林。

（4）受碱腐蚀：先用水冲洗，然后再用2%醋酸溶液冲洗。

（5）酸或碱液溅入眼内：立即用大量水冲洗，然后相应地用碳酸氢钠饱和溶液或硼酸溶液冲洗，最后再用水冲洗。

（6）受溴腐蚀：用酒精浸泡至皮肤发白，再用水冲洗。

（7）吸入刺激性或有毒气体：吸入氯气、氯化氢气体时，可吸入少量酒精和乙醚的混合蒸气，使之解毒；吸入硫化氢气体而感到不适时，应立即到室外呼吸新鲜空气。

（8）毒物进入口内：把5~10 mL稀硫酸铜溶液加入一杯温水中，内服后，用手指伸入咽喉部促使呕吐，然后立即送医院。

（9）触电：首先切断电源，然后进行救助，在必要时进行人工呼吸。

（10）起火：起火后，要立即切断电源，迅速将易燃、易爆物移至远处。一面灭火，一面防止火势蔓延，若为一般小火，用湿布或沙土覆盖燃烧物即可达到灭火目的；若仪器内溶剂着火，则用大块石棉布盖灭，不要用沙土，防止打碎仪器，使火蔓延；若衣物着火，不要惊慌乱跑，应赶紧脱下衣服，或立即倒地翻滚，将火扑灭。

2.4 实验室"三废"物质的处理

在化学实验室中会产生各种有毒的废气、废液和废渣，如不处理随意排放，不仅会污染周围的环境、水源和空气，造成公害，而且其中所含的贵重和有用的成分没能回收，在经济上也是一种浪费。通过"三废"处理，可以消除公害、变废为宝、综合利用，这也是化学实验室工作的重要组成部分。

1. 废气处理

做产生少量有毒气体的实验时，应在通风橱中进行，通过排风设备把有毒废气排到室外，利用室外的大量空气来稀释有毒废气。做产生大量有毒气体的实验时，应通过安装气体吸收装置来吸收和处理这些气体。例如氯气、卤化氢、硫化氢、二氧化氮、二氧化硫等酸性气体，可用氢氧化钠等溶液吸收后再排放；碱性气体用酸溶液吸收后排放；一氧化碳气体可点燃转化为二氧化碳气体后排放；也可用活性炭、活性氧化铝、硅胶、分子筛等固体吸附剂来吸附废气中的污染物。

2. 废渣处理

有回收价值的废渣应收集起来统一处理，回收利用。

（1）有毒的废渣。应经过处理后深埋在指定的地点，因为如果有毒的废渣能溶解于水，就会混入地下水中，污染水源，所以不能未经处理就深埋；有回收价值的废渣应该回收利用。

(2)放射性废物。低水平放射性废物可以直接排放入下水道；较高水平放射性废物应首先隔离放置，直到达到释放要求；高水平放射性废物需回收到具有屏蔽功能的容器中，放置到专门的地方，并到有关部门登记备案。

(3)钠、钾屑及碱金属、碱土金属、氨化物。应悬浮于四氢呋喃中，在搅拌下慢慢滴加乙醇或异丙醇至不再放出氢气为止，再慢慢加水澄清后排入下水道。

(4)硼氢化钠(钾)。用甲醇溶解后，然后用水充分稀释，再加酸并放置，此时有剧毒气体硼烷产生，所以要在通风橱内进行，其废液用水稀释之后方可排入下水道。

(5)酰氯、酸酐、三氯化磷、氯化亚砜。在搅拌条件下加入大量水中冲走。五氯化二磷加水之后，用碱中和方可冲走。

(6)沾有铁、钴、镍、铜催化剂的废纸、废塑料。因其变干之后易燃，故不能随便丢入废纸篓里，应趁未干时，深埋于地下。

(7)重金属及其难溶盐。能回收的尽量回收，不能回收的集中起来深埋于远离水源之地。

3. 废液处理

实验室中更多的是各类废液，下面介绍一些常见处理方法。

(1)废酸、废碱液。经过中和处理，使 pH 值为 6～8(如有沉淀须先过滤)，并用大量水稀释后方可排放。

(2)含镉废液。加入消石灰 $Ca(OH)_2$ 等碱性试剂，使所含的金属离子形成氢氧化物沉淀而除去。

(3)含铬废液。向含 $Cr(Ⅵ)$ 的酸性废液中加入硫酸亚铁，使其还原成 $Cr(Ⅲ)$ 后，再用 NaOH 或 Na_2CO_3 等碱性试剂，调节 pH 值为 6～8，使 $Cr(Ⅲ)$ 形成氢氧化铬沉淀除去。

(4)氰化物废液。方法一为碱性氯化法，即将废液调节成碱性后，通入氯气或次氯酸钠，使氰化物分解成二氧化碳和氮气而除去；方法二为硫酸亚铁法，即向含有氰化物的废液中加入硫酸亚铁，使其变成氰化亚铁沉淀除去。

(5)含汞废液。离子交换法处理效率高，但成本也较高，处理大量废液时可以采用；少量含汞废液常采用化学沉淀法，在含汞废液中加入 Na_2S，使其生成难溶的 HgS 沉淀而除去。

(6)含铅废液。在废液中加入 Na_2S(或 NaOH)使铅盐及重金属离子生成难溶性的硫化物(或氢氧化物)而除去。

(7)含砷废液。在废液中加入硫酸亚铁，然后用 NaOH 调节 pH 值至 9，这时含砷化合物就和氢氧化铁与难溶性的亚砷酸钠或砷酸钠产生共沉淀，经过滤除去；另外，还可用硫化物沉淀法，即在废液中加入 H_2S 或 Na_2S，使其生成硫化砷沉淀而除去。

(8)有机类废液。如乙醚、苯、丙酮、三氯甲烷、四氯化碳等不能直接倒入水槽(会腐蚀下水管、污染环境)，应倒入回收瓶中。回收瓶中收集的有机溶剂体积不能超过器皿容积的80%，体积不宜超过 5 L，回收瓶应在阴凉避光处保存，并及时交由专业处理废弃物化学品的机构进行处理。

2.5　实验室常用水

在化学实验过程中，水是不可或缺的，如清洗仪器、水浴加热、配制溶液等都需要大量的水。而且，不同的实验对水的纯度的要求也不同。水的纯度直接影响到实验的现象、实验的结果以及实验的准确性。所以，了解水的纯度、净化方法和检验纯度方法是很有必要的。这样才能根据实验工作的需要，正确选择不同纯度的水，从而获得满意的实验效果。

在工业生产和科学实验中，表示水的纯度的主要指标是水中含盐量（即水中各种阴、阳离子的数量）的大小，而水中含盐量的测定较为复杂，目前通常用水的电阻率或电导率来表示（常用电导率仪来测定）。

化学实验中常用的水有自来水、蒸馏水和去离子水等。

1. 自来水

自来水指一般城市生活用水，这是天然水（如河水、湖水、地下水等）经人工简单处理后得到的，它含有 Na^+、K^+、Ca^{2+}、Mg^{2+}、Al^{3+}、Fe^{2+}、Fe^{3+}、HCO_3^-、CO_3^{2-}、SO_4^{2-}、Cl^- 等杂质离子，可溶于水的 CO_2、NH_3 等气体，以及某些有机物和微生物等。

由于自来水的杂质较多，所以对一般的化学分析实验就不适用。在实验室里，自来水主要用于：洗涤仪器，实验中的加热用水、冷却用水，制备蒸馏水和去离子水。

2. 蒸馏水

将自来水在蒸馏装置中加热，使含盐的水蒸发，然后将蒸气冷凝就可得到蒸馏水。由于杂质离子不挥发，所以蒸馏水中所含杂质比自来水中少得多，比较纯净，但其中仍含少量的杂质。这是因为冷凝管、接收容器本身的材料可能或多或少地进入蒸馏水，这些装置一般所用材料是不锈钢、纯铝、玻璃等，所以可能进入金属离子。

尽管如此，蒸馏水仍然是实验室里最常用的较纯净的溶剂或洗涤剂，常用来配制溶液，以便做化学分析实验。如对水的纯度要求更高，可将蒸馏水进行多次蒸馏或用石英蒸馏器进行蒸馏。用蒸馏法制取脱盐水时，由于其存在蒸发速度慢、能耗成本高、易带入二氧化碳等不足之处，因此已逐渐被离子交换法所替代。

3. 去离子水

通过离子交换柱后所得到的水即去离子水（也叫离子交换水）。离子交换柱中装有离子交换树脂，它是一种人工合成的带有能交换的活性基团的颗粒状有机高分子聚合物。离子交换树脂分为两类：带有酸性基团能与阳离子进行交换的叫阳离子交换树脂；带有碱性基团能与阴离子进行交换的叫阴离子交换树脂。

进行离子交换时，一般将水先经过阳离子交换柱，水中的阳离子（如 Na^+、Ca^{2+} 等）被吸附在树脂上，树脂上的 H^+ 进入水中；然后再经过阴离子交换柱，水中的阴离子（如 HCO_3^-、SO_4^{2-}、Cl^- 等）被吸附，交换下来的 OH^- 进入水中，与交换下来的 H^+ 结合成 H_2O；最后再经过一个装有阴、阳离子交换树脂的混合柱，除去残存的阴、阳离子，这样得到纯度较高的去离子水。

第3章
实验数据的表达与处理

在化学实验过程中，有时需要进行一些定量的测定，如常数的测定、物质组成的分析、溶液浓度的分析等。这些测定有些是直接进行的，有些是根据实验数据推演计算得出的。在研究测定与计算结果准确性、实验数据如何处理等问题时，都会遇到误差等有关问题。所以，树立正确的误差及有效数字的概念，掌握分析和处理实验数据的科学方法是十分必要的。

3.1　误差

在测量实验中，由于实验仪器、实验方法、实验员等都不可避免地存在一定的局限性，因此测量误差是普遍存在的。为了得到更加科学合理的实验结果，在要求实验者根据实验的要求和需要，选择合适的实验方法和实验仪器进行实验的同时，分析测量结果的准确性、误差的大小及其产生的原因，也是必不可少的一项工作。

1. 准确度与精密度的概念

在定量的分析测定中，对于实验结果的准确度都有一定的要求。可是，绝对准确是不存在的。在实验过程中，即使是技术很熟练的实验人员，用最好的实验仪器和测定方法，对同一试样进行多次测定，也不可能得到完全一样的实验结果，在实验测定值与真实值之间总会存在一定的差值。这种差值越小，实验结果的准确度就越高；反之，实验结果的准确度就越低。所以，准确度表示测定值(实验结果)与真实值相符合的程度。

此外，在实验中，常在相同条件下对同一试样平行测定几次，如果几次实验测定值彼此比较接近，就说明测定结果的精密度高；如果实验测定值彼此相差很多，则测定结果的精密度就低。所以精密度与准确度是两个不同的概念，精密度是指一组平行测定值之间相互接近的程度，它表达了测量结果再现性的好坏，它是实验结果好坏的主要标志。

精密度高不一定准确度高。例如甲、乙、丙 3 人同时分析 1 瓶 NaOH 溶液的浓度(应为 $0.143\ 4\ mol\cdot L^{-1}$)，测定 3 次，结果如下：

甲	0.141 0	乙	0.143 0	丙	0.143 1
	0.141 1		0.146 1		0.143 3
	0.141 2		0.148 6		0.143 2
平均值	0.141 1	平均值	0.145 9	平均值	0.143 2
真实值	0.143 4	真实值	0.143 4	真实值	0.143 4
差值	0.002 3	差值	0.002 5	差值	0.000 2

甲的测定结果的精密度高，但准确度低，平均值与真实值相差太大。乙的测定结果的精密度低，准确度也低。丙的测定结果精密度和准确度都比较高。可见，精密度高不一定准确度高，而准确度高一定要精密度高。精密度是保证准确度的先决条件，因为精密度低时，测得的几个数据彼此相差很大，根本不可信，也就谈不上准确度了。所以，初学者进行实验时，一定要严格控制条件，认真仔细地操作，以得出精密度高的数据。

2. 误差的概念

准确度的高低常用误差来表示，误差即实验测定值与真实值之间的差值。误差越小表示测定值与真实值越接近，准确度越高。当测定值大于真实值时，误差为正值，表示测定结果偏高；若测定值小于真实值，则误差为负值，表示测定结果偏低。

误差的表示方法有两种，即绝对误差与相对误差。

绝对误差表示测定值与真实值之差；相对误差表示绝对误差与真实值之比，即误差在真实值中所占的比例。在上例中，甲、乙、丙3人测定结果的误差分别如下：

	绝对误差	相对误差
甲	−0.002 3	$\dfrac{-0.002\ 3}{0.143\ 4} \times 100\% = -2\%$
乙	+0.002 5	$\dfrac{+0.002\ 5}{0.143\ 4} \times 100\% = +2\%$
丙	−0.000 2	$\dfrac{-0.000\ 2}{0.143\ 4} \times 100\% = -0.1\%$

在实验过程中，由于真实值不知道，通常是进行多次平行分析，求出其算术平均值，以此近似地代替真实值。或者以公认的手册上的数据作为真实值应用。

3. 误差的分类及其产生原因

根据误差性质的不同，误差可分为系统误差（可测误差）、偶然误差（随机误差）和过失误差。

1）系统误差

系统误差是由某种固定的原因造成的，它使测定结果系统偏高或偏低。系统误差包括：方法误差（测定方法本身引起）、仪器误差（仪器不够精确）、试剂误差（试剂不够纯）、操作误差(操作者本人的原因)。

系统误差是可以估计的，可以采取适当措施来减小。一般可以采用下列方法校正：校正仪器、改进实验方法、制定标准操作规程、做空白试验、做对照试验等。

2)偶然误差

偶然误差是由一些难以控制的偶然因素造成的，比如分析过程中温度、湿度和气压的微小波动，仪器性能的微小变化，操作人员对各份试样处理时的微小差别等。由于引起的原因具有偶然性，所以造成的误差是可变的，有时大、有时小、有时正、有时负。

尽管偶然误差难以找到确切的原因，但可以通过多次测量取算术平均值来减小偶然误差对测定结果的影响。

3)过失误差

过失误差是一种与事实不符的误差，它主要是由于操作者主观上责任心不强、粗心大意或违反操作规程等原因造成的。例如读错刻度值、看错砝码、加错试剂、记录错误、计算错误等。该种误差只要细心操作，加强责任心即可避免。

3.2　有效数字

在测量和数学运算中，如何记录测量或计算的结果，如实地反映出误差的大小是十分重要的。这就要求树立正确的有效数字的概念。

1. 有效数字的概念

实验中使用的仪器所标出的刻度的精确程度总是有限的，例如 20 mL 或 10 mL 的量筒，最小刻度为 0.2 mL。在两刻度间可再估计一位(如 0.1、0.3、0.5、0.7 mL 等)，所以，实际测量读数能读至 0.1 mL，如 15.7 mL 等。若为 25 mL 滴定管，最小刻度为 0.1 mL，再估计一位，可读至 0.01 mL，如 17.85 mL 等。总之，在 15.7 mL 和 17.85 mL 这两个数字中，最后一位是估计出来的，是不准确的。通常将只保留最后一位不准确数字，而其余数字均为准确数字的这种数字称为有效数字。也就是说，有效数字是实际上能测出的数字。

由此可见，有效数字与数学上的数有着不同的含义。数学上的数只表示大小，有效数字则不仅表示量的大小，而且反映了所用仪器的准确程度。例如，在台秤上称量 NaCl 重 5.5 g，这不仅说明 NaCl 重 5.5 g，而且表明用准确至 0.1 g(或 0.5 g)的台秤称就可以了。若是称取 NaCl 5.500 0 g，则表明一定要在分析天平上称。这样的有效数字还表示了称量误差。对准确至 0.1 g 的台秤称 5.5 g NaCl，绝对误差为 0.1 g，相对误差为

$$\frac{0.1}{5.5} \times 100\% = 2\%$$

对于准确至 0.000 1 g 的分析天平称 5.500 0 g 的 NaCl，绝对误差为 0.000 1 g，相对误差为

$$\frac{0.000\ 1}{5.500\ 0} \times 100\% = 0.002\%$$

因此，记录测量数据时，不能随便乱写，不然就会夸大或缩小准确度。

由上述还可以看出，"0"在数字中起的作用是不同的。有时是有效数字，有时不是，这与"0"在数字中的位置有关。

（1）"0"在数字之前，仅起定位作用，"0"本身不是有效数字。如 0.038 5 中，数字 3 前面的 2 个 0，都不是有效数字，这个数的有效数字只有 3 位。

（2）"0"在数字中，则是有效数字。如 2.000 7 中的 3 个 0 都是有效数字，2.000 7 是 5 位有效数字。

（3）"0"在小数的数字后，也是有效数字。如 5.500 0 中的 3 个 0 都是有效数字。0.005 0 中"5"前面的 3 个 0 不是有效数字，"5"后面的 0 是有效数字。所以，5.500 0 是 5 位有效数字，0.005 0 是 2 位有效数字。

（4）以"0"结尾的正整数，有效数字的位数不定。如 16 000，可能是 2 位、3 位、4 位甚至 5 位有效数字。这种数字应根据有效数字的情况改写为指数形式，若有两位有效数字，则写成 2.5×10^4；3 位则写成 2.50×10^4。

总而言之，要能正确判别与书写有效数字。下面列出了一些数字，并指出了它们的有效数字的位数。

0.005	5×10^2	1 位有效数字
68	0.000 50	2 位有效数字
0.027 3	2.73×10^{-6}	3 位有效数字
33.14	0.040 50%	4 位有效数字
8.530 0	96 030	5 位有效数字
45 000	1 000	有效数字位数不定

2. 数值的舍入修约规则

数值修约就是去掉数据中多余的位数，也叫作化整。对各种测量、计算的数值进行修约时，首先要确定需要保留的有效数字和位数，后面多余的数字就应给予舍入修约。舍入修约规则一般为"四舍六入五凑偶"：尾数小于 5 则舍，尾数大于 5 则入，等于 5 则把尾数凑成偶数（即 5 前若是偶数，则把该 5 舍去，保持这个偶数；若 5 前是奇数，则该 5 进 1，将这个奇数凑成偶数）。例如：

6.181 56 → 6.182   4.141 41 → 4.141

5.140 50 → 5.140   9.315 50 → 9.316

3. 有效数字的运算规则

1）加减运算

在加减运算中，只要把小数点对齐，以最左的欠准数字为根据来决定和或差的估计数字的位置即可。

例如：13.8 + 5.342 = 19.1

421.83 + 41.1 = 462.9

577 − 93.61 = 483

2）乘除运算

在乘除运算中，以几个量中有效数字位数最少的量为准，其余各量化简为比该量有效数字多 1 位的量，然后进行乘除运算，计算结果的有效数字的位数则与各个量中有效数字位数最少的取齐。

3）有效数字乘方或开方

在有效数字的乘方或开方运算中，本身有几位有效数字，结果中就保留几位有效数字。

4）对数

在进行对数运算时，对数的有效数字只由尾数部分的位数决定，首数只起定位作用，不是有效数字。如：1 234 为四位有效数字，其对数 lg 1 234 = 3.091 3，尾数部分仍保留四位，首数 3 不是有效数字。不能记成 lg 1 234 = 3.091，这只有 3 位有效数字，与原数 1 234 的有效数字的位数不一致了。

在化学中，对数运算经常会出现，如 pH 值的计算，若 $[H^+] = 4.9 \times 10^{-11}$，这是 2 位有效数字，所以 $pH = -\lg[H^+] = 10.31$，有效数字仍只有 2 位。反之，由 $pH = 10.31$ 计算 $[H^+]$ 时，也只能记作 $[H^+] = 4.9 \times 10^{-11}$，而不能记成 4.898×10^{-11}。

5）其他

常数的有效数字通常比测定值多取 1 位。

运算中间结果的有效数字位数比规定的多保留 1 位。

3.3　实验数据的表达与处理

实验过程中，应及时、准确、清楚地记录各种测量数据，切忌带有主观因素，不能随意拼凑和伪造数据。工作中，如果发现数据算错、测错或读错而需要改动，可通过在该数据上画一横线并在其上方写上正确的数字等方式来处理。

化学实验中，记录、归纳和处理实验数据的目的是表示实验结果和分析总结其中的变化规律。数据的表达与处理方法一般有列表法、作图法和数学方程式法，但在普通化学实验中主要采用列表法和作图法。

1. 列表法

列表法是表达实验数据最常用的方法，把实验数据列入简明合理的表格中，使得全部数据一目了然，便于数据的处理、运算与检查。一张完整的表格应包含表格的顺序号、名称、项目、说明及数据来源等内容。制作表格时应注意以下方面。

（1）应将表的序号、名称写在表的上方，名称要简明完整。

（2）表格的横排称为"行"，竖排称为"列"，每个变量占表中一行，一般先列自变量，后列因变量，最后列数据统计数字(如平均值、误差、偏差等)。每行的第一列应写明变量的名称和单位，表示为"名称/单位"，如"实验温度/K""试样质量/g""消耗滴定剂体积/mL"等。

(3)每一行所记数据，应注意其有效数字位数。同一列数据的小数点要对齐，若为函数表，数据应按自变量递增或递减的顺序排列，以明确显示出变化规律。如果用指数表示数据，为简便起见，可将指数放在行名旁。

(4)实验测得的数据(原始数据)与处理后的数据列在同一个表上时，应把处理方法、计算公式及某些特别需要说明的事项在表下方注明。

(5)整张表格的编排及表格中各个项目的内容应尽可能居中，使表格的整体布局更加合理。

2. 作图法

作图法是表达实验数据的常用方法。通常在直角坐标系中，对于变量具有一定函数关系或某种规律性的实验数据，可用作图法来表示实验结果。

作图法的优点：可直观地显示各数据间的关系；显示数据的特点和变化规律；可以利用图形作进一步处理，如求直线斜率、截距、内插值、外推值等，求曲线的极大值、极小值、所包围的面积，作切线求微商等；根据图形的变化规律，可以剔除一些偏差较大的实验数据。因此，作图好坏与实验结果有着直接的关系，正确掌握作图方法及从图形中得到有关处理结果是十分重要的。

作图的基本要求：能够反映测量的准确度；能表示出全部有效数字，易直接从图上读数；图要清晰、简洁、美观、完整。

作图的基本步骤如下。

1)准备材料

作图需要应用坐标纸、铅笔、透明直角三角板、曲线尺、圆规等。

2)选取坐标轴

习惯上用横坐标表示自变量，纵坐标表示因变量。坐标轴比例尺的选择一般应遵循以下原则。

(1)要尽可能地使图上读出的各种量的准确度和测量得到的准确度一致，即坐标轴上的分度值与仪器的分度值一致，要能表示出全部有效数字。通常采取读数的绝对误差在图纸上相当于 $0.5 \sim 1$ 小格(分度值)，即 $0.5 \sim 1$ mm。

(2)要尽可能地使图形充满图纸，这就要先算出横、纵坐标的取值范围。取值不一定从"0"开始(除外推法外)，但始点应略小于测量数据的最小值，末点应略大于测量数据的最大值。

(3)要尽量使坐标轴的表达值便于作图、读数和计算。例如用 1 cm(即一大格)表示 1、2、5 这样的数比较好，而表示 3、7 等数字则不好。在坐标轴旁标上变量的名称及单位，两者之间用斜线隔开，如温度坐标表示为" T/K "，并在轴旁每间隔一定的格数均匀地写上变量的相应数值，但不得写上实验测得值。

(4)坐标纸的大小要合适，在图形充满坐标纸的情况下，一般取 10 cm×10 cm 左右的坐标纸，如果为了达到某些准确度，可适当加大，但也不宜大于 20 cm×20 cm。直线图不宜作成长方条，应尽量使直线与横坐标成45°左右的夹角。

3)标定坐标点

把所测得的数值画到图上，就是坐标点，这些点要能表示正确的数值。坐标点可用 ⊙、□、△、×、○等符号表示，符号的重心所在即表示读数值，符号的大小应能粗略地显示出测量误差的范围。

同一条直(曲)线上各个相应的点要用同一种符号表示，若在同一幅图纸上画几条直(曲)线，则每条线的坐标点需用不同的符号表示。

4)画出图线

在图纸上画好坐标点后，根据坐标点的分布情况，作出直线或曲线。这些直线或曲线描述了坐标点的变化情况，不必要求它们通过全部坐标点，但应通过尽可能多的点，没被连上线的点应数量均等地分布在线的两侧附近，且与线的距离应尽可能小。

对于个别远离线的坐标点，若无法判断被测物理量在此区域会发生什么突变，则要分析一下测量过程中是否有偶然性的过失误差，如果属过失误差所致，描线时可不考虑这一坐标点，如果实验允许，最好能重测该点数据加以验证。如重复实验仍有此点，说明曲线在此区间有新的变化规律，就要特别注意和加以分析。

线要作得平滑均匀，细而清晰。曲线的具体画法是：先用笔轻轻地按代表点的变化趋势手描一条曲线，然后再用曲线板逐段平滑地吻合整条手描曲线，作出平滑的曲线。

在同一图纸上画几条不同的线时，也可以用不同的线(虚线、实线、点线、粗线、细线、不同颜色的线等)来表示，并在图上标明。

5)写好图名、图注

作好图后，一般在图的下方正中写清楚完整的图序号和图名，以及注明实验条件(温度、压力、浓度等)各种符号所代表的意义等。

第4章
常用仪器的使用

学习认识、正确选择和使用实验仪器是开展化学实验以及完成好实验内容的前提和基础。本章主要介绍常规玻璃仪器、微型仪器、称量仪器、pH 计、电导率仪和分光光度计等一些化学实验常用仪器的基本用途及其使用方法。

4.1 常规玻璃仪器及器皿用具

玻璃具有良好的化学稳定性，因而在化学实验中常规仪器以玻璃仪器为主。按玻璃的性质不同，可分为软质和硬质两类。软质玻璃的透明度好，但硬度、耐热性和耐腐蚀性较差，常用来制造量筒、吸管、容量瓶、滴定管、试剂瓶等不需要加热的仪器。硬质玻璃的耐热性、耐腐蚀性和耐冲击性较好，常用来制造试管、烧杯、锥形瓶、烧瓶等。根据用途，玻璃仪器分为：容器类、量器类及其他类型。

1. 常规仪器

常规仪器的介绍见表4-1。

表4-1 常规仪器

仪器	用途	注意事项
毛刷	洗刷玻璃仪器	谨防刷子顶端的铁丝撞破玻璃仪器
药匙	用来取固体(粉体或小颗粒)药品用	试剂专用，不得混用。药匙大小的选择，应以拿到试剂后能放进容器口为宜

仪器	用途	注意事项
试管　离心试管	普通试管可用作少量试剂的反应器，便于操作和观察；也可用于少量气体的收集。离心试管主要用于少量沉淀与溶液的分离	普通试管可直接用火加热，硬质试管可加热到高温，但不能骤冷。离心试管不能直接用火加热，只能在水浴中加热
烧杯	用作反应物量较多时的反应容器，可搅拌，反应物易混合均匀；也可用来配制溶液，盛放实验的废液和废物	玻璃烧杯加热时外壁不能有水，要先擦干，再放在石棉网上，先放溶液后加热，加热时注意受热均匀，加热后不可放在湿物上
锥形瓶	用作反应容器，振荡方便，不需要玻棒搅拌，适用于滴定操作或作接收器	盛液体不能太多，加热时外壁不能有水，要放在石棉网上加热，不可干加热，加热后不要与湿物接触
容量瓶	用于配制一定体积的浓度准确的溶液	不能加热，不能代替试剂瓶存放溶液；磨口塞要保持原配，漏水不能使用
滴瓶	用于盛液体试剂或溶液	棕色瓶放见光易分解或不太稳定的试剂；滴管不得互换，不能长期盛放浓碱液
细口瓶　　广口瓶	细口瓶和广口瓶分别用于盛放液体试剂和固体试剂	不能加热，瓶塞不能弄脏、弄乱

仪器	用途	注意事项
称量瓶	用于准确称取一定量的固体试剂	不能加热，不用时应洗净，在磨口处垫上纸条
洗瓶	用于盛放蒸馏水或去离子水	不能漏气，远离火源
平底烧瓶　圆底烧瓶	用于需要加热的化学反应的反应器	使用时液体的盛放量不能超过烧瓶容量的 2/3；加热时，应放在石棉网上，加热前外壁应擦干
蒸馏烧瓶	用于液体的蒸馏，也可用于少量气体的发生装置	使用时液体的盛放量不能超过烧瓶容量的 2/3；加热时，应放在石棉网上，加热前外壁应擦干
量筒	用于量取一定体积的液体	不可加热，不可量取热的液体或溶液，不可作实验容器

仪器	用途	注意事项
移液管　吸量管	用于精确量取一定体积的液体	不能移取热的液体，使用时注意保护下端尖嘴部位；移液管和吸量管均不能加热
滴定管	用于滴定分析或量取较准确体积的液体；酸式滴定管还可用作柱色谱分析中的色谱柱	不能加热及量取较热的液体；使用前应排除其尖端气泡，并检查是否漏水
长颈漏斗　漏斗	用于过滤沉淀或倾注液体；长颈漏斗也可用于装配气体发生器	不能加热（若需加热，可用铜漏斗过滤），但可过滤热的液体
分液漏斗	用于分离互不相溶的液体，也可用作气体发生装置中的加液漏斗	不能加热，漏斗塞子不能互换，活塞处不能漏液

仪器	用途	注意事项
抽滤瓶　布氏漏斗	两者配套,用于减压过滤	滤纸要略小于布氏漏斗的内径。过滤结束后,应先将滤饼取出再停抽气泵;不能加热
研钵	用于研碎固体,或固-固、固-液的研磨	按固体的性质和硬度选用不同的研钵,使用时不能敲击只能研磨,应避免固体飞溅;不能直接加热
表面皿	多用于盖在烧杯或蒸发皿上,防止其内液体迸溅或落入灰尘污染	不能直接加热
蒸发皿	用于蒸发液体或溶液	一般忌骤冷骤热,视液体性质选用不同材质的蒸发皿
坩埚	用于灼烧固体试剂	一般忌骤冷骤热,依试剂性质选用不同材质的坩埚
试管架	用于放置试管或离心试管	使用过的试管和离心试管应及时洗涤,以免放置时间过久而难以洗涤

仪器	用途	注意事项
漏斗架	过滤时用于承接漏斗	漏斗的高度可由漏斗架调节
三脚架	用于放置较大或较重的加热容器	放置加热容器前应先放石棉网（水浴锅除外）
试管夹	用于夹持试管	夹在试管上端，不要把拇指按在夹的活动部位；一定要从试管底部套上和取下试管夹
坩埚钳	用于夹持坩埚或热的蒸发皿	应先将坩埚钳的尖端预热，放置时尖端向上，以保持钳的尖端干净
泥三角	灼烧坩埚时放置坩埚或蒸发皿用	使用前应检查铁丝是否断裂，断裂的不能用；注意不能摔落
石棉网	用于支承受热器皿，使容器均匀受热	石棉脱落时不能使用，不可卷折，不能与水接触

续表

仪器	用途	注意事项
点滴板	用于性质实验的点滴反应	有白色沉淀时，用黑色点滴板
干燥器	用于干燥或保存试剂	防止盖子滑动打碎，不得放入过热试剂
洗耳球	用于移液管或吸量管吸取溶液	避免溶液倒吸进入洗耳球
铁架台	用于固定或放置容器	铁夹夹持仪器时，不能过紧或过松，以仪器不能转动为宜

2. 玻璃仪器使用规则

使用各种玻璃仪器时，应遵循下列规则：

(1)玻璃仪器应存放于干燥无尘的地方，使用完后应及时洗涤干净；

(2)用于受热的仪器使用前要作质量检查，特别要注意受热部位不能有气泡、水印等，加热时，在受热部位与热源之间垫以石棉网，并慢慢升温，尽量避免骤冷骤热；

(3)计量仪器严禁加热和受热，也不能储存浓酸或浓碱；

(4)热水或热溶液不能倒入厚壁仪器中；

(5)磨口仪器不能储存碱液，塞子与磨口之间或活塞中均需衬垫纸条或拆散，并做好标号配套，各自独立存放，不能将塞子塞住磨口后再加热烘干。

4.2 微型仪器简介

微型化学实验是指用极少量的试剂在微型化的仪器装置中进行的化学实验,其试剂用量仅仅是常规化学实验的1/1 000~1/10,试剂用量比相应的常规实验少90%以上。但微型实验并不是常规实验的简单缩微或减量,而是对化学实验方法的创新性变革与发展,并能达到常规实验的实验效果和实验目的。微型化学实验因其实验仪器的微型化和实验药品的微量化特征,使其具有节约实验成本、节省实验时间、降低实验危险性、减少实验"三废"等诸多优点,有利于培养学生的环境保护意识、实验安全意识和科学探究意识。目前,微型化学实验已逐渐被推广应用到有机化学、无机化学、基础化学、普通化学(简称普化)以及中学化学等实验领域的教学中。

1. 高分子材料制作的微型仪器及其操作

微型化学实验经常用到由高分子材料制作的一类微型仪器,它们制作精细规范,价格低廉,试剂用量少,不易破碎,易于普及。这也是无机、普化(含中学化学)微型实验的一个特点。这类仪器主要是多用滴管和井穴板。

1) 多用滴管

多用滴管由聚乙烯吹塑而成,是由一个圆筒形的具有弹性的吸泡连接一根细长的径管而成(见图4-1),吸泡体积为4 mL。

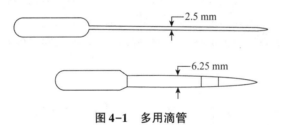

图4-1 多用滴管

多用滴管的基本用途是作滴液试剂瓶,供学生实验时用。一般浓度的无机酸、碱、盐溶液可长期储于吸泡中。浓硝酸等强氧化剂的浓溶液和浓盐酸等与聚乙烯有不同程度反应的试剂不宜长期储于吸泡中;甲苯、松节油、石油醚等对聚乙烯有溶解作用,不要储于多用滴管中。

市售多用滴管的液滴体积为0.04 mL/滴。利用聚乙烯的热塑性,可以加热软化滴管的径管,拉细径管得到液滴体积为0.02 mL/滴的滴管,用于一般的微型实验。按捏多用滴管的吸泡排出空气后便可吸入液体试剂,盖上自制的瓶盖,贴上标签后就是适用的试剂滴瓶。对于一些易与空气中氧气、二氧化碳等反应的试剂储于多用滴管中,再熔封径管隔绝空气进入,可长久保存也便于携带。

多用滴管的液滴体积经过标定后,便是小量液体的计量器。通过计量滴加液滴的滴数,就得知滴加试剂的体积。因此,已知液滴体积的多用滴管,便是一支简易的滴定管。使用者经过练习,掌握了从多用滴管连续滴出体积均匀的液滴的操作后,就可进行简易的微型滴定实验。决定滴管液滴体积的主要因素之一是滴管出口的大小,手工拉细的毛细滴管管薄，温度变化对毛细管的影响颇大，液滴体积要经常标定，比较麻烦。实践摸索出在多用滴管的径管处，紧套上一个市售医用塑料微量吸液头(简称微量滴头)就组成一个液滴体积为 0.02 mL 的滴液滴管(见图4-2)。此时，液滴体积不易变化。将同一微量滴头逐一套到盛有不同试剂的多用滴管上，可得到液滴体积划一的不同试剂液滴。这时，液滴的滴数之比即为所滴加试剂的体积比。采用微量滴头完成滴定操作、反应级数、配合物配位数测定等实验时，其精确度提高，操作规范化。

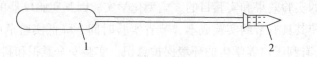

1—多用滴管；2—微量滴头。

图4-2　滴液滴管

多用滴管的吸泡还是一个反应容器。在水的电解和氢氧爆鸣的实验中，它就是一个微型电解槽，径管起到导气管的作用，从而使实验装置大为简化。许多化学反应也可在吸泡中进行，反应的温度可通过水浴调节，最高不要超过 80 ℃。已盛有溶液的多用滴管，要再吸进另一种溶液时，先将径管朝上左手缓缓挤出吸泡中空气，擦干外壁后，右手再把径管朝下弯曲伸入欲吸溶液(预先置于井穴板中)，再松开左手。此时，欲吸入溶液要预先按需用量置于井穴板中，不允许已盛有溶液的多用滴管的径管直接插到储液瓶的液体中吸取试剂，以免对瓶中试剂造成污染。

将多用滴管径管朝上，放入离心机中可进行离心操作。多用滴管还可作滴液漏斗，它穿过塞子与具支试管组合成气体发生器。总之，多用滴管的用途确实很多，掌握了它的材料与结构特点、基本功能与操作要领后，开动脑筋，勇于实践，能让其在不同的实验中有不少新的用途。

2) 井穴板

井穴板由透明的聚苯乙烯或有机玻璃(甲苯丙烯酸甲酯聚合物)经精密注塑而成。对井穴板的质量要求是一块板上各井穴的容积相同，透明度好，同一列井穴的透光率相同。

井穴板是微型无机或普化实验的重要容器。常用的是 9 孔和 6 孔井穴板，简称 9 孔板和 6 孔板(见图4-3)。温度不高于 80 ℃(限于水浴加热)的无机反应，一般可在板上井穴(孔穴)中进行。因而井穴板具有烧杯、试管、点滴板、试剂储瓶的功能，有时还可起到一组比色管的作用。由于井穴板上井穴较多，可由板的纵横边沿所标示的数字给每个井穴定位，这样就便于向指定的井穴滴加规定的试剂。颜色改变或有沉淀生成的无机反应在井穴板上进行现象明显，不仅操作者容易观察，而且通过投影仪还可做演示实验。对于一些由量变引起质变的系列对比实验，如指示剂 pH 值变色范围等实验尤其适用于 9 孔板。电化学实验、pH 值测定等宜在 6 孔板的井穴中进行，若给 6 孔板加上有导气和滴液导管的塞子，就使井穴板扩展为具有气体发生、气液反应或吸收功能的装置。

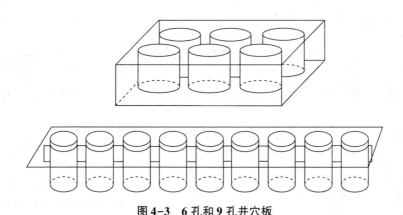

图4-3 6孔和9孔井穴板

使用井穴板时应注意的是：(1)不能用直火加热，而要采用水浴间接加热，浴温不宜超过80℃；(2)一些能与聚苯乙烯等反应的物质如芳香烃、氯化烃、酮、醚、四氢呋喃、二甲基甲酰胺或酯类有机物不得储于井穴板中（烷烃、醇类、油可放入），如不清楚试剂是否有作用，可取小滴该试剂，滴在井穴板的侧面板上观察15 min，如板面无起毛、变形时方可放入井穴中。

3) 滴管架

滴管架由添加填料的ABS塑料注塑而成，它有30个插孔，用于放置多用滴管、滴瓶和小试管；架端两侧有小孔，插入铅笔粗细的小棒后就是一个微型仪器支架；底层的圆孔用于放置微型酒精灯。

从上述仪器的介绍中看出，设计多功能的器件是微型实验仪器的一项重要原则，在使用中也应该充分地发挥这些仪器的各种功能。

以上塑料仪器，再配上一些小试管、小漏斗等玻璃仪器，即可完成元素和化合物的性质与鉴别等一系列实验，其成本低廉，试剂用量少，易于实现人手一套，是改变我国学生动手实验机会少的状况的一条有效途径。

2. 微型玻璃仪器

用于普化、无机实验的微型玻璃仪器现在国内已开发出多套，由原中华人民共和国国家教育委员会下达任务研制的微型化学制备仪已于1992年通过中华人民共和国商业部的部级鉴定，现已投产面市。整套仪器放置在320 mm×255 mm×78 mm的塑料盒中，共有24个品种，34个部件，均采用10#标准磨砂接口。图4-4为微型化学制备仪主要部件示意。

微型化学制备仪中多数部件是常规玻璃仪器的缩微，例如由圆底烧瓶、克莱森蒸馏头、直形冷凝管、真空接引管、温度计套管和温度计组成的缩微蒸馏装置（见图4-5）。此套仪器适用于10 mL左右液体的蒸馏。

在微型制备实验中，由于原料试剂用量少，仪器器壁对试剂的沾损和多步骤转移的损耗成为影响产率的主要因素。减少这些损耗的办法是采用多功能部件，如微型制备仪的核心部件微型蒸馏头、微型分馏头（见图4-6）、真空指形冷凝器（简称真空冷指）均具有多种功能。

微型玻璃仪器的质(量)壁厚比显著下降，仪器耐冲击性能好，使用微型玻璃仪器时，仪器的破损率显著下降。

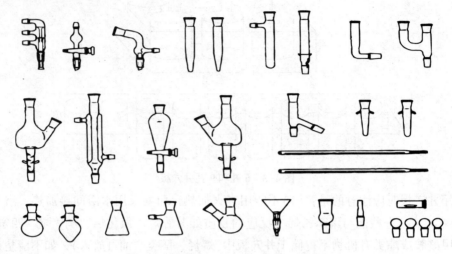

图 4-4　微型化学制备仪主要部件示意

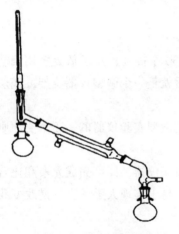

图 4-5　缩微蒸馏装置

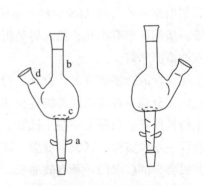

图 4-6　微型蒸馏头和微型分馏头

4.3　称量仪器

天平是进行化学实验不可缺少的重要的称量仪器。在各种不同的化学实验中，由于对质量准确度的要求不同，需要使用不同类型的天平进行称量。常用的天平种类很多，如台秤、工业天平、摆动天平、阻尼分析天平、电光分析天平、电子天平等。尽管它们在结构上各有差异，但都是根据杠杆原理设计而制成的，用已知质量的砝码称物体的质量。

这里，重点介绍台秤、电光分析天平和电子天平的使用。

1. 台秤

台秤(又叫托盘天平)常用于一般称量，它能迅速地称量物体的质量，但精确度不高。最大载荷为 200 g 的台秤能精确称量到 0.1 g，最大载荷为 500 g 的台秤能精确称量到 0.5 g。

1）台秤的构造

如图 4-7 所示，台秤的横梁架在台秤座上，横梁的左右有 2 个盘子，横梁的中部有指针与刻度盘相对，根据指针在刻度盘左右摆动情况，可以看出台秤是否处于平衡状态。

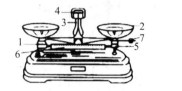

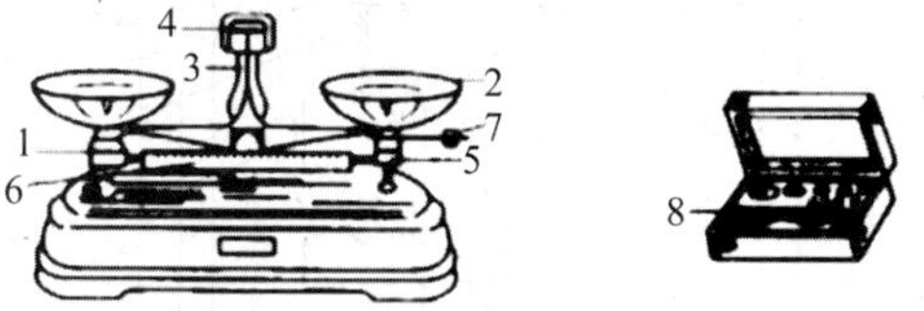

1—横梁；2—称量盘；3—指针；4—刻度盘；5—游码标尺；6—游码；7—平衡螺母；8—砝码盒。

图 4-7　台秤

2）称量操作

在称量物体之前，要先调整台秤的零点。将游码拨到游码标尺的"0"位处，检查台秤的指针是否停在刻度盘的中间位置。如果不在中间位置，可调节台秤托盘下侧的平衡螺母。当指针在刻度盘的中间左右摆动大致相等时，则台秤处于平衡状态，此时指针即能停在刻度盘的中间位置，将此中间位置称为台秤的零点。

称量时，左盘放称量物，右盘放砝码。砝码用镊子夹取，对于 10 g 或 5 g 以下的质量，可以只移动游码标尺上的游码。当添加砝码到台秤的指针停在刻度盘的中间位置时，台秤处于平衡状态，此时指针所停的位置称为停点。零点与停点相符时（零点与停点之间允许偏差 1 小格以内），砝码的质量和就是称量物的质量。

3）注意事项

（1）不能称量热的物体，也不能称量过重的物品（其质量不能超过台秤的最大称量量）。

（2）被称量物不能直接放在托盘上，依其性质放在纸上、表面皿上或其他容器里。

（3）称量完毕后，台秤与砝码恢复原状。

（4）要保持台秤清洁，托盘上有药品时应立即擦净。

2. 电光分析天平

分析天平是进行精确称量时最常用的精密仪器，一般指能精确称量至 0.000 1 g 的天平，电光分析天平是其中一类。电光分析天平有全机械加码（全自动）和半机械加码（半自动）2 种。

1）电光分析天平的构造

图 4-8 为半自动电光分析天平的基本构造。

（1）天平横梁。天平横梁（见图 4-9）是电光分析天平的主要部件，梁上装有 3 个三棱形的玛瑙刀，1 个装在天平横梁的中央，刀口向下，用来支承天平横梁，称为支点刀，它放在一个玛瑙平板的刀承上；另外 2 个玛瑙刀等距离地装在支点刀的两侧，刀口向上，用来挂称盘，称为承重刀。3 个刀的棱边完全平行并且处在同一水平面上，刀口的尖锐程度决定天平的灵敏度，直接影响称量的精确程度，因此在使用天平时务必要注意保护刀口。梁的两端装有两个平衡螺母，用来调节梁的平衡位置（即调节零点）。

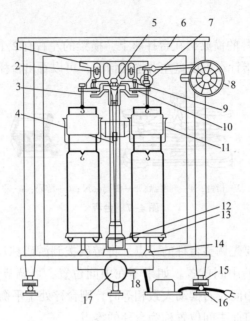

1—天平横梁；2—平衡螺母；3—吊耳；4—指针；5—支点刀；6—框罩；7—圈码；
8—指数盘；9—支柱；10—托梁架；11—阻尼器；12—光屏；13—称盘；14—盘托；
15—螺旋足；16—垫足；17—升降枢；18—扳手。

图 4-8　半自动电光分析天平的基本构造

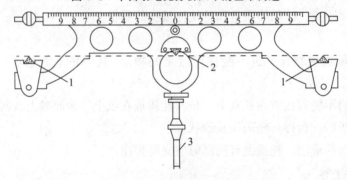

1—承重刀；2—支点刀；3—指针。

图 4-9　天平横梁的结构

（2）指针。指针固定在天平横梁的中央，当天平横梁摆动时，指针也随着摆动。指针下端装有微分刻度标尺牌，光源通过光学系统将缩微标尺刻度放大，反射到光屏上（见图 4-10）。光屏中央有一条垂直的刻线，标尺投影与刻线的重合处即为天平的平衡位置。

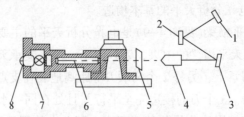

1—光屏；2、3—反射镜；4—物镜筒；5—微分刻度标尺牌；6—聚光镜；7—照明筒；8—灯头座。

图 4-10　光学读数装置

(3)吊耳(蹬)。吊耳的中间面向下的部分嵌有玛瑙平板,吊耳上还装有悬挂阻尼器内筒和称盘的挂钩。当使用天平时,承重刀通过吊耳上的玛瑙平板与悬挂的阻尼器内筒和称盘相连接。不用天平时,托蹬将吊耳托住,使玛瑙平板与承重刀口脱开。

(4)阻尼器(阻尼筒)。为了提高称量速度,减少称量时天平摆动的时间,尽快使天平静止,在称盘上部装有两只阻尼器。阻尼器是由两只空铝盒组成,内盒比外盒稍小,正好套入外盒,二者保持间隙均匀,避免摩擦。当天平横梁摆动时,由于两盒相对运动,盒内空气的阻力产生阻尼作用,从而阻止天平的摆动使其迅速地达到平衡。

(5)升降枢(升降旋钮)。升降枢是天平的重要部件,它连接着托梁架盘托和光源。当使用天平时,打开升降枢,降下托梁架使3个玛瑙刀口与相应的玛瑙平板接触;同时盘托下降,天平处于摆动状态;光源也同时打开,在光屏上可以看到缩微标尺的投影。当不使用天平、加减砝码或取放称量物时,为保护刀口,一定要将升降枢的旋钮关闭,这时天平横梁和盘托被托起,刀口与平板脱离,光源切断。

(6)螺旋足(天平足)。天平盒下面有3只足,前方2足上装有螺旋,可使天平足升高或降低,以调节天平的水平位置。天平是否处于水平位置,可观察天平盒内的气泡水平仪。

(7)天平盒(箱)。天平盒由木框和玻璃制成,将天平装在盒内,以防止气流、灰尘、水蒸气对天平和称量带来影响。盒前有一个可以上下移动的玻璃门,一般是不开的,只有在清理和调整天平时才使用。两侧门供取放称量物和加减砝码用,要随开随关,不得敞开。

(8)砝码和圈码(环码)。天平附有的砝码装在专用盒内(见图4-11),而圈码是通过机械加码装置来加减的,全机械加码电光分析天平有3个砝码指数盘旋钮。称量时,可以将10 mg~199.990 g范围内的圈码加到承受架上,不必再用砝码盒中的砝码。半机械加码电光分析天平只有1个砝码指数盘旋钮,可将10~990 mg范围内的圈码加到承受架上(见图4-12),但1 g以上的砝码仍需用砝码盒中的砝码。砝码按一定次序在盒中排列,一般采用5、2、2′、1的组合排列,即50、20、20′、10、5、2、2′、1 g等。

图4-11　砝码盒

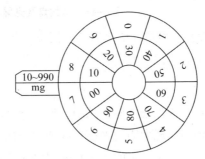

图4-12　指数盘

2)电光分析天平的使用方法

使用电光分析天平(以下简称天平)的步骤如下。

(1)称前检查。在使用天平之前,首先要检查天平放置是否水平;机械加码装置是否指示 0.00 位置；圈码是否齐全，有无跳落；2 个称盘是否空着，并用毛刷将称盘清扫一下。

（2）调节零点。天平的零点，指天平"空"载时的平衡点，每次称量之前都要先测定天平的零点。测定时接通电源，轻轻开启升降枢（应全部启开旋钮），此时可以看到缩微标尺的投影在光屏上移动。当标尺投影稳定后，若光屏上的刻线不与标尺 0.00 重合，可拨动扳手，移动光屏位置，使刻线与标尺 0.00 重合，零点即调好。若光屏移到尽头刻线还不能与标尺 0.00 重合，则请教师通过旋转平衡螺母来调整。

（3）称量物体。在使用天平称量物体之前将物体先在台秤上粗称，然后把要称量物体放入天平左盘中央，把比粗称数略重的砝码放在右盘中央，慢慢打开升降枢，根据指针的偏转方向或光屏上标尺移动方向来变换砝码。如果标尺向负方向移动即光屏上标尺的零点偏向标线的右方，则表示砝码重，应立即关闭升降枢，减少砝码后再称重。若标尺向正方向移动即标尺的零点偏向标线的左方，则说明砝码不足，反复加减砝码至称量物比砝码重不超过 1 g 时，再转动指数盘加减圈码，直至光屏上的刻线与标尺投影上某一读数重合。

（4）读数。当光屏上的标尺投影稳定后，即可从标尺上读出 10 mg 以下的质量。有的天平标尺既有正值刻度，也有负值刻度；有的天平只有正值刻度。称量时一般都使刻线落在正值范围内，以免计算总量时有加有减而发生错误。标尺上读数一大格为 1 mg，一小格为 0.1 mg。图 4-13 所示读数为 1.5 mg。称量物质量的计算方法如下：

称量物质量（g）= 砝码质量 + 圈码质量/1 000 + 光标尺读数/1 000

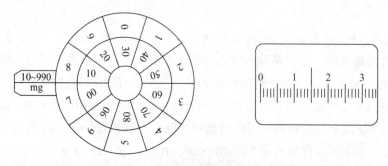

图 4-13 指数盘及光屏上标尺投影读数

（5）称后检查。称量完毕之后，先记下物体质量，将物体取出，并将砝码依次放回盒内原来位置，关好边门；然后将圈码指数盘恢复到 0.00 位置，拔下电插销，罩好框罩。

3. 电子天平

电子天平是一种先进的称量仪器，电子天平是利用电子装置完成电磁力补偿的调节，使物体在重力场中实现力矩的平衡；或通过电磁力矩的调节，使物体在重力场中实现力矩的平衡。近年来，电子天平的生产技术得到了飞速发展，市场上出现了一系列从简单到复杂，可分别用于基础、标准和专业等多种级别称量任务的电子天平。随着实验室装备的现代化，台秤和电光分析天平会逐渐被电子天平取代。

电子天平最基本的功能是：自动调零，自动校准，自动扣除空白和自动显示称量结果。它具有性价比高、称量方便、迅速、读数稳定、准确度高等诸多优点。

下面简单介绍实验室常用的 JY6001 型电子天平（见图 4-14）。

JY6001 型电子天平可精确称量至 0.1 g，其称量范围为 0～600 g，用于称量精度要求不高的情况。其称量步骤如下：

图 4-14　JY6001 型电子天平

(1)插上电源插头，打开尾部开关；

(2)按 ON 键，启动显示屏，约 2 s 后显示 0.0；

(3)预热 0.5 h 以上；

(4)当天平显示"0.0"不变时，即可进行称量；

(5)当天平显示称量值达到所要求的质量并保持不变时，表示称量完成；

(6)称量完毕之后，轻按 OFF 键，关闭天平；

(7)拔下电源插头。

去皮键的作用：

(1)置容器或称量纸于秤盘上，显示出容器或称量纸的质量(皮重)；

(2)轻按 T 键，去除皮重；

(3)取下容器或称量纸，加上被称物后再称量，显示屏显示值即为去皮后被称物质量；

(4)按 T 键清零。

4.4　pH 计

pH 计又称为酸度计，它是测量溶液 pH 值最常用的仪器。pH 计主要利用 1 对电极在不同 pH 值溶液中能产生不同的电动势的原理工作。这对电极包括 1 个玻璃电极和 1 个饱和甘汞电极，玻璃电极称为指示电极，甘汞电极称为参比电极。

玻璃电极是用导电玻璃吹制成的极薄的空心小球，球内有 0.1 mol·L^{-1} 的 HCl 溶液和 Ag-AgCl 电极，将玻璃电极插入待测溶液中，便组成氢电极。玻璃电极的导电玻璃薄膜把两种溶液隔开，即有电势产生。小球内 H$^+$ 浓度是固定的，所以氢电极的电极电势随待测溶液的 pH 值不同而改变。

酸度计一般是把测得的电动势直接用 pH 值表示出来。为了方便起见，仪器加装了定位调节器，当测量已知 pH 的标准缓冲溶液时，利用调节器，把读数直接调节在标准缓冲溶液的 pH 值处。这样在以后测量待测溶液的 pH 值时，指针就可以直接指示溶液的 pH 值，省去了计算手续。一般把前一步称为"校准"，后一步称为"测量"。已经校准过的酸度计，在一定时间内可以连续测量许多待测溶液。

温度对溶液的 pH 值有影响，可以根据能斯特(Nernst)方程予以校准，在酸度计中已装配有温度补偿器进行校准。

使用玻璃电极时，应注意以下方面：

(1)玻璃电极的下端球形玻璃薄膜极薄，切忌与硬物接触，使用时必须小心操作，一旦玻璃球破裂，玻璃电极就无法继续使用；

（2）初次使用时，应先把玻璃电极放在蒸馏水中浸泡数小时，最好是 24 h，不用时也最好把玻璃电极浸泡在蒸馏水中，以便下次使用时简化浸泡和校准手续；

（3）玻璃电极上的有机玻璃管具有良好的绝缘性能，切忌与化学药品或油污接触；

（4）不可使玻璃球沾有油污，若发生这种情况，则应先将玻璃球浸入酒精中，再置于乙醚或四氯化碳中，然后移回酒精中，最后用蒸馏水冲洗，并浸泡在蒸馏水中；

（5）测量强碱性溶液的 pH 值时，应尽快操作，测量完毕后立即用蒸馏水淋洗电极，以免碱液腐蚀玻璃。

下面着重介绍 pHS-3 型数字酸度计。

pHS-3 型数字酸度计是采用 4 位 LED 显示的 pH/mV 计，可广泛应用于环保、医药、轻工、食品、化工、地质、农业、国防等领域测定水溶液的 pH 值。如配上适当的离子选择性电极，则可用于离子浓度分析，还可作电位滴定分析的终点显示仪表使用。

1. pHS-3 型数字酸度计的构造

pHS-3 型数字酸度计的构造见图 4-15。

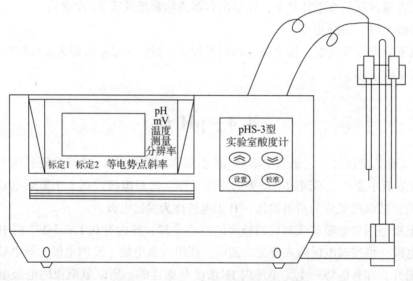

图 4-15　pHS-3 型数字酸度计的构造

2. 操作方法

pHS-3 型数字酸度计的操作方法如下。

1）准备工作

（1）接好电源。

（2）在仪器下端接入 BNC 短路插头，将电源开关拨到"ON"（接通），调节校准控制钮"CALIB"，使仪器稳定显示"7.00"。

（3）完成上述步骤后，取下短路插头，仪器处于备用状态。

2）测量操作

（1）将电极插头插入仪器的输入端，顺时针旋转电极插头至牢固。

（2）将电极小心地装入电极架的孔中。

（3）使用仪器测量 pH 值。

（4）测量完成后，卸下电极，此时逆时针方向旋转电极插头，直至电极插头从插座中脱出。

3. 注意事项

使用 pHS-3 型数字酸度计有以下注意事项。

1）温度

所有待测溶液和标准缓冲溶液均应处于同一温度下，温度变化能引起测量误差。因为 pH 电极的工作曲线斜率、参比电极的电势、缓冲溶液的 pH 值等都与温度有关。

2）清洗电极

玻璃电极在使用前须"活化"，即在蒸馏水中浸泡 24 h。在两次测量之间，电极均应认真进行冲洗，并甩掉剩余水滴或用滤纸吸干，不要擦干。

3）搅动

适当搅动测量溶液，以使玻璃球体与溶液接触良好，电极应插入溶液约 3 cm 深。

4）校准

为了保证高精度，在每天开始工作时应进行 1 次两点标准缓冲溶液校准，保证斜率正确。在 1 d 内以后的测量，可以进行一点校准。

4.5 电导率仪

电导率仪是测量电解质溶液的电导率的仪器。电解质的电导率除与电解质种类、溶液浓度及温度有关外，还与所用电极的面积 A、两极间距离 l 有关。在电导率仪中，常用的电极有铂黑电极或铂光亮电极（统称为电导电极），对于某一给定的电极来说，l/A 为常数，叫作电极常数。每一电导电极的常数由制造厂家给出。

这里重点介绍 DDS-11A 型电导率仪。

1. 外形结构

DDS-11A 型电导率仪的外形结构见图 4-16，其测量范围是 $0 \sim 10^5 \ \mu S \cdot cm^{-1}$，分 12 个量程，各量程范围与相应的电极配用。

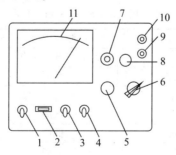

1—电源；2—氖泡；3—高周、低周开关；4—校正、测量开关；5—校正调节器；6—量程选择开关；

7—电极常数调节器；9—电极插口；10—10 mV 输出插口；11—电表。

图 4-16 DDS-11A 型电导率仪的外形结构

2. 使用方法

DDS-11A 型电导率仪的使用方法如下。

(1)电源开启前,观察电表指针是否指零,如不指零可调整电表 11 的调零螺母,使指针指零。

(2)将校正、测量开关 4 拨到"校正"位置。

(3)开启电源 1,预热 10 min,调节校正调节器 5 使指针在满刻度处。

(4)根据液体电导率大小,参照表 4-2 和表 4-3 选用合适量程范围的电极和低周或高周测量频率。

表 4-2　各种水样的电导率

水样	电导率/($\mu S \cdot cm^{-1}$)	使用电极
高纯水	$0.1 \sim 0.01$	铂光亮电极
混合离子交换柱出水	$10 \sim 1$	铂光亮电极
阴离子交换柱出水	$10^2 \sim 10$	铂黑电极
阳离子交换柱出水	$10^3 \sim 10^2$	铂黑电极
自来水	$10^3 \sim 10^2$	铂黑电极

(5)将量程选择开关 6 拨到所需要的量程范围挡上。如果预先不知道被测液体的电导率范围,应先把开关拨到最大量程挡上,再逐挡下降至合适范围(防止因量程选择不当而打弯电表指针)。

(6)按表 4-3 选择电极,把电极接头插入电极插口 9 内,旋紧螺母,将电极预先分别用去离子水和待测溶液淋洗(用多用滴管)后插入盛有被测溶液的井穴中,金属电极要完全浸没于溶液中。表 4-2 为各种水样的电导率(供选择量程和选用电极)。

(7)将电极常数调节器 7 调节在与所用电极上标有的电极常数相对应的位置。

(8)再次调节校正调节器使电表指针在满刻度处,然后将校正、测量开关 4 拨到"测量"位置,读出电表指示读数乘以量程开关所指位数,即为被测溶液的电导率。注意量程开关所指"黑色"或"红色"量程与表头读数刻度颜色要一致。

(9)测量完毕后,断开电源,取出电极,用蒸馏水冲洗后放回盒中。

表 4-3　量程范围与配套电极(如以 SI 的 $S \cdot m^{-1}$ 表示,则测量值乘以 10^4)

量程	电导率/($\mu S \cdot cm^{-1}$)	测量频率	配套电极
(1)	$0 \sim 0.1$	低周	DJS-1 型光亮电极
(2)	$0 \sim 0.3$	低周	DJS-1 型光亮电极
(3)	$0 \sim 1$	低周	DJS-1 型光亮电极
(4)	$0 \sim 3$	低周	DJS-1 型光亮电极
(5)	$0 \sim 10$	低周	DJS-1 型光亮电极
(6)	$0 \sim 30$	低周	DJS-1 型铂黑电极
(7)	$0 \sim 10^2$	低周	DJS-1 型铂黑电极
(8)	$0 \sim 3 \times 10^2$	低周	DJS-1 型铂黑电极
(9)	$0 \sim 10^3$	高周	DJS-1 型铂黑电极

续表

量程	电导率/($\mu S \cdot cm^{-1}$)	测量频率	配套电极
(10)	$0 \sim 3 \times 10^3$	高周	DJS-1 型铂黑电极
(11)	$0 \sim 10^4$	高周	DJS-1 型铂黑电极
(12)	$0 \sim 10^5$	高周	DJS-1 型铂黑电极

4.6　分光光度计

分光光度计是理化实验室常用分析仪器之一，它能在近紫外、可见光光谱区内对样品物质进行定性和定量分析，广泛应用于化学化工、医药卫生、生物化学、环境保护等领域。

分光光度计的基本工作原理是溶液中的有色物质对光的选择性吸收。各种不同物质都具有各自的吸收光谱，当某单色光通过溶液时，其能量就会因被吸收而减弱，光能量减弱的程度与物质的浓度有一定的比例关系，服从朗伯-比尔定律。

1. 721 型分光光度计

721 型分光光度计采用了 3 位半数字面板显示，可分别测量透过率、吸光度和浓度，波长范围为 360～800 nm，吸光度范围为 0～2。该仪器由光源灯、单色器、比色皿座架、光电管、稳压电源、对数放大器及数字面板表等部件构成，其外形见图 4-17。

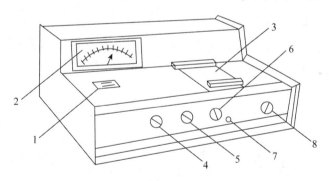

1—波长读数盘；2—电表；3—比色皿暗箱盖；4—波长调节旋钮；5—"0"透射比调节旋钮；
6—"100%"透射比调节旋钮；7—比色皿架拉杆；8—灵敏度调节旋钮。

图 4-17　721 型分光光度计外形

1）操作步骤

(1)检查仪器(见图 4-17)各调节旋钮的起始位置是否正确，接通电源，打开样品室暗箱盖(以下简称样品室盖)，调节"0"透射比调节旋钮，使电表指针处于"0"位，预热 20 min 后，再选择所需的单色光波长和相应的放大灵敏度挡，用"0"透射比调节旋钮调整电表指针指 $T=0$。

(2)盖上样品室盖使光电管受光，推动试样架拉手，使参比溶液池(溶液装入 4/5 高度，置第一格)置于光路上，调节"100%"透射比调节旋钮，使电表指针指 $T=100\%$。

(3)重复进行打开样品室盖，调透射比为 0，盖上样品室盖，调透射比为 100% 的操作，至仪器显示稳定。

（4）盖上样品室盖，推动试样架拉手，使样品溶液池置于光路上，读出吸光度值。读数后应立即打开样品室盖。

（5）测量完毕后，取出吸收池，洗净后倒置于滤纸上晾干。将各旋钮置于起始位置，关闭电源开关，拔下电源插头。

（6）放大器各挡的灵敏度："1"为1倍；"2"为10倍；"3"为20倍，灵敏度依次增大。由于单色光波长不同时，光能量不同，需选不同的灵敏度挡。选择原则是在能使参比溶液调到 $T=100\%$ 处时，尽量使用灵敏度较低的挡，以提高仪器的稳定性。改变灵敏度挡后，应重新调"0"和"100%"。

2）注意事项

（1）测量时，吸收池要先用蒸馏水冲洗，再用被测溶液涮洗3次，以免装入的被测溶液的浓度发生改变而影响测量结果。

（2）被测溶液装入吸收池后，要用擦镜纸将吸收池外部擦净。注意保护其透光面，勿使其产生斑痕。拿吸收池时，手只能捏住两面的毛玻璃。

（3）测量时，根据溶液的浓度选用不同厚度的吸收池，尽量使吸光度控制在 0.10 ~ 0.65 之间，这样可得到较高的准确度。

（4）仪器连续使用时间不宜太长，以免光电管疲劳。

（5）吸收池用完后应及时洗净擦干，放回盒内。

2. 722 型分光光度计

722 型分光光度计是以碘钨灯为光源、衍射光栅为色散原件的数字显示式可见分光光度计，波长范围为 330 ~ 800 nm，波长精度为 ±2 nm，试样架可置 4 个比色皿，单色光的带宽为 6 nm。本仪器由光源室、单色器、试样室、光电管、电子系统和数字显示器组成，其外形见图 4-18。

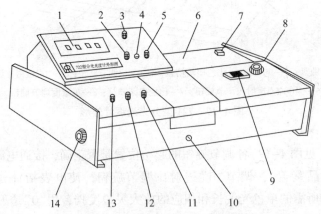

1—数字显示器；2—吸光度调零旋钮；3—选择开关；4—吸光度调斜率电位器；5—浓度旋钮；

6—光源室；7—电源开关；8—波长手轮；9—波长刻度窗；10—试样架拉手；

11—"100%"透射比调节旋钮；12—"0"透射比调节旋钮；13—灵敏度调节旋钮；14—干燥器。

图 4-18 722 型分光光度计外形

1)操作步骤

(1)将仪器(见图4-18)灵敏度调节旋钮置于"1"(放大倍数最小),选择开关置于"T"。

(2)插上电源插头,开启电源开关,指示灯亮。调节波长手轮至所需波长,调节"100%"透射比调节旋钮至显示透射比$T = (70 \sim 100)\%$。仪器在此状态下预热$5 \sim 15$ min(说明书是20 min),显示数字稳定后即可进行下一项工作。

(3)打开样品室盖(光门自动关闭,光电管不受光),调节"0"透射比调节旋钮,使数字显示为"000.0"。

(4)盖上样品室盖,将参比池推入光路,调节"100%"透射比调节旋钮,使数字显示"100.0"。如果显示不到"100.0",调节灵敏度调节旋钮,选择较高的灵敏度挡,再调节透射比为0和100%。

(5)重复进行打开样品室盖,调透射比为0,盖上样品室盖,调透射比为100%的操作,至仪器显示稳定。

(6)将选择开关置于"A",调节吸光度调零旋钮,使数字显示为"0.000",将样品池推入光路,数字显示值即为吸光度值。

(7)直接读出被测物浓度的操作方法:装一份标准溶液于吸收池中,将选择开关置于"C",将标准液池推入光路,调节浓度旋钮使数字显示为标准液浓度值,将样品池推入光路,数字显示即为样品的浓度值。

(8)读完数以后应立即打开样品室盖。

(9)测量完毕后,取出吸收池,洗净后倒置于滤纸上晾干。将各旋钮置于起始位置,关闭电源开关,拔下电源插头。

2)注意事项

(1)应严格按操作进行。

(2)调节旋钮时不要太用力。

(3)灵敏度挡要逐渐增加。

(4)不进行测量时应打开比色皿暗箱盖,保护光电池或光电管。

(5)当测试波长改变较大时,需等数分钟后才能正常工作(因波长由长波向短波或反向移动时光能量急剧变化,光电管受光后响应迟缓,需一段光响应平衡时间)。

(6)不同仪器的比色皿规格不同,要注意配套使用,不能与其他仪器上的吸收池单个调换。

(7)本仪器数字显示器背部带有外接插座,可输出模拟信号。插座的脚1为正,脚2为负接地线。

(8)仪器使用完毕后用防尘布罩罩住,并放入硅胶等干燥剂保持干燥。

(9)吸收池用完后应及时用蒸馏水洗净,用细软的纸或用布擦干后存放在吸收池盒内。

4.7 其他

1. 温度计

在一般实验中，最常用的是水银温度计，用来测量各种温度，比如熔点、沸点、反应温度等。贝克曼温度计用来测量微小的温差。温度计测量精度的要求应该与对实验结果精度的要求相一致。若要非常精确地测量微小温差，则常使用多对串联的热电偶温度计、温差电阻温度计和热敏电阻温度计。在水银温度计适用的温度范围以外，可使用电阻温度计或热电偶温度计，在测量更高温度时使用热辐射温度计。如果需要很小的热容和高速的温度响应，水银温度计是不适用的，可采用热敏电阻温度计或热电偶温度计。

这里，重点介绍一下水银温度计。

水银温度计是最常用的温度计，它是液体温度计中最主要的一类。水银温度计的测温物质是水银，装在一根下端带有玻璃球的均匀毛细管中，上端抽成真空或充入某种气体。温度的变化就表现为水银体积的变化，毛细管中的水银柱将随之上升或下降。由于玻璃的膨胀系数很小，而毛细管又是均匀的，故水银的体积变化可用长度变化来表示，即在管外直接标出温度值。

水银温度计的优点是构造简单，读数方便，在相当大的温度范围内水银体积随温度的变化接近于线性关系。

每支温度计都有一定的测温范围，通常以最高的刻度来表示，如100、150、250、360 ℃等。假如用石英代替玻璃制成温度计，可测至620 ℃，任何温度计都不允许测量超过它的最高刻度的温度。

温度计的水银球玻璃壁很薄，容易破碎，使用时要轻拿轻放，更不可用来当作搅拌棒使用。测量液体温度时，要使水银球完全浸入液体中。注意勿使水银球接触容器的底部或器壁，刚测量过高温的温度计切不可立即用冷水冲洗。

水银温度计在使用过程中，应注意以下方面。

(1)全浸式水银温度计应全部垂直浸入被测液体中，达到热平衡后毛细管水银柱面不再移动时才能读数。

(2)使用精密温度计时，读数前须轻轻敲击水银面附近的管壁，这样可以防止水银在管壁上黏附。

(3)读数时，视线应与水银柱液面位于同一水平面上。

(4)避免骤冷骤热，防止温度计破裂，还要防止强光、射线直接照射水银柱。

(5)水银温度计是易破碎玻璃仪器，而且毛细管中的水银有剧毒，因此不能作为搅棒、支柱等来用。使用温度计时要非常小心，避免与硬物相碰。如果温度计需插在塞孔内，塞孔的大小要合适，以免温度计脱落或折断。若温度计被折断或是水银球被打碎，水银洒出，要立即用硫磺粉覆盖。

2. 比重计

比重计是用来测定溶液相对密度的仪器，它是一中空的玻璃浮柱，上部有标线，下部为一重锤，内装铅粒。根据溶液相对密度的不同而选用相适应的比重计。通常将比重计分为两种，一种是测量相对密度大于 1 的液体，称作重表；另一种是测量相对密度小于 1 的液体，称作轻表。

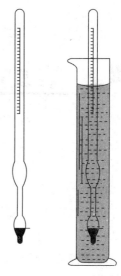

测定液体相对密度时，将待测液体注入大量筒中，然后将清洁干燥的比重计轻放至液体中。为了避免比重计在液体中上下沉浮和左右摇动与量筒壁接触以至打破，故在放入时，应该用手扶住比重计的上端，并让它浮在液面上，待比重计不再摇动而且不与器壁相碰时，即可读数，读数时视线要与凹液面最低处相切。用完比重计要洗净、擦干，再放回盒内。由于液体相对密度的不同，可选用不同量程的比重计。测定相对密度的方法见图 4-19。

图 4-19　比重计和液体相对密度的测定

3. 秒表

秒表是准确测量时间的仪器，它有各种规格，实验室常用的秒表见图 4-20。秒表的秒针转 1 周为 30 s，分针转 1 周为 15 min。这种秒表有两根针，长针为秒针，短针为分针，表面上也相应地有两圈刻度，分别表示"秒"和"分"的数值，可准确到 0.01 s。表的上端有柄头，用它旋紧发条，控制表的启动或停止。

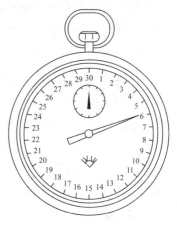

使用秒表时，先旋紧发条，用手握住表体，用拇指或食指按柄头，按一下，表即走动。需停表时，再按柄头，秒针、分针就都停止转动，便可读数。第三次按柄头时，秒针、分针返回零点，恢复原状。有的秒表有暂停装置，需暂停时，推动暂停钮，表即停止，退回暂停钮时，秒表继续走动，可连续计时。

图 4-20　秒表

使用秒表时，应注意以下方面。

(1)使用前应检查零点(即检查秒针是否正好指在"0")，如不准，则应记下差值，对读数进行校正。

(2)按柄头时，有一段空档。在启动或停止秒表时，应先按过空档，做好准备。到正式启动时，秒表才会立即启动或停止，不然会因空档而引起误差。

(3)秒表使用后应让它继续走动，使发条完全放松。

(4)秒表要轻拿轻放，切勿碰摔敲击，以免震坏。秒表不能与腐蚀性化学药品或磁性物质放在一起，应保存在干燥处。

(5)秒表在使用前，应按实验室要求登记使用者的姓名；使用完之后，应按要求及时予以归还，并做好归还登记。

第5章

实验基本操作

在化学实验室中，玻璃仪器的洗涤和干燥、量度仪器的使用、化学试剂的储存和取用、加热和冷却、试纸的使用以及固体物质的溶解、蒸发、结晶和固液分离等，是实验者需要熟练掌握的一些基本操作技能。

5.1　玻璃仪器的洗涤和干燥

化学实验经常使用各种玻璃仪器，而这些仪器干净与否，往往会影响到实验结果的准确性。因此，实验前首先应将仪器洗涤干净，实验后也应立即洗净。

1. 玻璃仪器的洗涤

洗涤仪器的方法很多，应根据实验要求、污物的性质和污染的程度选择洗涤方法。

1) 用水洗

水洗可以洗去可溶性物质和附着在仪器上的尘土及不溶性物质。对于试管、烧杯、锥形瓶、量筒等口径较大的仪器，可先向其中注入少量自来水（容器体积的 1/3 ~ 1/2），选大小合适的毛刷刷洗，然后用水冲洗。如将水倾出后，内壁能被水均匀润湿而不黏附水珠，即算洗净。最后用蒸馏水或去离子水冲洗 2 ~ 3 次即可。

用毛刷洗涤试管时，须注意毛刷顶端的毛必须顺着伸入试管，并用食指抵住试管底部，以避免穿破试管。另外，应一支一支地洗，试管不可同时抓一把洗涤。

2) 用洗涤剂洗

常用的洗涤剂有去污粉、肥皂和合成洗涤剂（洗衣粉、洗涤液等）。洗涤剂的水溶液呈碱性，可洗去油污和有机物质，若油污和有机物仍洗不干净，可用热的碱液洗。如仪器沾有油污或其他污迹，可选用大小合适的毛刷蘸少量洗涤剂刷洗，再用自来水冲洗干净，最后用蒸馏水冲洗 2 ~ 3 次。

若器皿被大量油脂沾污，则可把热的碱液倒入容器，浸泡一段时间（此时不能用毛刷刷洗）。然后把碱液倒出，再用水冲洗，直到器皿遗留的碱液全部洗去为止。

3) 用洗液洗

当精确定量实验对仪器的洁净程度要求更高，或所用容量仪器形状特殊时，不宜用洗涤剂刷洗，常用洗液洗涤。常用的铬酸洗液配制，是将 5 ~ 10 g 的 $K_2Cr_2O_7$ 溶于 10 mL 热水中，冷却后加浓 H_2SO_4 至 100 mL。这种洗液具有很强的氧化性和去污能力。洗涤仪器时，先往仪器中注入少量洗液，然后将仪器倾斜并缓慢转动，使仪器内壁全部被洗液浸润，稍后将洗液倒回原瓶，再用自来水将残留仪器壁的洗液洗去，最后用蒸馏水冲洗 2 ~ 3 次。

由于铬酸洗液具有很强的腐蚀性，会灼伤皮肤和损坏衣服，使用时要特别小心，尤其不要溅到眼睛内。使用时最好戴橡皮手套和防护眼镜，万一不慎溅到皮肤或衣服上，要立即用大量水冲洗。由于 $Cr(Ⅵ)$ 有毒，用洗液洗涤仪器应遵守少量多次的原则，这样既节约，又可提高洗涤效率。当洗液的颜色由原来的深褐色变为绿色，即重铬酸钾被还原为硫酸铬时，洗液即失效而不能使用。

铬的化合物有毒，因此近年来建议用王水洗涤仪器，同样能获得很好的效果。但王水不稳定，应现用现配(1 体积浓 HNO_3 和 3 体积浓 HCl 混合)。

2. 仪器的干燥

有些实验要求所用仪器必须是干燥的，根据不同情况，可采用下列方法将仪器干燥。

1)晾干

对于不急用的仪器，洗净后可倒置在仪器架上，让其自然晾干，不能倒置的仪器叫将水倒干净之后任其自然干燥。

2)烘干

洗净的仪器可放在电热干燥箱(烘箱)内烘干，温度控制在 105 ℃左右。仪器放入烘箱之前应尽量将水倒净，以免水珠滴到电炉丝上损坏电炉丝。

3)烤干

烧杯和蒸发皿可以放在石棉网上用小火烤干，试管可直接用小火烤干。操作时，试管应略微倾斜，管口向下，先均匀预热，再加热试管底部，逐渐向管口移动，如管口凝结水珠，可用碎滤纸吸净，烤至无水珠后，将试管口朝上，再烘烤片刻，以赶尽水汽。

4)吹干

用压缩空气机或热吹风机将仪器吹干。

5)用有机溶剂干燥

带有刻度的计量仪器不能加热干燥，否则会影响仪器的准确度，常直接晾干或用有机溶剂干燥。在仪器内加入少量易挥发的有机溶剂，如酒精、丙酮等，倾斜、转动仪器，然后倾出，少量残留溶剂混合物挥发后仪器即干燥。

5.2　基本量度仪器的使用方法

常用的量器有量筒、移液管、容量瓶和滴定管等。量筒只能用来量取对体积不需十分精确的液体，而移液管、容量瓶和滴定管则有较高的精确度，容积在 100 mL 以下的这些量器的精确度一般可到 0.1 mL，甚至是 0.01 mL。

1. 量筒

量筒是化学实验中最常用来量取液体体积的仪器。常见的量筒容积有 5、10、25、50、

100、500、1 000 mL 等，可根据不同的需要来选用不同的规格，例如量取 8.0 mL 的液体，应使用 10 mL 量筒，因为若使用 100 mL 量筒，所取液体的误差至少有 1 mL，这样测量准确度降低了。量筒不能用作精密测量，只能用来测量液体的大致体积，也用来配制大量溶液。

量取溶液时，量筒应竖直放置，读取量筒刻度值时，视线应与量筒内液体弯月面（凹液面）的最低点保持水平，然后读取弯月面最低处刻度（见图 5-1），以免造成较大误差。

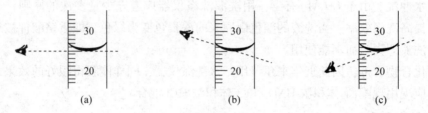

图 5-1　观看量筒内液体的体积
（a）正确读数；（b）视线偏高；（c）视线偏低

量筒不能加热，也不能放入高温液体或用作实验的反应容器，如溶解氢氧化钠、稀释硫酸等，以防破裂。

用量筒量取不润湿玻璃的液体（如水银）应读取弯月面最高部位。

量筒易倾倒而损坏。用时应放在桌面中间，用后应放在平稳之处。

2. 移液管和吸量管

移液管是用来准确量取并转移一定量液体的量器［见图 5-2（a）］。移液管是一根细长而中部膨大的玻璃管，上下均为较细窄的管径，下颈末端是尖嘴，上颈末端是平口，上颈中部刻有环形标线，中间膨大部分标有它的容积和标定时的温度。常用的移液管容积有 5、10、25、50 mL 等。

吸量管是具有分刻度的玻璃管［见图 5-2（b）］，一般用于准确量取小体积的液体。常用的吸量管容积有 1、2、5、10 mL 等。

1）洗涤和润洗

移液管（或吸量管）在使用前要洗至内壁不挂水珠，先用自来水洗涤，在烧杯中盛自来水，将移液管（或吸量管）下部伸入水中，右手拿住管颈上部，用洗耳球轻轻地将水吸入至管内容积的一半左右，用右手食指按住管口，取出后把管横放，左右两手的拇指和食指分别拿住管的上、下两端，转动管子使水布满全管，然后直立，将水放出。如水洗不净，则用洗耳球吸取铬酸洗液洗涤。也可以将移液管（或吸量管）放入盛有洗液的大量筒或高型玻璃筒内浸泡数分钟至数小时，取出后用自来水洗净，再用蒸馏水润冲。

吸取试液前要用滤纸将尖端内外的水吸去，然后用欲移取的试液润洗 2～3 次，方法同上述水洗操作，以确保所移取溶液的浓度不变。

2）溶液的移取

用润洗过的移液管移取试液时［见图 5-3（a）］，右手大拇指和中指拿住管颈标线上方靠近平口处，将管下部的尖端插入溶液中。左手拿洗耳球，先把球中空气压出，然后将球的尖端插在管口上，慢慢松开左手使溶液吸入管内。待溶液的液面上升到比标线稍高时，迅速移去洗耳球，用右手稍微润湿的食指压紧管口，大拇指和中指垂直拿住移液管，管尖离开液面，用干净滤纸片擦去管下端外部的溶液。将移液管靠在盛溶液器皿的内壁上，稍微放松食指，用拇指和中指轻轻捻转管身，使液面缓缓下降，至溶液弯月面与标线相切时（眼睛与标线处于同一水平上观察），立即用食指压紧管口，使溶液不再流出。然后取出移液管，插入预先准备好的承接溶液的器皿（如锥形瓶）中。管的下端靠在器皿内壁，此时移液管应保持竖直，而承接的器皿倾斜，松开食指，让溶液自然地沿器壁流出［见图5-3(b)］。待溶液流毕，等待15 s后，取出移液管。如移液管未注明"吹"字，则残留在管尖的溶液不能吹入承接器皿中，因为在校准移液管的体积时，没有把这部分体积计算在内，只有这样操作，管壁上所沾的液膜及尖端所残留的液体的量才能比较固定。

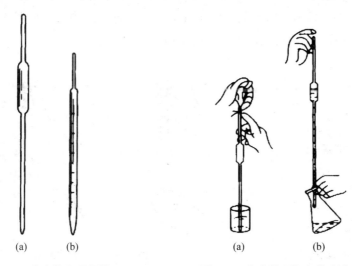

图5-2　移液管和吸量管　　　　图5-3　移液管吸取和转移溶液

吸量管的用法与移液管基本相同。使用吸量管时，通常是使液面从它的最高刻度降至另一刻度，使两刻度间的体积恰为所需的体积。在同一实验中应尽可能使用同一吸量管的同一部位，且尽可能用上面部分，以免带来误差。如果吸量管的分刻度一直刻到管尖，而且又要用到末端收缩部分时，则要把残留在管尖的溶液吹出。若用非吹出式的吸量管，则不能吹出管尖的残留液。但吸量管上常标有"吹"字，特别是1 mL以下的吸量管更是如此，管尖的溶液必须吹出，不得保留。

移液管和吸量管用毕应立即用水洗净，放在管架上，避免其在实验台上因滚动、掉落而损坏。

3. 容量瓶

容量瓶是一种细颈梨形的平底玻璃瓶，带有磨口瓶塞，其瓶颈上刻有环形标线，表示在指定温度下（一般为20 ℃）液体到达标线时的体积。常用的容量瓶有5、10、25、50、100、250、1 000 mL等多种规格。

1）配制溶液的操作方法

容量瓶主要是用来精确地配制一定体积和一定浓度的溶液。如果是用浓溶液（尤其是浓硫酸）配制稀溶液，应先在烧杯中加入少量去离子水，将一定体积的浓溶液沿玻璃棒分数次慢慢地注入水中，每次加入浓溶液后，应搅拌。如果是用固体溶质配制溶液，应先将固体溶质放入烧杯中，用少量去离子水溶解，然后将杯中的溶液沿玻璃棒小心地注入容量瓶中，见图5-4。再从洗瓶中挤出少量水淋洗烧杯及玻璃棒2～3次，并将每次淋洗的水注入容量瓶中。当溶液的体积增加至容积的2/3时，应将容量瓶初步混匀（注意：此时不能倒转容量瓶）。最后，加水到标线处。但需注意，当液面接近标线时，应使用滴管小心地逐滴将水加到标线处（注意：观察时视线、液面与标线均应在同一水平面上）。塞紧瓶塞，将容量瓶倒转数次（此时必须用手指压紧瓶塞，以免脱落，另一只手托住容量瓶底部），并在倒转时加以摇荡，以保证瓶内溶液浓度上下各部分均匀，见图5-5。瓶塞是磨口的，不能张冠李戴，一般可用橡皮圈系在瓶颈上。

  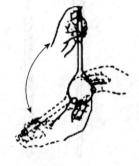

图5-4　溶液的转移　　　　　　　　　图5-5　容量瓶的翻动

2）注意事项

（1）容量瓶的检查。在使用容量瓶前，必须检查瓶塞是否漏水，环形标线的位置距离瓶口是否太近。如果漏水或标线离瓶口太近（不能混匀溶液），则不宜使用。检查瓶塞是否漏水的方法如下：加水至标线附近，盖好瓶塞后，左手用食指按住瓶塞，其余手指拿住瓶颈标线以上部分，右手用指尖托住瓶底边缘，将容量瓶倒立2 min左右，如不漏水，将瓶直立，转动瓶塞，再次倒立试漏。

（2）容量瓶的洗涤。洗涤容量瓶时，先用自来水冲洗几次，倒出水后内壁不挂水珠，即可用蒸馏水荡洗3次后备用。否则，必须用铬酸洗液洗涤，再用自来水充分冲洗，最后用蒸馏水荡洗3次，一般每次用蒸馏水15～20 mL。

（3）容量瓶是量器而不是容器，不宜长期存放溶液。如溶液需保存较长时间，应将溶液转移到试剂瓶中储存，试剂瓶应先用溶液洗3次，以保证溶液浓度不变。

（4）容量瓶不得在烘箱内烘烤，也不允许以任何方式加热。

4. 滴定管

滴定管是进行滴定分析时准确量度溶液体积的量器，它是具有精确刻度、内径均匀的细长玻璃管。常用的滴定管容积为 50 mL 和 25 mL，其最小刻度是 0.1 mL，在最小刻度之间可估计读出 0.01 mL。此外，还有容积为 10、5、2、1 mL 的半微量和微量滴定管。

　　滴定管一般分为酸式滴定管（见图 5-6）和碱式滴定管（见图 5-7）两种。酸式滴定管下端有玻璃旋塞，它用来装酸性溶液和氧化性溶液，不宜盛碱性溶液。碱式滴定管的下端用乳胶管连接一带尖嘴的小玻璃管，乳胶管内装有一玻璃圆珠，代替玻璃旋塞，以控制溶液的流出。碱式滴定管主要用来装碱性溶液。

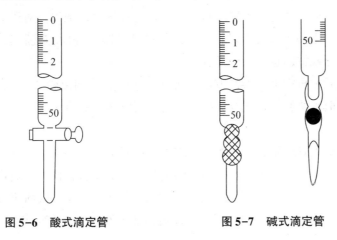

图 5-6　酸式滴定管　　　　　图 5-7　碱式滴定管

滴定管的使用方法如下。

1）洗涤

　　对于无明显油污且不太脏的滴定管，可直接用自来水冲洗，再用滴定管刷蘸肥皂水或合成洗涤剂刷洗，但不可用去污粉刷洗。滴定管刷的刷毛要相当柔软，刷头的铁丝不能露出，也不能向旁弯曲，以免划伤滴定管内壁。洗净的滴定管的内壁应完全被水均匀润湿而不挂水珠。若管壁挂有水珠，则表示其仍附有油污，可将滴定管内的水尽量除去，然后用铬酸洗液洗涤。

2）旋塞涂脂与检漏

　　旋塞涂脂是起密封和润滑作用的，最常用的是凡士林油脂，操作方法是：将滴定管平放在台面上，抽出旋塞，用滤纸将旋塞及塞槽内的水擦干，用手指蘸少许凡士林在旋塞的两侧涂上薄薄的一层，在旋塞孔的两旁少涂些，以免凡士林堵住塞孔，见图 5-8。

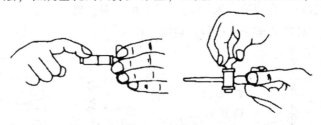

图 5-8　旋塞涂脂

　　涂脂完毕后，在滴定管中加水检查是否堵塞或漏水。对于酸式滴定管，先旋紧旋塞，用水充满滴定管，安置在滴定管架上直立静置 2 min，观察有无水滴漏下；或旋塞缝隙中有无水渗出，然后将旋塞旋转 180°，再在滴定管架上直立静置 2 min，观察有无水滴漏下。如果漏水应重新涂脂，直到满意为止。对于碱式滴定管，装水后直立 2 min，观察是否漏水即可。如果漏水可调整下端乳胶管内玻璃圆珠的位置，如仍漏水，则需更换乳胶管或玻璃圆珠。

3）润洗

用自来水洗净的滴定管，首先要用蒸馏水润洗 2 ~ 3 次，每次 10 mL 左右，以避免管内残存的自来水影响测定结果。对于酸式滴定管，每次加入蒸馏水后，打开旋塞使部分水由此流出，以冲洗出口管。然后关闭旋塞，两手平端滴定管两端无刻度部位，慢慢转动，使水流遍内壁。最后边转动边向管口倾斜，将其余的水从管口倒出。对于碱式滴定管，从下面放水洗涤时，要用拇指和食指轻轻往一边挤压玻璃圆珠外面的乳胶管，并随放随转，将乳胶管和尖嘴部分残留的自来水全部洗出。

用蒸馏水润洗后，再按上述操作方法，用标准溶液润洗滴定管 2 ~ 3 次，以确保标准溶液不被残存的蒸馏水稀释。每次取标准溶液前，要将瓶中的溶液摇匀，然后再取用。

4）装液

润洗之后，随即关好旋塞，装入溶液。左手拿住滴定管上端无刻度部位，略倾斜，右手拿盛溶液的细口试剂瓶，将溶液直接加入滴定管。不要注入太快，以免产生气泡，待液面到"0"刻度附近为止。用布擦净外壁。在装入标准溶液时，应由试剂瓶直接倒入滴定管中，不得借用其他容器（如烧杯、漏斗等），以免标准溶液的浓度改变或造成污染。

5）排气泡

装满溶液的滴定管，应检查尖嘴内有无气泡。如有气泡，将影响溶液体积的准确测量，必须排出。对于酸式滴定管，当滴定溶液装入滴定管时，出口管还没有充满溶液，此时右手拿住酸式滴定管无刻度部分使其倾斜约30°，左手迅速打开旋塞，使溶液快速冲出，就能充满全部出口管。对于碱式滴定管，可把乳胶管向上弯曲，出口斜向上方，用两指挤压玻璃圆珠右上边的乳胶管，使溶液从尖嘴快速喷出，气泡就随之逸出。继续一边挤乳胶管，一边放直乳胶管，气泡就可完全除去。

6）读数

读数时，管内应无液珠，管出口的尖嘴无气泡，尖嘴外应不挂液滴，否则读数不准。要将滴定管液面的位置准确读出，需掌握好两点：一是读数时滴定管要保持竖直，通常可将滴定管从滴定管夹上取下，用右手拇指和食指拿住管身上部无刻度的地方，让其自然下垂时读数；二是读数时，视线应与液面处于同一水平面，然后读取与弯月面相切的刻度，见图5-9。读数时，必须读至毫升小数点后第二位。

图5-9　滴定管读数

7）滴定操作

将滴定管竖直地固定在滴定管架上。操作酸式滴定管时，应由左手拇指、食指和中指配合动作，控制旋塞转动，无名指和小指向手心弯曲，轻贴于尖嘴管，见图5-10。旋转旋塞时要轻轻向手心用力，以免旋塞松动而漏液。操作碱式滴定管时，用左手拇指和食指在玻璃圆珠的右边稍上沿处挤压乳胶管，使玻璃圆珠与乳胶管间形成一条缝隙，溶液即可流出，但不要挤压玻璃圆珠下方的乳胶管，否则，气泡会进入玻璃嘴。

图5-10　滴定操作

滴定操作通常在锥形瓶中进行，必要时也可以在烧杯中进行。用右手拇指、食指和中指持锥形瓶颈部，滴定管嘴伸入瓶口内1～2 cm，利用手腕的转动，使锥形瓶旋转。左手按上述滴定方法操作滴定管，一边滴加溶液一边转动锥形瓶。

滴定过程中，要注意观察滴落点周围溶液颜色的变化，以便控制溶液的滴速。一般在滴定开始时，可以较快地连续式滴加，每秒3～4滴（溶液不能成线流下）。按近终点时，则应逐滴滴入，每滴一滴都要将溶液摇匀，并注意是否到达终点（颜色突变）。最后，还应能够控制到所滴下的液滴为半滴，甚至是1/4滴，即溶液在滴定管尖悬而不落，用锥形瓶内壁沾下悬挂的液滴，再用洗瓶挤出少量蒸馏水冲洗内壁，摇匀，如此重复，直至到达终点。由于滴定过程中溶液因锥形瓶旋转搅动会附到锥形瓶内壁的上部，故在接近终点时，要用洗瓶挤出少量蒸馏水冲洗锥形瓶内壁，然后继续滴定至终点。

滴定结束后，滴定管内的溶液应弃去，不要倒回原试剂瓶中，以免污染瓶内溶液。然后用水洗净滴定管，用蒸馏水充满滴定管，竖直地夹在滴定台上，备用。若较长时间放置不用，可洗净后，倒尽水收在仪器柜中。对于酸式滴定管，还应将旋塞拔出，洗去润滑脂，在旋塞套与旋塞之间夹一小纸片，再系上橡皮圈。

5.3　化学试剂的储存和取用

化学试剂是用以研究其他物质组成、性状及其质量优劣的化学物质。化学实验室常常需要购置和储存一些化学试剂用于实验，实验过程中应根据实验的不同要求选用不同类别、性质和纯度的试剂。

1. 化学试剂的分类

化学试剂的种类很多，世界各国对化学试剂的分类和分级的标准不尽一致，各国都有自己的国家标准及其他标准(行业标准、学会标准等)。我国的化学试剂的纯度标准有国家标准(GB)、原中华人民共和国化学工业部标准(HG)和企业标准(QB)。按照试剂中杂质含量的多少，我国生产的化学试剂分为五级，见表5-1。

表5-1 化学试剂的规格和适用范围

试剂规格	中文名称	英文符号	标签颜色	用途
一级	优级纯 (保证试剂)	G. R.	绿色	精密分析实验
二级	分析纯 (分析试剂)	A. R.	红色	一般分析实验
三级	化学纯	C. P.	蓝色	一般化学实验
四级	实验试剂	L. R.	棕黄色	一般化学实验辅助试剂
五级	生物试剂 生物染色剂	B. R. B. S.	咖啡色 玫瑰色	生物化学及医用化学实验

此外，尚有一些特殊规格的试剂，如超纯试剂(光谱纯)、指示剂、专用试剂等。

2. 化学试剂的储存

化学试剂的储存在实验室中是一项十分重要的工作。一般化学试剂应储存在通风良好、干净和干燥的房间，要远离火源，并注意防止水分、灰尘和其他物质的污染。同时，根据试剂的性质应有不同的储存方法。

(1)固体试剂应装在广口瓶中；液体试剂盛放在细口瓶或滴瓶中；见光易分解的试剂(如 $AgNO_3$、$KMnO_4$、$CHCl_3$、CCl_4 等)应盛放在棕色瓶中；容易侵蚀玻璃而影响试剂纯度的，如氢氟酸、含氟盐、苛性碱等应储存于塑料瓶中；盛碱的瓶子要用橡皮塞，不能用磨口塞，以防瓶口被碱溶结。

(2)吸水性强的试剂，如无水 Na_2CO_3、$NaOH$、Na_2O_2 等应严格用蜡密封。

(3)剧毒试剂，如氰化物、砒霜等，应设专人保管，要经严格手续取用，以免发生事故。

(4)特种试剂应采用特殊储存方法。如易受热分解的试剂，必须存放在冰箱中；易吸湿或易氧化的试剂则应储存于干燥器中；金属钠要浸在煤油中；白磷要浸在水中等。

此外，每一个试剂瓶外面都应贴上标签，标明试剂的名称、规格、浓度、纯度和配制时间等。试剂瓶上的标签最好涂上石蜡保护，以防标签受试剂侵蚀而字迹脱落。

3. 化学试剂的取用

1）取用试剂的原则

取用试剂药品前，应看清标签，取用时应注意保持清洁，防止试剂被污染或变质。取用试剂应遵守以下原则。

(1)手不能与药品直接接触，严禁试尝药品的味道，目的是保持药品的纯净和保证安全(大多数药品是有毒的或有腐蚀性的)。

(2)打开试剂瓶后，将瓶塞反放在实验台上。如果瓶塞上端不是平顶而是扁平的，可用食指和中指将瓶塞夹住(或放在清洁的表面皿上)，绝不可将它横置桌上，以免被污染。取用试剂后应立即盖好瓶塞并放回原处，以保持实验台整齐干净。不要弄错瓶塞或瓶盖。

(3)实验中，应按规定用量取用试剂。若没有注明用量，则应尽可能取用少量。这样既能节约药品，又能保证实验效果，并取得好的实验结果。如取多了，应将多余的试剂放在指定的容器中，分给其他需要的同学使用，不可倒回原瓶，以免弄脏试剂。

2）固体试剂的取用

(1)取用固体试剂一般用牛角匙。牛角匙的两端为大小两个匙。取大量固体试剂时用大匙，取少量固体时用小匙(见图5-11)。牛角匙必须干净且应专匙专用。

(2)往湿的或口径小的试管中加入固体试剂时，可将试剂放在事先用干净白纸折成的角形纸条上(纸条以能放入试管且长于试管为宜)，然后小心送入试管底部(见图5-12)，直立试管，再轻轻抽出纸条。

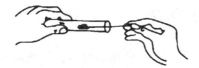 

图5-11　用药匙往试管中送入固体试剂　　　图5-12　用纸条往试管中送入固体试剂

(3)称取一定量固体时，用牛角匙取出的固体应放在纸上或表面皿上，根据要求在台秤或其他种类天平上称量。易潮解或具有腐蚀性的固体只能放在玻璃容器中称量。

3）液体试剂的取用

(1)从平顶塞试剂瓶中取用试剂时，先取下瓶塞并将它仰放在实验台上，以免被污染。拿试剂瓶时注意让瓶上的标签贴着手心，倒出的试剂应沿试管壁或玻璃棒流入容器(见图5-13和图5-14)，然后缓慢竖起试剂瓶，将瓶塞盖好，并将试剂瓶放回原处。

图5-13　往试管中倒入试剂　　　图5-14　往烧杯中倒入试剂

（2）从滴瓶中取用试剂时，要用滴瓶中的滴管，不允许用别的滴管。取用时提起滴管，使管口离开液面，用手指捏紧滴管上部的乳胶帽排除空气，再把滴管伸入试剂瓶中吸取试剂。往试管中滴加试剂时，勿使滴管伸入试管中，以免污染滴管（见图5-15）。滴加完后，应立即将滴管插回原滴瓶内。

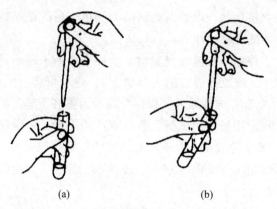

(a)　　　　　　　　　　(b)

图5-15　往试管中滴加液体试剂

（a）正确；（b）不正确

（3）定量取用液体试剂时，应根据用量选用一定规格的量筒、移液管（或吸量管）量取。

5.4　加热与冷却

加热与冷却是化学实验室常用的实验手段。一方面，一些化学反应，往往需要在较高温度下才能进行；许多化学实验的基本操作，如溶解、蒸发、灼烧、蒸馏等过程也都需要加热。另一方面，一些放热反应，如果不及时除去反应所放出的热，就会使反应难以控制；有些反应的中间体在室温下不稳定，必须在低温下才能进行；结晶等操作也需要降低温度以降低物质的溶解度，这些过程又都需要冷却。

1. 加热方法

1）酒精灯加热

酒精灯的加热温度为400～500 ℃，适用于温度不需太高的实验。酒精灯由灯帽、灯芯和盛有酒精的灯壶三大部分所组成。正常使用的酒精灯火焰应分为焰心、内焰和外焰，外焰的温度最高，内焰次之，焰心温度最低。加热时，应用外焰加热，因为外焰燃烧最充分，温度最高。

酒精易燃，使用时应特别注意安全。要用火柴或打火机点燃酒精灯，绝对不能用另外一盏燃着的酒精灯来点火，否则，一旦酒精外洒，就会引起火灾事故。点燃酒精灯之前，先检查灯芯，灯芯不要太短，一般浸入酒精后还要长4～5 cm，如果灯芯顶端不平或已烧焦，需要剪去少许使其平整。加热完可用盖子盖上灯，使火焰熄灭，绝不能用嘴吹灭。当需要添加酒精时，应先熄灭火焰，然后借助漏斗把酒精加入灯内（应为壶内体积的1/2～2/3）。

· 54 ·

2）酒精喷灯加热

酒精喷灯是金属制品，其火焰温度通常为700～1 000 ℃。常用的酒精喷灯有座式和挂式（见图5-16），挂式酒精喷灯的酒精存在悬挂于高处的贮罐内，而座式酒精喷灯的酒精则存在灯座（酒精壶）内。

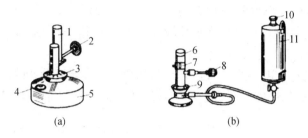

1—灯管；2—空气调节器；3—预热盘；4—铜帽；5—酒精壶；

6—灯管；7—空气调节器；8—调节旋钮；9—预热盘；10—盖子；11—酒精储罐。

图5-16　酒精喷灯的类型和构造

（a）座式；（b）挂式

使用前，先在预热盘中注入酒精，然后点燃盘中的酒精以加热灯管。待盘中的酒精将近燃完时，开启开关（逆时针转），这时酒精在灯管内气化，并与来自气孔的空气混合。如果用火点燃管口气体，即可形成高温的火焰。调节开关门阀可以控制火焰的大小，用完后，旋紧开关，即可使火焰熄灭。

应当指出：在开启开关、点燃管口气体以前，必须充分灼热灯管，否则酒精不能全部气化，会有液态酒精由管口喷出，可能形成"火雨"（尤其是挂式喷灯），甚至引起火灾；使用过程中千万不要让细小颗粒往灯管里掉，以免酒精出口被堵而发生事故。

挂式喷灯不使用时，必须将储罐的开关关好，以免酒精漏失，甚至发生事故。

使用喷灯的注意事项：

（1）经两次预热，喷灯仍不能点燃时，应暂时停止使用，检查接口是否漏气，喷出口是否堵塞（可用捅针疏通）；

（2）喷灯连续使用时间不能超过半小时（使用时间过长，灯壶温度逐渐升高，使壶内压强过大，有崩裂的危险），如需加热时间较长，每隔半小时要停用，用冷湿布包住喷灯下端降温，并补充酒精；

（3）在使用中如发现灯壶底部凸起应立刻停止使用，查找原因（可能使用时间过长灯体温度过高或喷口堵塞等）作相应处理后方可使用。

3）电加热

实验室还常用电炉、电热板、电加热套、电烘箱等多种电器加热。电加热法具有不产生有毒物质和蒸馏易燃物时不易发生火灾等优点。

（1）电炉。电炉可以代替酒精灯或煤气灯加热盛于容器中的液体和固体。根据发热量的不同，电炉有300、500、800、1 000 W等不同的规格。若单纯加热，可以用一般的电炉，见图5-17。使用电炉时应注意以下方面：

①电源电压与电炉使用电压要相符；

②加热器(烧杯或蒸发皿)与电炉间要放一块石棉网，以使加热均匀；

③炉盘的凹槽要保持清洁，要及时清除烧焦物，以保护炉丝，延长使用寿命，同时确保实验安全。

(2)电热板。将电炉做成封闭式就称为电热板。电热板加热是平面的，且升温较慢，多用作水浴、油浴的热源，也常用作加热烧杯、平底烧瓶、锥形瓶等平底容器。许多电磁搅拌附加可调电热板。

(3)电加热套(包)。电加热套(包)是专为加热圆底容器而设计的电加热源，特别适用于蒸馏易燃物品，见图5-18。有适合不同规格烧瓶的电加热套，其相当于一均匀加热的空气浴，热效率最高。

图5-17　电炉

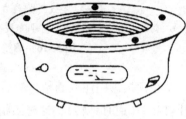

图5-18　电加热套

(4)烘箱。烘箱用于烘干玻璃仪器和固体试剂，见图5-19。其工作温度从室温至设计最高温度，在此温度范围内可任意选择，自带自动控温系统。箱内装有鼓风机，使箱内空气对流，温度均匀。工作室内设有两层网状隔板以放置被干燥物。

使用烘箱时应注意以下方面：

①被烘的仪器应洗净、沥干后再放入，且使口朝下，烘箱底部放有搪瓷盘承接仪器上滴下的水，不让水滴到电热丝上；

②易燃、易挥发物不能放进烘箱，以免发生爆炸；

③升温时应检查控温系统是否正常，一旦失效就可能造成箱内温度过高，导致水银温度计炸裂；

④升温时，务必关好关严箱门。

(5)管式炉。管式炉是电炉的一种，见图5-20，高温下的气-固反应常用管式炉。

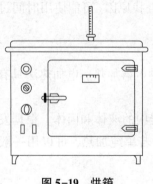

图5-19　烘箱

图5-20　管式炉

（6）马弗炉。马弗炉又叫箱式电炉，见图 5-21。高温电炉发热体（电阻丝）的选用：900 ℃以下可用镍铬丝；1 300 ℃以下可用钼丝；1 600 ℃以下可用碳化硅（硅碳棒）；1 800 ℃以下可用铂铑合金丝；2 100 ℃以下则使用铱丝或硅钼棒。这些发热体，都是嵌入由耐火材料制成的炉膛内壁中。电炉需要大的电流，通常和变压器联合使用，应根据发热体的种类选用合适的变压器。

（7）水浴。当要求温度不超过 100 ℃时，可用水浴加热。水浴加热分为恒温水浴（见图 5-22）和不定温水浴。对于低沸点易燃物质如乙醇、乙醚、丙酮等，必须用水浴加热。水浴加热时，水浴锅中的存水量应保持在总体积的 2/3 左右，加热过程中要注意补充水，切勿烧干。

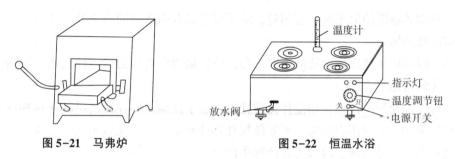

图 5-21　马弗炉　　　　　　　　　图 5-22　恒温水浴

（8）油浴。油浴适用于 100～250 ℃的加热。油浴锅一般由生铁铸成，有时也用大烧杯代替。反应物的温度一般低于油浴温度 20 ℃左右。常用作油浴的物质有甘油、植物油、硅油和石蜡等。使用油浴加热时，要特别注意防止着火，如遇油浴着火，应立即拆除热源，用石棉布盖灭火焰，切勿用水浇。

2. 冷却方法

在化学实验中，有些反应、分离和提纯要求在低温下进行，这就要根据不同要求，选择合适的制冷技术。

1）自然冷却

热的物质在空气中放置一定时间，会自然冷却至室温。

2）吹风冷却

当实验需要快速冷却时，可用吹风机或鼓风机吹冷风冷却。

3）流水冷却

对于需冷却到室温的溶液，可用流水冷却。有时加热后，为了节省实验时间以不间断实验，或者反应需严格控制加热时间，需迅速降温以阻止反应继续进行时，都可用流水冷却。将容器倾斜，在摇动下直接用流动的自来水冷却。

4）冰水浴冷却

有的反应或者结晶需在低于室温下进行，则可将盛有反应物的容器置于冰水中冷却。用水和碎冰的混合物作冷却剂，效果比单独用冰块要好，因为它能和容器更好地接触。如果水的存在不妨碍反应的进行，则可把碎冰直接投入反应物中，这能更有效地利用低温。

此外，有的实验需要在低于 273 K（0 ℃）下进行，则可用冰盐浴来冷却。冰盐浴由容器及制冷剂(冰盐或水盐的混合物)组成,所能达到的温度由冰盐的比例和盐的种类决定。如用干冰(固体二氧化碳)和有机溶剂(如乙醇、乙醚或丙酮等)的混合物,可以达到较低的温度(-50～-80 ℃)。

5.5 固体物质的溶解、蒸发、结晶和固液分离

在普通化学实验中,经常要进行溶解、过滤、蒸发(浓缩)、结晶(重结晶)、固液分离等基本操作。

1. 固体溶解

将一种固体物质溶解于某一溶剂时,除了要考虑取用适量的溶剂外,还必须考虑温度对物质溶解度的影响。

加热一般可以加速固体物质的溶解过程,应根据物质对热的稳定性选用直接用火加热或用水浴等间接加热方法。

搅拌可以加速溶解过程,用搅拌棒搅拌时,应手持搅拌棒并转动手腕使搅拌棒在溶液中均匀地转圈子,不要用力过猛,不要使搅拌棒碰到器壁,以免发出响声、损坏容器。如果固体颗粒太大不易溶解,应预先在研钵中研细。

2. 蒸发(浓缩)

为了使溶质从溶液中析出,常采用加热的方法,使溶液逐渐浓缩析出晶体。常用的蒸发容器是蒸发皿,其表面积较大,有利于加速蒸发,加入蒸发皿中的液体体积不应超过其容积的2/3。蒸发时应用小火,以防溶液暴沸、溅出。如果液体量较多,蒸发皿一次盛不下,可随水分的蒸发继续添加液体。注意不要使蒸发皿骤冷,以免炸裂。根据溶质的热稳定性,可以选用酒精灯直接加热,或用水浴间接加热。若溶质的溶解度较大,应加热到溶液出现晶膜时停止加热;若溶质的溶解度较小,或高温下溶解度较大而室温下溶解度较小,则不必蒸发至液面出现晶膜就可以冷却。

3. 结晶与重结晶

结晶是提纯固态物质的重要方法之一。通常有蒸发法和冷却法2种方法。蒸发法是通过蒸发或气化,减少一部分溶剂使溶液达到饱和而析出晶体后,继续蒸发母液至呈稀粥状后再冷却,从而获得较多的晶体。此种方法主要用于溶解度随温度改变而变化不大的物质(如氯化钠),此类物质通过冷却高温的过饱和溶液不能获得较多的晶体。冷却法是将溶液加热至饱和状态后,不必再蒸发浓缩,直接通过降低温度而析出大量晶体。这种方法主要用于溶解度随温度下降而明显减小的物质(如硝酸钾)。常常将这两种方法结合在一起使用。

晶体颗粒(简称晶粒)的大小与结晶条件密切相关。如果溶质的溶解度小,或溶液的浓度高,或溶剂的蒸发速度快,或溶液冷却得快,析出的晶粒就细小;反之,就可得到较大的晶粒。实际工作中,应根据需要,控制适宜的结晶条件,以得到大小合适的晶粒。

当溶液过饱和时,可通过振荡容器、用玻璃棒搅动、轻轻地摩擦器壁或投入几粒晶种

等方式来促使晶体析出。

如果第一次得到的晶体纯度不合乎要求，可将所得晶体溶于少量溶剂中，再进行蒸发，得到饱和溶液，冷却后因过饱和而结晶，利用溶剂对被提纯物质及杂质的溶解度不同，达到分离提纯的目的，此方法称为重结晶。重结晶是提纯固体物质常用的重要方法之一。它适用于溶解度随温度改变而发生显著变化的物质的提纯。

4. 固液分离

固体与液体的分离方法有 3 种：倾析法、过滤法、离心分离法。

1）倾析法

当沉淀的相对密度较大或晶粒较大，静止后能很快沉降至容器的底部时，常用倾析法进行分离或洗涤。倾析法是待沉淀静置沉降后，将上层的清液倾入另一容器中而使沉淀与溶液分离的方法。如需洗涤沉淀，只要向盛沉淀的容器内加入少量洗涤液，将沉淀和洗涤液充分搅拌均匀，待沉淀沉降到容器的底部后再用倾析法，倾去溶液，见图 5-23。如此反复操作 2~3 遍，即能将沉淀洗净。

图 5-23 倾析法分离

2）过滤法

过滤是最常用的分离方法之一。当溶液和沉淀的混合物通过过滤器（如滤纸）时，沉淀就留在过滤器上，溶液则通过过滤器而进入接收容器中。

溶液的温度、黏度，过滤时的压强，过滤器孔隙的大小及沉淀物的状态，都会影响过滤速度。热溶液比冷溶液容易过滤；溶液的黏度越大，过滤速度越慢；减压过滤比常压过滤速度快。过滤器的孔隙要选择适当，太大会透过沉淀，太小易被沉淀堵塞，使过滤难以进行。当沉淀呈现胶状时，必须加热破坏，否则沉淀会透过滤纸。总之，要根据各方面的因素来选用不同的过滤方法。

常用的过滤方法有常压过滤、减压过滤和热过滤。

（1）常压过滤。常压过滤最为简便和常用。先把滤纸折叠成 4 层并剪成扇形，展开后为一圆锥体，一边为 3 层，另一边为 1 层，将其放入玻璃漏斗中。滤纸放入漏斗后，其边缘应略低于漏斗的边缘，见图 5-24。

标准规格的漏斗的底角应为 60°，滤纸可以完全贴在漏斗壁上。如漏斗规格不标准，滤纸和漏斗不能密合，这时需要重新折叠滤纸，把它折成适当的角度，使滤纸与漏斗密合。

撕去折好滤纸外层折角的一个小角，用食指把滤纸按在漏斗内壁上，用水润湿滤纸，并使它紧贴在漏斗壁上，赶去滤纸与漏斗壁之间的气泡，否则，将减慢过滤速度。

过滤时，先将放好滤纸的漏斗安装在漏斗架上，把容积大于全部溶液体积2倍的清洁烧杯放在漏斗下面，并使漏斗颈末端与烧杯内壁接触。将溶液和沉淀沿玻璃棒靠近3层滤纸一边边缘慢慢倒入漏斗中，见图5-25。这样，滤纸可沿着杯壁下流，不会溅失。溶液过滤完后，用洗瓶挤出少量蒸馏水，洗涤原烧杯内壁和玻璃棒，再将此洗涤液倒入漏斗中。待洗涤液过滤完后，用洗瓶挤出少量蒸馏水，冲洗滤纸和沉淀。

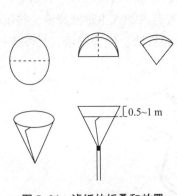

图5-24　滤纸的折叠和放置

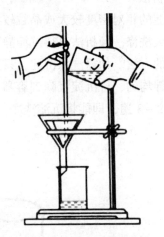

图5-25　常压过滤装置

（2）减压过滤。减压过滤又称抽滤，其装置见图5-26。

减压过滤时，水泵中急速的水流不断将空气带走，从而使抽滤瓶内压强减小，在布氏漏斗内的液面与抽滤瓶内形成一个压强差，提高了过滤速度。在连接水泵的橡皮管和抽滤瓶之间要安装安全瓶，用以防止关闭水阀或水泵内流速的改变引起自来水倒吸。在停止过滤时，应首先从抽滤瓶上拔掉橡皮管，然后关闭自来水龙头，以防止自来水吸入瓶内。

抽滤用的滤纸直径应比布氏漏斗的内径略小，但又能把瓷孔全部盖住。将滤纸放入漏斗

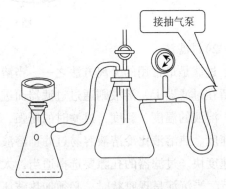

图5-26　减压过滤装置

润湿后，慢慢打开自来水的水龙头，先抽气使滤纸贴紧，然后往漏斗里转移溶液，其他操作与常压过滤相同。

（3）热过滤。如果溶液中溶质在温度下降时很容易结晶析出，为避免溶质在过滤时沉淀在滤纸上，这时可趁热过滤。过滤时把玻璃漏斗放在铜质的热漏斗内，并用酒精灯加热漏斗，以维持溶液温度，见图5-27。也可以在过滤前把普通漏斗放在水浴上用蒸汽加热或加入热水，然后使用。热过滤选用的玻璃漏斗的颈部越短越好，以免溶液在漏斗颈内停

留时间过长，因降温析出晶体而堵塞漏斗。

3）离心分离法

当被分离的沉淀量很少时，可以用离心机进行离心分离，以代替过滤，操作简单而迅速。实验室常用的离心机有手摇离心机和电动离心机2种，后者见图5-28。

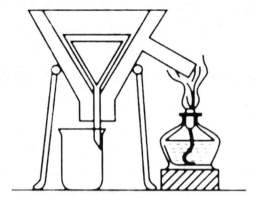

图5-27 热讨滤装置

图5-28 电动离心机

操作时，将盛有沉淀的离心试管放入套管内。为了防止由于2支套管中质量不均衡引起振动而造成离心机轴的磨损，不允许只在一支套管中放入离心试管，必须在其对称位置上放入质量相当的另一支试管后，才能进行离心操作。如果只有一支试管中的沉淀需要分离，则可另取一支试管盛以相应质量的水，放入对称位置的套管中维持均衡。然后缓慢而均匀地摇动（或启动）离心机，再逐渐加速1~2 min后，停止摇动（或转动），使离心机自然停下。不可用手去按离心机轴，否则不仅容易损坏离心机，而且骤然停止转动会使已沉降沉淀又翻腾起来。试管离心时，一般用中速离心1~2 min即可。

离心操作完毕后，从套管取出离心试管，然后取一支小滴管插入离心试管中（插入深度以尖端不接触沉淀为限），小心地吸出管内上方的清液，也可将其倾出，最后根据实验需要留舍溶液或沉淀。如果沉淀需要洗涤，可向试管中加入少量洗涤液，用玻璃棒充分搅动，再进行离心分离，如此重复操作2~3次即可。

5.6 试纸的使用

在普通化学实验中，常用试纸来定性检验一些溶液的酸碱性或某些物质（气体）是否存在，操作简单，使用方便。试纸的种类很多，实验室常用的试纸有石蕊试纸、pH试纸、碘化钾-淀粉试纸和醋酸铅试纸等。

1. 石蕊试纸

石蕊试纸用于定性检验溶液和气体的酸碱性。石蕊试纸有红色和蓝色2种，红色石蕊试纸用于检验碱性溶液（或气体），其遇碱时变蓝；蓝色石蕊试纸用于检验酸性溶液（或气体），其遇酸时变红。

制备方法：用热的酒精处理市售石蕊以除去夹杂的红色素。倾去浸液，1份残渣与6

份水浸煮并不断摇荡，滤去不溶物。将滤液分成 2 份，一份加稀 H_3PO_4 或 H_2SO_4 至变红，另一份加稀 NaOH 至变蓝，然后将滤纸分别浸入这两种溶液中，取出后在避光且没有酸、碱蒸气的房中晾干，即分别为红色石蕊试纸和蓝色石蕊试纸，剪成纸条即可。

使用方法：用石蕊试纸检查溶液的酸碱性时，可先将试纸剪成小块，放在干燥、清洁的表面皿上，再用玻璃棒蘸取待测量的溶液，滴到试纸上，在 30 s 内观察试纸的颜色变化，确定溶液的酸碱性(酸性呈红色，碱性呈蓝色)。不得将试纸浸入溶液中进行实验，以免玷污溶液。

检查挥发性物质的酸碱性时，可先将石蕊试纸润湿，然后悬空放在气体出口处，观察试纸的颜色变化。

2. pH 试纸

pH 试纸用于检验溶液和气体的酸碱性。pH 试纸分两类：一类是广范 pH 试纸，变色范围为 pH = 1 ~ 14，其色阶变化为"1"个 pH 单位，只能用来粗略估计溶液的 pH 值；另一类是精密 pH 试纸，色阶变化小于"1"个 pH 单位，因而这种试纸在溶液 pH 变化较小时就有颜色变化，可较精确地估计溶液的 pH 值。精密 pH 试纸，根据其颜色变化范围可分为多种，如变色范围为 pH = 2.7 ~ 4.7，pH = 3.8 ~ 5.4，pH = 5.4 ~ 7.0，pH = 6.9 ~ 8.4，pH = 8.2 ~ 10.0，pH = 9.5 ~ 13.0 等。根据待测溶液的酸碱性，可选用某一变色范围的试纸。

制备方法：广范 pH 试纸是将滤纸浸泡于通用指示剂中，然后取出，晾干，裁成小条即可。通用指示剂是几种酸碱指示剂的混合液，它在不同 pH 的溶液中可显示不同的颜色，其有多种配方。

使用方法：pH 试纸的使用方法和石蕊试纸的大致相同。在 pH 试纸显色 30 s 内，将显色的颜色与标准色标相比较，就能确定其近似的 pH。

3. 碘化钾-淀粉试纸

碘化钾-淀粉试纸用于定性检验氧化性气体，如 Cl_2、Br_2 等。当氧化性气体遇到湿的碘化钾-淀粉试纸后，将试纸上的 I^- 氧化成 I_2，I_2 立即与试纸上的淀粉作用变成蓝色，反应式为

$$2I^- + Cl_2 =\!=\!= 2Cl^- + I_2$$

当气体氧化性强，而且浓度大时，还可进一步将 I_2 氧化成无色的 IO_3^-，使蓝色褪去，反应式为

$$I_2 + 5Cl_2 + 6H_2O =\!=\!= 2HIO_3 + 10HCl$$

制备方法：把 3 g 淀粉和 25 mL 水搅匀，倾入 225 mL 沸水中，加入 1 g 的 KI 和 1 g 的无水 Na_2CO_3，再用水稀释至 500 mL，将滤纸浸泡后，取出放在无氧化性气体处晾干，裁成纸条即可。

使用方法：将试纸润湿粘在玻璃棒上放在试管口或伸入试管，如果试纸变蓝，则表示物质具有氧化性。应该注意，当物质的氧化性很强，且浓度较大时，会进一步将 I_2 氧化生成无色的 IO_3^- 而使试纸褪色。因此，使用时必须认真观察试纸颜色的变化，否则会得出错

误的结论。

4. 醋酸铅试纸

醋酸铅试纸用来检验 H_2S 气体(即溶液中是否含有 S^{2-})。

制备方法:将滤纸浸入 3% 的醋酸铅溶液中浸渍后,取出放在无 H_2S 气体处晾干,裁剪成条。

使用方法:当含有 S^{2-} 的溶液酸化时,逸出的 H_2S 遇到湿润的醋酸铅试纸,立即与试纸上的 $Pb(Ac)_2$ 反应,生成黑色的 PbS 沉淀而使试纸呈黑褐色并有金属光泽,反应式为

$$Pb(Ac)_2 + H_2S =\!\!=\!\!= PbS(黑色)\downarrow + 2HAc$$

第 6 章

基础实验

实验 1　玻璃管的简单加工

【实验目的】

1. 初步学会玻璃管简单的加工方法和操作技术。

2. 学会使用酒精喷灯。

【预习要点】

1. 酒精喷灯和酒精灯的区别。

2. 酒精喷灯的基本构造和使用方法。

【实验用品】

仪器：酒精喷灯、石棉网、锉刀、量角器。

材料：玻璃管、橡皮管、玻璃棒。

药品：工业酒精。

【实验内容】

1. 截断和熔烧玻璃管

截断和熔烧玻璃管的操作方法见图 6-1。

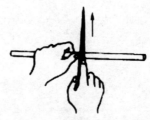

第一步　锉痕：向前划痕，不是往复锯

图 6-1　截断和熔烧玻璃管的操作方法

第二步 截断：拇指齐放在划痕的背后向前推压，同时食指向外拉

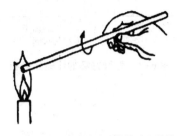

第三步 熔烧：前后移动并不停转动，熔烧截面

图6-1 截断和熔烧玻璃管的操作方法（续）

[课堂练习1]

截断3支玻璃管和2支玻璃棒，并熔烧其截面。

2. 弯曲玻璃管

弯曲玻璃管的操作方法见图6-2。

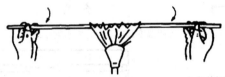

第一步 烧管：加热时均匀转动，用力匀称左右移动，稍向中间渐推

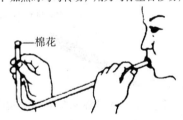

第二步 弯管：①吹气法，掌握火候，取离火焰，堵管吹气，迅速弯管

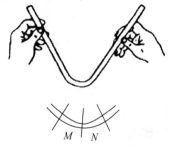

②不吹气法，掌握火候，取离火焰用"V"字形手法，弯好后冷却变硬才撒手（弯小角管时可多次弯成，如图先弯成 *M* 部位的形状，再弯成 *N* 部位的形状）

图6-2 玻璃管的弯曲

弯管好坏的比较和分析见图6-3。

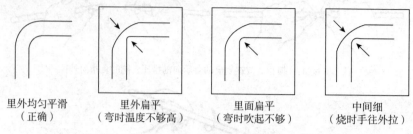

里外均匀平滑　　　里外扁平　　　　里面扁平　　　　中间细
（正确）　　（弯时温度不够高）　（弯时吹起不够）　（烧时手往外拉）

图6-3　弯管好坏的比较和分析

[课堂练习2]

(1)练习弯曲玻璃管。

(2)用3支玻璃管弯成120°、90°、60°等角度的弯管。

3. 制备滴管(拉制玻璃管)

制备滴管(拉制玻璃管)的操作方法见图6-4。

第一步　烧管（同图6-2，但要烧得时间长，玻璃软化程度大些）

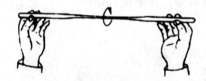

第二步　拉管：边旋转边拉动，控制温度，拉至符合要求的粗细

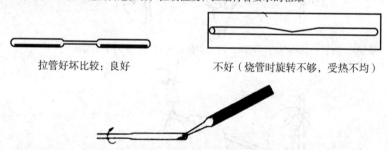

拉管好坏比较：良好　　　　　不好（烧管时旋转不够，受热不均）

第三步　扩口：管口烧至红热后，用金属锉刀柄斜放在管口内迅速而均匀地旋转

图6-4　玻璃管的拉制和扩口

[课堂练习3]

练习拉制玻璃管的操作：取2支玻璃管，制作2~4支滴管。

【注意事项】

1. 不要把头、手、衣服等伸过火焰上方，以免烧伤。

2. 点火或熄火后不要随意用手摸灯管，以免烫伤。

3. 小心玻璃管切口和桌面上的碎玻璃，以免割伤。

【思考题】

1. 截断后的玻璃管(棒)有时切口不平，原因何在？

2. 如何拉制毛细管？

实验2　分析天平的使用

【实验目的】

1. 初步了解分析天平的基本构造。
2. 学习分析天平的使用方法。

【预习要点】

1. 如何正确使用台秤。
2. 了解分析天平的准确度。
3. 熟悉分析天平的基本构造和使用方法。

【实验用品】

仪器：分析天平(电光分析天平或阻尼分析天平)、砝码、称量瓶、台秤(公用)、干燥器。

药品：草酸($H_2C_2O_4 \cdot 2H_2O$，固体，分析纯或化学纯)。

【实验内容】

1. 分析天平的检查及调零

(1)观察分析天平各部分是否正常，发现问题随时报告指导老师。

(2)天平零点的测定，如果用的是电光分析天平，则先慢慢开启天平，调整零点。如果是阻尼分析天平则要观察并记录零点。

2. 草酸的称量

(1)计算配制250 mL的0.050 0 $mol \cdot L^{-1}$草酸溶液所需 $H_2C_2O_4 \cdot 2H_2O$ 的质量作为称量依据(应在实验前预先算好，若配制的浓度不必恰为0.050 0 $mol \cdot L^{-1}$，则实际称量可略大于或小于此计算值)。

(2)从干燥器中取出盛有草酸的称量瓶，先用台秤称量，然后用分析天平按照计算所需草酸质量用减量法称重。先称出草酸连同称量瓶的总质量(W_1)，然后揭开称量瓶盖子，在一准备好的清洁的盛放药品的容器上慢慢地转动称量瓶，或用称量瓶的盖子轻轻敲击称量瓶，使草酸慢慢地倒入该容器中，再称出剩余草酸连同称量瓶的质量(W_2)。两次所称质量之差(W_1-W_2)即为倒出草酸的质量。应称量到小数点后第四位。

(3)已称重的草酸要记下其所称质量，并妥为保存以供实验3使用。

【思考题】

1. 为什么要测定天平的零点？天平的零点和停点有何区别？它们是怎样测定的？
2. 在放置待称物体或加减砝码、移动游码时，为什么要先休止天平？
3. 游码放在游码标尺刻度为零的左侧或右侧，各意味着什么？

实验 3　溶液的配制

【实验目的】

1. 掌握一定浓度溶液的配制方法和基本操作。
2. 学习吸量管、容量瓶的使用方法。

【预习要点】

1. 台秤、分析天平的正确使用方法。
2. 吸量管、容量瓶的使用方法。
3. 计算出各溶液配制时所需试剂的用量。

【实验用品】

仪器：台秤、分析天平、量筒、吸量管、烧杯、容量瓶、玻璃棒、药匙、试剂瓶。

材料：标签纸。

药品：草酸($H_2C_2O_4 \cdot 2H_2O$，固体，分析纯或化学纯)、NaOH(固体，分析纯或化学纯)、浓盐酸(分析纯，相对密度为 1.19，质量分数为 37.2%)、醋酸(2.00 $mol \cdot L^{-1}$)、蒸馏水。

【实验内容】

1. 由固体试剂配制溶液

1)粗略配制 50 mL 的 2 $mol \cdot L^{-1}$ NaOH 溶液

(1)计算出配制 50 mL 的 2 $mol \cdot L^{-1}$ NaOH 溶液所需 NaOH 固体的用量。

(2)取一只洁净干燥的小烧杯，用台秤称出空杯的质量，然后用干净的药匙把 NaOH 固体加入烧杯中，称出所需 NaOH 的质量。

(3)用量筒量取 50 mL 蒸馏水，慢慢倒入烧杯中，边倒边搅拌，使 NaOH 完全溶解。

(4)待溶液冷却后，将制得的 2 $mol \cdot L^{-1}$ NaOH 溶液转移到试剂瓶中，贴上标签备用。

2)准确配制 100 mL 的 0.050 0 $mol \cdot L^{-1}$ 草酸溶液

(1)计算出配制 100 mL 的 0.050 0 $mol \cdot L^{-1}$ 草酸溶液所需草酸的用量。

(2)用分析天平准确称出所需草酸的质量。

(3)将称好的草酸倒入烧杯中，加入适量的蒸馏水，用玻璃棒搅拌，使草酸完全溶解。

(4)将烧杯中的草酸溶液沿着玻璃棒注入洁净的 100 mL 容量瓶中，再用少量水淋洗烧杯及玻璃棒 2~3 次，并将每次的洗液也注入容量瓶中，最后加水稀释至刻度，塞好瓶塞，摇匀，即得所配溶液。贴上标签备用。

2. 由液体试剂(或浓溶液)配制溶液

1)粗略配制 50 mL 的 2 $mol \cdot L^{-1}$ 盐酸

(1)计算出配制 50 mL 的 2 $mol \cdot L^{-1}$ 盐酸所需浓盐酸(相对密度为 1.19)的用量。

(2)用量筒量取所需的浓盐酸的量，并加到小烧杯中，再用量筒量取所需的蒸馏水，也注入烧杯中，混合均匀，即得所需的盐酸。

2）准确配制 100 mL 的 0.200 mol·L^{-1} 醋酸溶液

（1）计算出配制 100 mL 的 0.200 mol·L^{-1} 醋酸溶液所需浓醋酸（2.000 mol·L^{-1}）的用量。

（2）用吸量管准确量取并注入所需体积的浓醋酸溶液至 100 mL 的容量瓶中，再加蒸馏水至刻度线，塞好瓶塞，摇匀，即得所配溶液。

【思考题】

1. NaOH 能否像 NaCl 一样，用干净的纸片放在台秤上直接称量？为什么？

2. 将溶液移入容量瓶应怎样操作？要注意什么问题？

3. 用容量瓶配制溶液时，要不要先把容量瓶干燥？为什么？

4. 怎样洗涤吸量管？洗净后的吸量管在使用前还要用吸取的溶液来洗涤，为什么？

5. 用已失去部分结晶水的草酸配制溶液时，对溶液浓度的精确度有无影响？为什么？

实验 4 粗食盐的提纯

【实验目的】

1. 学会用化学方法提纯粗食盐。

2. 练习台秤的使用以及加热、溶解、过滤（常压过滤、减压过滤）、蒸发浓缩、结晶和干燥等基本操作。

3. 学习在分离提纯物质过程中，定性检验某种物质是否除去的方法。

【预习要点】

1. 提纯食盐的原理和方法。

2. Ca^{2+}、Mg^{2+} 和 SO_4^{2-} 的鉴定。

3. 溶解、过滤、蒸发浓缩、结晶、干燥等基本操作。

4. 怎样检验杂质离子是否沉淀完全？

5. 布氏漏斗抽滤结束后，能否先关水门后拔橡皮塞或胶皮管？为什么？

【实验原理】

粗盐中的不溶性杂质（如泥沙等）可通过溶解和过滤的方法除去。粗盐中的可溶性杂质主要是 Ca^{2+}、Mg^{2+}、K^+ 和 SO_4^{2-} 等离子，可选择适当的试剂使它们生成难溶化合物沉淀而被除去，但所选沉淀剂应符合不引进新的杂质或引进的杂质能够在下一步操作中除去的原则。

粗盐溶液中 SO_4^{2-} 可通过加入过量的 $BaCl_2$ 溶液生成 $BaSO_4$ 沉淀除去，反应式为

$$Ba^{2+} + SO_4^{2-} == BaSO_4 \downarrow$$

粗盐溶液中 Ca^{2+}、Mg^{2+} 和沉淀 SO_4^{2-} 时加入的过量 Ba^{2+} 可通过加入过量的 $NaOH$ 和 Na_2CO_3 溶液除去，溶液中过量的 $NaOH$ 和 Na_2CO_3 可以用盐酸中和除去，该步的反应式为

$$Mg^{2+} + 2OH^- == Mg(OH)_2 \downarrow$$

$$Ca^{2+} + CO_3^{2-} == CaCO_3 \downarrow$$

$$Ba^{2+} + CO_3^{2-} == BaCO_3 \downarrow$$

粗盐中的 K^+ 和上述沉淀剂都不起作用。由于 KCl 的溶解度大于 $NaCl$ 的溶解度，且含量较少，因此在蒸发浓缩过程中，$NaCl$ 先结晶出来，而 KCl 则留在溶液中。

【实验用品】

仪器：台秤、烧杯、普通漏斗、漏斗架、布氏漏斗、吸滤瓶、真空泵、蒸发皿、量筒、泥三角、石棉网、三角架、坩埚钳、酒精灯。

材料：pH 试纸、滤纸。

药品：$HCl(2 \ mol \cdot L^{-1})$、$NaOH(2 \ mol \cdot L^{-1})$、$BaCl_2(1 \ mol \cdot L^{-1})$、$Na_2CO_3(1 \ mol \cdot L^{-1})$、$(NH_4)_2C_2O_4(0.5 \ mol \cdot L^{-1})$、粗食盐、镁试剂。

【实验内容】

1. 粗食盐的提纯

1）粗食盐的称量和溶解

在台秤上称量 8.0 g 粗食盐，放入 100 mL 烧杯中，加入 50 mL 水；加热、搅拌使之溶解。

2）SO_4^{2-} 离子的除去

在煮沸的粗食盐溶液中，边搅拌边滴加 1 mol·L^{-1} $BaCl_2$ 溶液（约 2 mL）至 SO_4^{2-} 离子除尽为止，然后小火加热 3～5 min，以使沉淀颗粒长大而便于过滤。用普通漏斗过滤，保留滤液，弃去沉淀。

检验 SO_4^{2-} 是否除尽的方法：将酒精灯移开，待沉淀下沉后，在上层清液中加 1～2 滴 $BaCl_2$ 溶液。观察是否有浑浊现象，如有浑浊，说明 SO_4^{2-} 尚未除尽，需再加入 $BaCl_2$ 溶液；如不浑浊，表示 SO_4^{2-} 已除尽。

3）Ca^{2+}、Mg^{2+}、Ba^{2+} 等离子的除去

把滤液加热至沸腾，在滤液中滴加 1mL 的 2 mol·L^{-1} NaOH 溶液和 3 mL 的 1 mol·L^{-1} Na_2CO_3 溶液，加热至沸腾。同上述方法用 Na_2CO_3 溶液检验这几种离子是否完全转化为沉淀。继续用小火加热煮沸 5 min，用普通漏斗过滤，保留滤液，弃去沉淀。

4）调节溶液 pH

在滤液中边搅拌边滴加 2 mol·L^{-1} HCl 至溶液的 pH = 4～5（用 pH 试纸检验）。

5）蒸发浓缩

将溶液转移至蒸发皿中，放于泥三角上用小火加热，蒸发浓缩到溶液呈稀糊状为止。但切不可将溶液蒸发干。

6）结晶、减压过滤、干燥

让浓缩液冷至室温，用布氏漏斗减压过滤，尽量抽干。再将晶体转移至蒸发皿中，放在石棉网上，小火加热并搅拌，直至烘干。冷却，称量，计算收率。

2. 产品纯度的检验

取粗盐和产品各 1 g，分别溶于 5 mL 去离子水中，然后各分盛于 3 支试管中，按下面方法对照检验它们的纯度。

1）SO_4^{2-} 的检验

加入 2 滴 1 mol·L^{-1} $BaCl_2$ 溶液，观察有无白色沉淀（$BaSO_4$）生成，若有，则表明存在 SO_4^{2-}，否则就无。

2）Ca^{2+} 的检验

加入 2 滴 0.5 mol·L^{-1}（NH_4）$_2C_2O_4$ 溶液，稍等片刻，观察有无白色沉淀（CaC_2O_4）生成，若有，则表明存在 Ca^{2+}，否则就无。

3）Mg^{2+} 的检验

加入 2～3 滴 2 mol·L^{-1} NaOH 溶液，再加入几滴镁试剂（对硝基苯偶氮间苯二酚），若

有蓝色沉淀产生，则表明有 Mg^{2+} 存在，否则就无。

【思考题】

1. 粗食盐提纯过程中，为什么要加 HCl 溶液？
2. 能否用 $CaCl_2$ 代替毒性大的 $BaCl_2$ 来除去粗盐中的 SO_4^{2-}？
3. 蒸发时为什么不可将溶液蒸干？
4. 影响精盐收率的因素有哪些？

实验5　化学反应速率和化学平衡

【实验目的】

1. 了解浓度、温度、催化剂等对化学反应速率的影响。

2. 了解浓度、温度对化学平衡的影响。

3. 学习实验数据的作图法处理。

【预习要点】

1. 本实验如何表示化学反应速率的快慢？

2. 浓度、温度、催化剂等是如何影响化学反应速率和化学平衡的？

3. 了解作图法处理实验数据的基本步骤。

【实验原理】

(1) 在酸性介质中，KIO_3 和 Na_2SO_3 的反应式为

$$2KIO_3 + 5Na_2SO_3 + H_2SO_4 \Longrightarrow K_2SO_4 + 5Na_2SO_4 + H_2O + I_2$$

溶液中若有亚硫酸 H_2SO_3 存在，还进行以下反应(在酸性介质中 Na_2SO_3 以 H_2SO_3 表示)：

$$I_2 + H_2SO_3 + H_2O \Longrightarrow H_2SO_4 + 2HI$$

因此，只要溶液中有 H_2SO_3 存在，碘就很快和 H_2SO_3 反应而不存在。若以淀粉作指示剂，只有 H_2SO_3 全部反应完后，反应生成的碘才可能存在并与淀粉作用而呈蓝色。所以，可用溶液中蓝色的出现作为 H_2SO_3 反应完的标志。在不同条件下进行反应，根据出现蓝色所需时间的长短，从而确定化学反应速率的快慢。

(2) 浓度、温度的变化能改变单位时间内分子间的碰撞次数和活化分子的百分数，因此浓度、温度是影响化学反应速率的重要因素。

(3) 在化学反应中，正催化剂能降低反应的活化能，因此能使化学反应速率增大。

(4) 可逆反应达到平衡时，改变平衡系统的条件(如温度、压强和浓度等)，平衡就向减弱这个改变的方向移动。

【实验用品】

仪器：温度计、秒表、烧杯、量筒、玻璃棒、试管、酒精灯。

药品：$H_2C_2O_4$($0.05\ mol \cdot L^{-1}$)、H_2SO_4($0.1\ mol \cdot L^{-1}$，$3\ mol \cdot L^{-1}$)、$FeCl_3$($0.1\ mol \cdot L^{-1}$)、$KMnO_4$($0.01\ mol \cdot L^{-1}$)、NH_4SCN($0.1\ mol \cdot L^{-1}$)、$MnSO_4$($0.1\ mol \cdot L^{-1}$)、KBr($2\ mol \cdot L^{-1}$)、$CuSO_4$($1\ mol \cdot L^{-1}$)、KIO_3($0.01\ mol \cdot L^{-1}$)、新配制的 Na_2SO_3 酸性溶液($1\ L$ 溶液中含 $1\ g$ Na_2SO_3、$5\ g$ 可溶性淀粉及 $4\ mL$ 浓 H_2SO_4)。

【实验内容】

1. 影响反应速率的因素

1) 浓度对化学反应速率的影响

在室温下，用两个量筒分别取 $5\ mL$ 的 $0.01\ mol \cdot L^{-1}$ KIO_3 溶液、$45\ mL$ 蒸馏水，倒入

小烧杯中混合均匀。再用另一量筒量取 10 mL 的 Na_2SO_3 酸性溶液(已经加入淀粉),迅速倒入烧杯中并同时按动秒表,不断搅动,仔细观察。当溶液刚出现蓝色时,立即按停秒表,记录反应时间和室温。

用同样的方法按照表6-1的用量进行另外3次实验。

根据以上实验数据,以 KIO_3 浓度×1 000 为横坐标,以 $1/t$×100 为纵坐标,在方格纸上绘制曲线图。并将4次实验结果进行比较,得出结论。

注意:要将含 I_2 废液倒入回收瓶中。

表6-1　浓度对化学反应速率的影响

实验编号		I	II	III	IV
试剂用量 /mL	KIO_3 体积	5	10	15	20
	H_2O 体积	45	40	35	30
	Na_2SO_3 酸性溶液体积	10	10	10	10
溶液变蓝时间 t/s					
$1/t$×100					
$c(KIO_3)$×1 000					

2)温度对化学反应速率的影响

按表6-1中实验I的用量,把 KIO_3、H_2O 加入锥形瓶中,把 Na_2SO_3 溶液加入大试管的同时放入冰水浴中进行冷却,等到溶液的温度低于室温10 ℃时,将 Na_2SO_3 溶液迅速加到锥形瓶的溶液中,同时计时并不断摇动,当溶液刚好出现蓝色时,记录反应时间(此实验编号为V)。

利用热水浴在高于室温10 ℃条件下,重复上述实验,记录反应时间(此实验编号为VI)。(注意:加热 Na_2SO_3 时必须不断振荡,不要使其温度超过所需温度;当室温高于30 ℃时,实验的3个温度可以采用室温、低于室温10 ℃、低于室温20 ℃)。

将这2次实验数据和实验I的数据记于表6-2中,进行比较并得出结论。

表6-2　温度对化学反应速率的影响

实验编号	I	V	VI
实验温度 T/K			
溶液变蓝时间 t/s			

3)催化剂对化学反应速率的影响

取2支试管,往一试管中加入 1 mL 的 3 mol·L⁻¹ H_2SO_4、0.5 mL 的 0.1 mol·L⁻¹ $MnSO_4$、3 mL 的 0.05 mol·L⁻¹ $H_2C_2O_4$ 溶液;往另一试管中加入 1 mL 的 3 mol·L⁻¹ H_2SO_4、0.5 mL 的蒸馏水、3 mL 的 0.05 mol·L⁻¹ $H_2C_2O_4$ 溶液;然后在2支试管中各加入 3 滴 0.01 mol·L⁻¹ $KMnO_4$ 溶液,摇匀,比较2支试管中紫色褪去的快慢,根据实验现象得出结论。

反应式为

$$2KMnO_4 + 5H_2C_2O_4 + 3H_2SO_4 \rlap{=}{=} 2MnSO_4 + 10CO_2 \uparrow + K_2SO_4 + 8H_2O$$

2. 影响化学平衡的因素

1) 浓度对化学平衡的影响

往一小烧杯中加入 15 mL 蒸馏水，然后加入 0.1 mol·L^{-1} FeCl$_3$ 和 0.1 mol·L^{-1} NH$_4$SCN 溶液各 3 滴，得到血红色溶液。溶液中的血红色物体主要是 [Fe(SCN)]$^{2+}$，即

$$Fe^{3+} + SCN^- \rlap{=}{=} [Fe(SCN)]^{2+}$$

当红色不变时，表示化学反应达到平衡。将此溶液等分于 3 支试管中，然后往第一支试管中加入 4 滴 0.1 mol·L^{-1} NH$_4$SCN 溶液，第二支试管中加入 4 滴 0.1 mol·L^{-1} FeCl$_3$ 溶液，第三支试管作基准，观察前两支试管中溶液的变化，从而说明浓度对化学平衡的影响。

2) 温度对化学平衡的影响

在试管中加入 1 mL 的 2 mol·L^{-1} KBr 溶液，再滴加 5~6 滴 1 mol·L^{-1} CuSO$_4$ 溶液。摇匀后，在酒精灯上加热至 70~80 ℃，观察溶液颜色的变化。稍冷后，用自来水冲洗试管外壁，再观察溶液颜色的变化，并解释原因。

$$[Cu(H_2O)_4]^{2+} + 4Br^- \rlap{=}{=} [CuBr_4]^{2-} + 4H_2O \quad \Delta_r H_m^\theta > 0$$

【思考题】

1. 本实验中，如何表示化学反应速率的大小？

2. 根据实验结果小结影响化学反应速率和化学平衡的因素。

3. 欲用 Na$_2$S$_2$O$_3$ 与稀 H$_2$SO$_4$ 反应来说明化学反应速率和浓度、温度的关系，应如何进行实验？结论如何？

4. 如何进行实验数据的作图法处理？

实验 6 酸碱滴定

【实验目的】

1. 通过测定 NaOH 溶液和 HCl 溶液的浓度，初步掌握酸碱滴定原理和滴定操作。
2. 学习移液管、滴定管的使用方法。

【预习要点】

1. 本实验如何判断滴定终点？
2. 如何测定滴定过程中消耗碱(或酸)的体积，从而计算出酸(或碱)的浓度？
3. 了解酚酞指示剂和甲基橙指示剂的变色范围。

【实验原理】

酸碱中和反应的实质是：$H^+ + OH^- \rlap{=}{=} H_2O$。当反应到达终点时，根据酸提供质子的物质的量与碱接受质子的物质的量相等的原则，可以计算酸或碱的物质的量浓度。计算酸或碱浓度的公式为

$$\frac{c_a}{a}V_a = \frac{c_b}{b}V_b$$

式中：下标"a"和"b"分别表示"酸"和"碱"；c 表示"酸"或"碱"的物质的量浓度；V 表示"酸"或"碱"的体积；a 和 b 分别表示化学反应方程式中"酸"和"碱"的化学计量系数。

对于 HCl 和 NaOH 的反应，$a=1$、$b=1$；对于草酸和 NaOH 的反应，$a=1$、$b=2$，根据上述公式可知，如果取一定量已知浓度的酸滴定一定体积的碱，通过测定滴定过程中消耗酸的体积，可计算碱溶液的浓度；如果取一定量已知浓度的碱滴定一定体积的酸，就可通过测定滴定过程中消耗碱的体积，计算酸溶液的浓度。

酸碱滴定的终点是借助指示剂的颜色变化来确定的。一般用强碱滴定强酸或用强碱滴定弱酸时，常用酚酞作为指示剂；当用强酸滴定强碱或用强酸滴定弱碱时，常用甲基橙作为指示剂。

【实验用品】

仪器：移液管、滴定管(碱式、酸式)、锥形瓶、铁架台、滴定管夹、烧杯、洗瓶、洗耳球。

药品：草酸标准溶液、HCl 溶液($0.1\ mol \cdot L^{-1}$)、NaOH 溶液($0.1\ mol \cdot L^{-1}$)、酚酞(1%)、甲基橙(0.1%)。

【实验内容】

1. NaOH 溶液浓度的标定

用草酸标准溶液标定 NaOH 溶液的浓度。

(1)取一洁净的碱式滴定管，先用蒸馏水淋洗 3 次，再用 NaOH 溶液淋洗 3 次，注入

NaOH 溶液到"0.00"刻度以上,逐出乳胶管和尖嘴内的气泡,然后将液面调至"0.00"刻度处。

(2)取一洁净的移液管,先用蒸馏水淋洗 3 次,再用标准草酸溶液淋洗 3 次,吸取 20.0 mL 标准草酸溶液加到洁净的锥形瓶中,再加 2~3 滴酚酞指示剂,摇匀。

(3)把滴定管中的碱液逐滴滴入瓶内。滴定刚开始时,液体滴出的速度可稍快一些。但只能一滴一滴地加,不可形成一股水流。碱液滴入酸中时,局部会出现粉红色,随着摇动,粉红色很快消失。当滴定接近终点时,粉红色消失较慢。此时每加一滴碱液都要将溶液摇动均匀,观察粉红色是否消失。最后应控制液滴悬而不落,用锥形瓶内壁把液滴沾下来(这时加入的是半滴碱液),用洗瓶冲洗锥形瓶内壁,摇匀,放置 30 s 后,粉红色不消失,则认为已达终点,记下滴定管液面的位置。

(4)再重复滴定 2 次。若 3 次所用 NaOH 溶液的体积相差不超过 0.10 mL,即可取平均值计算 NaOH 溶液的浓度。否则,需重新滴定。

2. HCl 溶液浓度的测定

用已测知浓度的碱液测定 HCl 溶液的浓度。

(1)将酸式滴定管洗净、装液、逐出尖嘴内的气泡,调节液面至"0.00"刻度位置。

(2)用移液管吸取 20.0 mL 已标定的 NaOH 溶液,放入洁净的锥形瓶中,加 2 滴甲基橙指示剂。

(3)把酸液逐滴加入瓶内,不断摇动锥形瓶。当瓶内溶液颜色恰好由黄色变成橙色时,即达滴定的终点,记下滴定管液面的位置。

(4)再重复滴定 2 次。若 3 次所用酸液体积相差不超过 0.10 mL,即可取平均值计算 HCl 溶液的浓度。否则,需重新滴定。

3. 实验数据的记录和处理

(1)标准草酸溶液的浓度为_____mol·L^{-1}。

(2)NaOH 溶液浓度的标定数据见表 6-3。

表 6-3 NaOH 溶液浓度的标定

实验序号	第一次			第二次			第三次		
	初读数	终读数	用量	初读数	终读数	用量	初读数	终读数	用量
草酸标准溶液用量/mL									
被测 NaOH 溶液用量/mL									
NaOH 浓度测定值 /(mol·L^{-1})									
NaOH 浓度平均值 /(mol·L^{-1})									

（3）HCl 溶液浓度的测定数据见表 6-4。

表 6-4　HCl 溶液浓度的测定

实验序号	第一次			第二次			第三次		
	初读数	终读数	用量	初读数	终读数	用量	初读数	终读数	用量
已标定的 NaOH 溶液用量/mL									
被测 HCl 溶液用量/mL									
HCl 溶液浓度测定值 /(mol·L^{-1})									
HCl 溶液浓度平均值 /(mol·L^{-1})									

【思考题】

1. 滴定管和移液管为何要用所盛溶液洗 2～3 次？锥形瓶是否也应用所盛溶液洗？

2. 在滴定前，往盛有待滴定液的锥形瓶中加入一些蒸馏水，对滴定有无影响？

3. 滴定完后，如果尖嘴外留有液滴，对滴定结果有何影响？

4. 滴定完后，如果尖嘴内有气泡，对滴定结果有何影响？

5. 滴定过程中，如果锥形瓶内壁的上部，溅有碱（酸）液，对滴定结果有何影响？

6. 用碱溶液滴定酸以酚酞为指示剂时，到达等当点的溶液放置一段时间后会不会褪色？为什么？

实验7　电离平衡和盐类水解

【实验目的】

1. 进一步理解和巩固电离平衡和盐类水解的有关概念和原理(如同离子效应、盐类的水解及其影响因素)。

2. 了解缓冲溶液的配制和性能。

3. 学习使用 pH 试纸测定溶液 pH 值的方法。

【预习要点】

1. 根据公式求出本实验中酸碱溶液、缓冲溶液和盐溶液的 pH 计算值。

2. 查出本实验中用到的弱电解质的解离常数。

3. 了解甲基橙、酚酞等指示剂的变色范围。用酚酞是否能正确指示 HAc 或 NH_4Cl 溶液的 pH 值? 为什么?

4. 如何配制一定 pH 值范围的缓冲溶液? 若将 10 mL 的 $0.1\ mol\cdot L^{-1}$ NaOH 溶液加入 10 mL 的 $0.2\ mol\cdot L^{-1}$ HAc 溶液中, 所得溶液是否具有缓冲作用?

【实验原理】

1. 同离子效应

强电解质在水中全部电离, 弱电解质在水中部分电离。在一定温度下, 弱酸、弱碱的电离平衡式为

$$HA(aq) + H_2O(l) \Longrightarrow H_3O^+(aq) + A^-(aq)$$

$$B(aq) + H_2O(l) \Longrightarrow BH^+(aq) + OH^-(aq)$$

在弱电解质溶液中, 加入与弱电解质含有相同离子的强电解质, 电离平衡向生成弱电解质的方向移动, 使弱电解质的电离度下降。这种现象称为同离子效应。

2. 缓冲溶液

由弱酸(或弱碱)与弱酸(或弱碱)盐(如 HAc-NaAc, $NH_3\cdot H_2O$-NH_4Cl, H_3PO_4-NaH_2PO_4, NaH_2PO_4-Na_2HPO_4, Na_2HPO_4-Na_3PO_4 等)组成的溶液, 具有保持溶液 pH 相对稳定的性质, 这类溶液称为缓冲溶液。

弱酸-弱酸盐组成缓冲溶液的 pH 值计算式为

$$pH = pK_a^\theta(HA) - \lg\frac{c(HA)}{c(A^-)}$$

弱碱-弱碱盐组成缓冲溶液的 pH 值计算式为

$$pH = 14 - pK_b^\theta(B) + \lg\frac{c(B)}{c(BH^+)}$$

缓冲溶液的 pH 可以用 pH 试纸或 pH 计来测定。

缓冲溶液的缓冲能力与组成缓冲溶液的弱酸(或弱碱)及其共轭碱(或酸)的浓度有关,

当弱酸(或弱碱)与它的共轭碱(或酸)浓度较大时,其缓冲能力较强。此外,缓冲能力还与 $c(HA)/c(A^-)$ 或 $c(B)/c(BH^+)$ 有关,当该比值接近 1 时,其缓冲能力最强。此比值通常选用 0.1~10 范围。

3. 盐类水解

强酸强碱盐在水中不水解。强酸弱碱盐(如 NH_4Cl)水解,溶液显酸性;强碱弱酸盐(如 NaAc)水解,溶液显碱性;弱酸弱碱盐(如 NH_4Ac)水解,溶液的酸碱性取决于相应弱酸弱碱的相对强弱,例如:

$$Ac^-(aq) + H_2O(l) \Longrightarrow HAc(aq) + OH^-(aq)$$

$$NH_4^+(aq) + H_2O(l) \Longrightarrow NH_3 \cdot H_2O(aq) + H^+(aq)$$

$$NH_4^+(aq) + Ac^-(aq) + H_2O(aq) \Longrightarrow NH_3 \cdot H_2O(aq) + HAc(aq)$$

水解反应是酸碱中和反应的逆反应。中和反应是放热反应,水解反应是吸热反应,因此,升高温度有利于盐类的水解。

【实验用品】

仪器:pH 计、试管、试管架、量筒、烧杯、酒精灯、点滴板、石棉网。

材料:pH 试纸。

药品:HAc($0.1 \text{ mol} \cdot L^{-1}$,$1 \text{ mol} \cdot L^{-1}$)、HCl($0.1 \text{ mol} \cdot L^{-1}$,$2 \text{ mol} \cdot L^{-1}$)、$NH_3 \cdot H_2O$ ($0.1 \text{ mol} \cdot L^{-1}$,$1 \text{ mol} \cdot L^{-1}$)、NaOH($0.1 \text{ mol} \cdot L^{-1}$)、NaCl($0.1 \text{ mol} \cdot L^{-1}$)、$Na_2CO_3$ ($0.1 \text{ mol} \cdot L^{-1}$)、$NH_4Cl$($0.1 \text{ mol} \cdot L^{-1}$,$1 \text{ mol} \cdot L^{-1}$)、NaAc($1.0 \text{ mol} \cdot L^{-1}$)、$NH_4Ac$(s)、$BiCl_3$ ($0.1 \text{ mol} \cdot L^{-1}$)、$CrCl_3$($0.1 \text{ mol} \cdot L^{-1}$)、$Fe(NO_3)_3$($0.5 \text{ mol} \cdot L^{-1}$)、酚酞、甲基橙、未知盐溶液 A、B、C、D。

【实验内容】

1. 强电解质和弱电解质

1)比较盐酸和醋酸的酸性

①在 2 支试管中,分别滴入 5 滴 $0.1 \text{ mol} \cdot L^{-1}$ HCl 和 $0.1 \text{ mol} \cdot L^{-1}$ HAc 溶液,再各滴 1 滴甲基橙指示剂,观察溶液的颜色(如果现象不明显可各加 $1 \text{ mL } H_2O$ 后再观察)。

②分别用玻璃棒蘸 1 滴 $0.1 \text{ mol} \cdot L^{-1}$ HCl 和 $0.1 \text{ mol} \cdot L^{-1}$ HAc 溶液于 2 片 pH 试纸上,观察 pH 试纸颜色并判断 pH 值。

将实验结果和计算的 pH 值填入表 6-5。

表 6-5 比较盐酸和醋酸的酸性

试剂	甲基橙	pH 值	
		测定值	计算值
$0.1 \text{ mol} \cdot L^{-1}$ HCl 溶液			
$0.1 \text{ mol} \cdot L^{-1}$ HAc 溶液			

比较两者的酸性有何不同，为什么？

2）测定溶液的 pH 值

用 pH 试纸测定下列溶液的 pH 值，并与计算结果相比较。

$0.1 mol \cdot L^{-1}$ NaOH、$0.1 mol \cdot L^{-1}$ 氨水、蒸馏水、$0.1 mol \cdot L^{-1}$ HAc。

把上述溶液按测得的 pH 值从小至大排列成序。

2. 同离子效应

（1）在试管中加入 1 mL 的 $0.1 mol \cdot L^{-1}$ $NH_3 \cdot H_2O$，再加入 1 滴酚酞，观察溶液的颜色。然后再加入少量的 NH_4Ac 固体，振荡试管使之溶解，观察溶液颜色的变化，解释原因。

（2）用 $0.1 mol \cdot L^{-1}$ HAc 代替 $0.1 mol \cdot L^{-1}$ $NH_3 \cdot H_2O$，用甲基橙代替酚酞，重复步骤（1）。

3. 缓冲溶液

（1）按表 6-6 中试剂用量配制 4 种缓冲溶液，并用 pH 计分别测定其 pH 值，与计算值进行比较。

表 6-6　4 种缓冲溶液的 pH 值

编号	配制缓冲溶液	pH 计算值	pH 测定值
1	10.0 mL 的 $1 mol \cdot L^{-1}$ HAc － 10.0 mL 的 $1 mol \cdot L^{-1}$ NaAc		
2	10.0 mL 的 $0.1 mol \cdot L^{-1}$ HAc － 10.0 mL 的 $1 mol \cdot L^{-1}$ NaAc		
3	10.0 mL 的 $0.1 mol \cdot L^{-1}$ HAc 加入 2 滴酚酞，滴加 $0.1 mol \cdot L^{-1}$ NaOH 溶液至酚酞变红，30 s 不消失，再加入 10.0 mL 的 $0.1mol \cdot L^{-1}$ HAc		
4	10.0 mL 的 $1 mol \cdot L^{-1}$ $NH_3 \cdot H_2O$ － 10.0 mL 的 $1 mol \cdot L^{-1}$ NH_4Cl		

（2）在 1 号缓冲溶液中加入 0.5 mL（约 10 滴）的 $0.1 mol \cdot L^{-1}$ HAc 溶液摇匀，用 pH 计测定其 pH 值；再加入 1 mL（约 20 滴）的 $0.1 mol \cdot L^{-1}$ NaOH 溶液，摇匀，测定其 pH 值，并与计算值比较。

4. 盐类的水解

（1）A、B、C、D 是 4 种失去标签的盐溶液，只知它们是 $0.1 mol \cdot L^{-1}$ 的 NaCl、NaAc、NH_4Cl、Na_2CO_3 溶液，试通过测定其 pH 值并结合理论计算确定 A、B、C、D 各为何物。

（2）在常温和加热情况下试验 $0.5 mol \cdot L^{-1}$ $Fe(NO_3)_3$ 的水解情况，观察现象。

（3）在 3 mL 的 H_2O 中加 1 滴 $0.1 mo \cdot L^{-1}$ $BiCl_3$ 溶液，观察现象，再滴加 $2 mol \cdot L^{-1}$ HCl 溶液，观察有何变化，写出离子方程式。

（4）在试管中加入 2 滴 $0.1 mol \cdot L^{-1}$ $CrCl_3$ 溶液和 3 滴 $0.1 mol \cdot L^{-1}$ Na_2CO_3 溶液，观察现象，写出离子方程式。

【思考题】

1. NaHCO_3 溶液是否具有缓冲作用，为什么？

2. 为什么缓冲溶液具有缓冲作用？

3. 缓冲溶液的 pH 值由哪些因素决定？其中主要的决定因素是什么？

4. 如何配制 $SnCl_2$ 溶液、$SbCl_3$ 溶液、$Bi(NO_3)_3$ 溶液和 $FeCl_3$ 溶液？写出它们水解反应的离子方程式。

5. 影响盐类水解的因素有哪些？

实验 8　沉淀溶解平衡

【实验目的】

1. 加深理解沉淀-溶解平衡和溶度积的概念，掌握溶度积规则及其应用。

2. 学习电动离心机的使用和固-液分离操作。

【预习要点】

1. 用溶度积规则如何判断沉淀的生成和溶解？实验前计算出离子积 Q_i，推测沉淀是否会发生。

2. 预习有关沉淀溶液的离心分离操作方法。

3. 查出本实验中用到的难溶化合物的溶度积常数。

【实验原理】

在含有难溶强电解质晶体的饱和溶液中，难溶强电解质与溶液中相应离子间的多相离子平衡，称为沉淀-溶解平衡，用通式表示为

$$A_mB_n(s) \rightleftharpoons mA^{n+}(aq) + nB^{m-}(aq)$$

其溶度积常数为

$$K_{sp}^{\theta}(A_mB_n) = \left[c(A^{n+})/c^{\theta}\right]^m \left[c(B^{m-})/c^{\theta}\right]^n$$

沉淀的生成和溶解可以根据溶度积规则来判断：

(1) $Q_i > K_{sp}^{\theta}$，有沉淀析出，平衡向左移动；

(2) $Q_i = K_{sp}^{\theta}$，处于平衡状态，溶液为饱和溶液；

(3) $Q_i < K_{sp}^{\theta}$，无沉淀析出，或平衡向右移动，原来的沉淀溶解。

溶液 pH 值的改变、配合物的形成或发生氧化还原反应，往往会引起难溶电解质溶解度的改变。

对于相同类型的难溶电解质，可以根据其 K_{sp}^{θ} 的相对大小判断沉淀的先后顺序。对于不同类型的难溶电解质，则要根据计算所需沉淀试剂浓度的大小来判断沉淀的先后顺序。

两种沉淀间相互转化的难易程度要根据沉淀转化反应的标准平衡常数确定。

【实验用品】

仪器：烧杯、量筒、试管、离心试管、电动离心机。

药品：HCl（6 mol·L^{-1}）、HNO$_3$（6 mol·L^{-1}）、NH$_3$·H$_2$O（6 mol·L^{-1}）、Pb(NO$_3$)$_2$（0.1 mol·L^{-1}，0.001 mol·L^{-1}）、NaCl（1 mol·L^{-1}，0.1 mol·L^{-1}）、KI（0.1 mol·L^{-1}，0.001 mol·L^{-1}）、K$_2$CrO$_4$（0.5 mol·L^{-1}，0.1 mol·L^{-1}，0.05 mol·L^{-1}）、PbI$_2$（饱和）、AgNO$_3$（0.1 mol·L^{-1}）、BaCl$_2$（0.5 mol·L^{-1}）、(NH$_4$)$_2$C$_2$O$_4$（饱和）、Na$_2$SO$_4$（饱和）、Na$_2$S（1 mol·L^{-1}，0.1 mol·L^{-1}）。

【实验内容】

1. 沉淀-溶解平衡和同离子效应

1）沉淀-溶解平衡

在离心试管中滴 10 滴 0.1 $mol \cdot L^{-1}$ $Pb(NO_3)_2$ 溶液，然后滴 5 滴 1 $mol \cdot L^{-1}$ NaCl 溶液，振荡离心试管，待沉淀完全后，离心分离。在分离后的溶液中，注入少许 0.5 $mol \cdot L^{-1}$ K_2CrO_4 溶液，观察有何现象，并解释此现象。

2）同离子效应

在试管中注入 1 mL 饱和 PbI_2 溶液，然后滴 5 滴 0.1 $mol \cdot L^{-1}$ KI 溶液，振荡试管，观察有何现象，并解释此现象。

2. 溶度积规则的应用

（1）在试管中加入 1 mL 的 0.1 $mol \cdot L^{-1}$ $Pb(NO_3)_2$ 溶液，再加入 1 mL 的 0.1 $mol \cdot L^{-1}$ KI 溶液，观察有无沉淀生成，并用溶度积规则解释此现象。

（2）在试管中加入 1 mL 的 0.001 $mol \cdot L^{-1}$ $Pb(NO_3)_2$ 溶液，再加入 1 mL 的 0.001 $mol \cdot L^{-1}$ KI 溶液，观察有无沉淀生成，并用溶度积规则解释此现象。

（3）在试管中加入 1 mL 的 0.1 $mol \cdot L^{-1}$ NaCl 溶液和 1 mL 的 0.05 $mol \cdot L^{-1}$ K_2CrO_4 溶液。然后边振荡试管，边逐滴加入 0.1 $mol \cdot L^{-1}$ $AgNO_3$ 溶液，观察沉淀的颜色及沉淀颜色的变化，并用溶度积规则解释此现象。

3. 分步沉淀

在试管中加入 2 滴 0.1 $mol \cdot L^{-1}$ Na_2S 溶液和 5 滴 0.1 $mol \cdot L^{-1}$ K_2CrO_4 溶液，用水稀释至 5 mL，然后逐滴加入 0.1 $mol \cdot L^{-1}$ $Pb(NO_3)_2$ 溶液，观察首先生成沉淀的颜色。沉淀沉降后，继续向清液中滴加 $Pb(NO_3)_2$ 溶液，会出现什么颜色的沉淀？根据有关溶度积数据加以解释。

4. 沉淀的溶解

（1）在离心试管中，滴加 5 滴 0.5 $mol \cdot L^{-1}$ $BaCl_2$ 溶液，再滴加 3 滴饱和 $(NH_4)_2C_2O_4$ 溶液，待沉淀完全后，离心分离，弃去上层清液，在沉淀物上滴 6 $mol \cdot L^{-1}$ HCl 溶液，观察现象，写出化学方程式，并解释此现象。

（2）在试管中滴 10 滴 0.1 $mol \cdot L^{-1}$ $AgNO_3$ 溶液，滴入 3～4 滴 1 $mol \cdot L^{-1}$ NaCl 溶液，观察现象。再逐滴滴入 6 $mol \cdot L^{-1}$ $NH_3 \cdot H_2O$，观察现象，写出化学方程式，并解释此现象。

（3）在离心试管中滴 10 滴 0.1 $mol \cdot L^{-1}$ $AgNO_3$ 溶液，滴入 3～4 滴 1 $mol \cdot L^{-1}$ Na_2S 溶液，观察现象。离心分离，弃去上层清液，将沉淀物转移到普通试管中，滴加 6 $mol \cdot L^{-1}$ HNO_3 溶液少许，加热，观察现象，写出化学方程式，并解释此现象。

小结沉淀溶解的条件。

5. 沉淀的转化

在离心试管中，加 5 滴 0.1 $mol \cdot L^{-1}$ $Pb(NO_3)_2$ 溶液，再加 3 滴 1 $mol \cdot L^{-1}$ NaCl 溶液，

振荡离心试管，待沉淀完全后，离心分离，用 0.5 mL 蒸馏水洗涤沉淀一次。然后在 $PbCl_2$ 沉淀中加 3 滴 0.1 $mol \cdot L^{-1}$ KI 溶液，观察沉淀的转化及颜色的变化。按上述操作依次先后加入 5 滴饱和 Na_2SO_4 溶液、0.5 $mol \cdot L^{-1}$ K_2CrO_4 溶液、1 $mol \cdot L^{-1}$ Na_2S 溶液，每加入一种新的溶液后均观察沉淀的转化及颜色的变化。

试用上述生成物的溶度积数据解释实验中出现的各种现象，小结沉淀转化的条件。

【思考题】

1. 在 Ag_2CrO_4 沉淀中加入 NaCl 溶液，将会产生什么现象？与"2. 溶度积规则的应用"中实验(3)的实验现象能否得到一致的结论？

2. 什么叫分步沉淀？试把"2. 溶度积规则的应用"中实验(3)设计成一个说明分步沉淀的实验。根据溶度积计算判断实验中沉淀先后的次序。

3. 在沉淀转化实验中能否用比较 $PbCl_2$、PbI_2、$PbSO_4$、$PbCrO_4$、PbS 的 K_{sp}^{θ} 值说明沉淀转化的原因？并说明为什么。

4. 欲利用含有 $PbCl_2$ 和其他金属杂质 Fe^{2+}、Cu^{2+} 的氯化渣制取 $Pb(Ac)_2$，如何设计一个合理的工艺流程，并用所依据的原理加以说明。

实验9 氧化还原反应和电化学

【实验目的】

1. 理解电极电势与氧化还原反应方向的关系，以及介质和反应物浓度对氧化还原反应的影响。

2. 定性测定化学电池的电动势，了解电对的氧化型或还原型物质的浓度、介质的酸度对电极电势、氧化还原反应的方向、产物和速率的影响。

3. 通过实验了解电解的原理和方法。

【预习要点】

1. 原电池中盐桥有何作用？

2. 在 KI(或 KBr)与 $FeCl_3$ 混合溶液中，为什么要加入 CCl_4？

3. 电极电势越大，反应是否进行得越快？

【实验原理】

氧化还原过程也就是电子转移的过程，氧化剂在反应中得到电子，还原剂则失去电子，这种得失电子能力的大小或者说氧化还原能力的强弱，可以用它们的氧化型-还原型所组成电对的电极电势的相对高低来衡量。一个电对的电极电势(以还原电势为准)代数值越大，其氧化型的氧化能力越强，其还原型的还原能力越弱，反之亦然。所以根据电极电势的大小，便可判断一个氧化还原反应自发进行的方向。

金属间的置换反应伴随着电子的转移，利用这种反应可做出原电池。在原电池中，化学能转变为电能，产生电流，用伏特计可以粗略地测量出原电池的电动势。

氧化型物质或还原型物质的酸度和浓度是影响电对电极电势的重要因素，任一电对在任一离子浓度下的电极电势，可用能斯特方程计算出。例如 Cu-Zn 原电池，若降低 Cu^{2+} 的浓度(生成配合物或加入沉淀剂使其生成沉淀)，则电极电势降低。

浓度和酸度不仅对电对电极电势的大小有影响，而且影响氧化还原反应的方向。

电流通过电解质溶液时，在电极上引起化学变化的过程叫作电解。电解时，电极电势的高低、离子浓度的大小和电极材料等因素都可以影响两极上的产物。

【实验用品】

仪器：试管、烧杯、伏特计、直流稳压电源、表面皿、U 形管、盐桥、电极(锌片、铜片、铁片、铁棒、炭棒)。

材料：pH 试纸、碘化钾-淀粉试纸。

药品：锌粉、氟化铵、H_2SO_4(1 mol·L^{-1})、HNO_3(2 mol·L^{-1}，浓)、HAc(6 mol·L^{-1})、$H_2C_2O_4$(0.2 mol·L^{-1})、NaOH(2 mol·L^{-1}、6 mol·L^{-1}、40%)、NH_3·H_2O(浓)、NH_4F(10%)、NaCl(饱和)、$FeCl_3$(0.1 mol·L^{-1})、氯水、KI(0.1 mol·L^{-1})、KBr(0.1 mol·L^{-1})、KIO_3(0.1 mol·L^{-1})、Na_2SO_3(0.1 mol·L^{-1})、$ZnSO_4$(0.5 mol·L^{-1})、$CuSO_4$(0.5 mol·L^{-1})、

$FeSO_4(0.1\ mol\cdot L^{-1},\ 0.5\ mol\cdot L^{-1})$、$Fe_2(SO_4)_3(0.1\ mol\cdot L^{-1})$、$MnSO_4(0.1\ mol\cdot L^{-1})$、酚酞 (0.1%)、$K_2Cr_2O_7(0.2\ mol\cdot L^{-1})$、$KMnO_4(0.01\ mol\cdot L^{-1})$、$CCl_4$。

【实验内容】

1. 电极电势和氧化还原反应

(1)在试管中加入 0.5 mL 的 0.1 $mol\cdot L^{-1}$ KI 溶液和 2 滴 0.1 $mol\cdot L^{-1}$ $FeCl_3$ 溶液,摇匀后加入 5 滴 CCl_4。充分振荡,观察 CCl_4 层颜色的变化。

(2)用 0.1 $mol\cdot L^{-1}$ KBr 溶液代替 KI 溶液进行同样的实验观察现象。

(3)在 0.5 mL 的 0.1 $mol\cdot L^{-1}$ KBr 溶液中加入 4~5 滴氯水,摇匀后加入 5 滴 CCl_4,充分振荡,观察 CCl_4 层颜色的变化。

根据上述实验现象定性地比较 Cl_2/Cl^-、Br_2/Br^-、I_2/I^-、Fe^{3+}/Fe^{2+} 4 个电对电极电势的相对高低。

2. 浓度和酸度对电极电势的影响

1)浓度的影响

(1)在 2 只 50 mL 烧杯中,分别注入 20 mL 的 0.5 $mol\cdot L^{-1}$ $ZnSO_4$ 和 0.5 $mol\cdot L^{-1}$ $CuSO_4$ 溶液。在 $ZnSO_4$ 溶液中插入 Zn 片,$CuSO_4$ 溶液中插入 Cu 片组成 2 个电极,中间以盐桥相通。用导线将 Zn 片和 Cu 片分别与伏特计的负极和正极相接,测量两极之间的电压。

在 $CuSO_4$ 溶液中加入浓 $NH_3\cdot H_2O$ 至生成的沉淀溶解为止,形成深蓝色的溶液,观察原电池的电压有何变化。

再在 $ZnSO_4$ 溶液中加入浓 $NH_3\cdot H_2O$ 至生成的沉淀完全溶解为止,观察电压有何变化。利用能斯特方程解释实验现象。

(2)设计并测定:$Cu(s)\ |\ CuSO_4(0.01\ mol\cdot L^{-1})\ \|\ CuSO_4(0.5\ mol\cdot L^{-1})\ |\ Cu(s)$ 浓差电池的电动势。将实验测定值与计算值比较。

2)酸度的影响

在两只 50 mL 的烧杯中,分别注入 20 mL 的 0.5 $mol\cdot L^{-1}$ $FeSO_4$ 和 0.2 $mol\cdot L^{-1}$ $K_2Cr_2O_7$ 溶液。在 $FeSO_4$ 溶液中插入 Fe 片,$K_2Cr_2O_7$ 溶液中插入 C 棒组成 2 个半电池。将 Fe 片和 C 棒通过导线分别与伏特计的负极和正极相接,中间以盐桥相通,测量两极的电压。

在 $K_2Cr_2O_7$ 溶液中,慢慢加入 1 $mol\cdot L^{-1}$ H_2SO_4 溶液,观察电压的变化;再在 $K_2Cr_2O_7$ 溶液中逐滴加入 6 $mol\cdot L^{-1}$ NaOH 溶液,观察电压的变化并解释之。

3. 浓度和酸度对氧化还原反应产物的影响

1)浓度的影响

在 2 支试管中分别加入 0.1 g Zn 粉,然后在其中一试管中加 1 滴浓 HNO_3,在另一试管中加 0.5 mL 的 2 $mol\cdot L^{-1}$ HNO_3 溶液,观察所发生的现象。浓 HNO_3 被还原后的主要产物可通过观察气体产物的颜色来判断,稀 HNO_3 的还原产物可用气室法检验溶液中是否有 NH_4^+ 生成的办法来确定。

气室法检验 NH_4^+ 离子:将 5 滴被检验溶液滴入一表面皿中心,再加 3 滴 40% NaOH

溶液，混匀，在另一表面皿的中心黏附一小条湿润的 pH 试纸，把它盖在盛有被检测溶液的表面皿的上面，做成气室。将此气室放在水浴上微热，若 pH 试纸变蓝色，则表示有 NH_4^+ 存在。

2）酸度的影响

在 3 支试管中，各注入 0.5 mL 的 0.1 mol·L^{-1} Na_2SO_3 溶液，在第一支试管中注入 0.5 mL 的 1 mol·L^{-1} H_2SO_4 溶液，第二支试管中加 0.5 mL 蒸馏水，第三支试管中注入 0.5 mL 的 6 mol·L^{-1} NaOH 溶液，然后往 3 支试管中各滴入 3～4 滴 0.01 mol·L^{-1} $KMnO_4$ 溶液，观察反应产物，写出反应式。

4. 浓度和酸度对氧化还原反应方向的影响

1）浓度的影响

(1)在试管中加入 0.5 mL 的 0.1 mol·L^{-1} $Fe_2(SO_4)_3$ 溶液、4 滴 CCl_4 溶液，然后加入 0.5 mL 的 0.1 mol·L^{-1} KI 溶液，振荡后观察 CCl_4 层的颜色。

在上述溶液中加入 0.1 g NH_4F 固体，振荡试管，观察 CCl_4 层的颜色变化。

(2)往盛有 4 滴 CCl_4 的 0.5 mL 的 0.1 mol·L^{-1} $FeSO_4$、0.5 mL 的 0.1 mol·L^{-1} $Fe_2(SO_4)_3$ 溶液的试管中，加入 0.5 mL 的 0.1 mol·L^{-1} KI 溶液，振荡后观察 CCl_4 层的颜色，并与步骤(1)中未加 NH_4F 前 CCl_4 层的颜色比较有无区别。

从上述实验中说明浓度对氧化还原反应方向的影响。

2）酸度的影响

在试管中加入 0.5 mL 的 0.1 mol·L^{-1} KI 和 3 滴 0.1 mol·L^{-1} KIO_3 溶液，观察现象；滴加 1 mol·L^{-1} H_2SO_4 溶液酸化混合液，观察有何变化，再滴加 2 mol·L^{-1} NaOH 溶液使混合液显碱性，又有何变化，解释实验现象并写出有关的反应式。

5. 酸度对氧化还原反应速率的影响

在 2 支试管中各加入 0.5 mL 的 0.1 mol·L^{-1} KBr 溶液，分别加 1 mol·L^{-1} H_2SO_4、6 mol·L^{-1} HAc 溶液 5 滴，然后各加入 2 滴 0.01 mol·L^{-1} $KMnO_4$ 溶液，观察并比较 2 支试管中颜色的变化情况，写出反应式，并解释之。

6. 催化剂对氧化还原反应速率的影响

$H_2C_2O_4$ 溶液和 $KMnO_4$ 溶液在酸性介质中能发生反应，反应式为

$$5H_2C_2O_4 + 2MnO_4^- + 6H^+ =\!=\!= 2Mn^{2+} + 10CO_2 \uparrow + 8H_2O$$

此反应的电动势虽然较大，但反应速率较慢。而 Mn^{2+} 对此反应有催化作用，随着反应自身产生 Mn^{2+}，反应变快。如加入 F^- 把反应产生的 Mn^{2+} 络合起来，则反应仍进行得较慢。

取 3 支试管，分别加入 1 mL 的 0.2 mol·L^{-1} 的 $H_2C_2O_4$ 溶液和 3 滴 1 mol·L^{-1} H_2SO_4 溶液，然后往第一支试管中加入 2 滴 0.1 mol·L^{-1} $MnSO_4$ 溶液，往第二支试管中加入 10% 的 NH_4F 溶液，最后向第三支试管中加入 2 滴 0.01 mol·L^{-1} $KMnO_4$ 溶液，混合均匀，观察 3 支试管中红色褪去的快慢情况。必要时，用小火加热，进行比较。

7. 电解食盐水

将饱和食盐水装入 U 形管中，以 Fe 棒为阴极，C 棒为阳极。在两管液面上各滴 1 滴酚酞溶液，接通 12 V 直流电，观察两极现象，用湿润的碘化钾–淀粉试纸检验阳极一边的管口，写出反应式并解释之。

【思考题】

1. Fe^{3+} 能把 Cu 氧化成 Cu^{2+}，而 Cu^{2+} 又能将 Fe 氧化成 Fe^{2+}，这 2 个反应有无矛盾？

2. 电动势小于 0.2 V，甚至为负值时，反应是否就一定不能进行？

3. 为什么稀 HCl 不能和 MnO_2 反应，而浓 HCl 则能反应？这里除 H^+ 浓度改变外，Cl^- 浓度的改变，对反应是否也有影响？

4. 为什么伏特计的读数可以比较电极电势的大小，但不等于电池的电动势？

5. 通过本实验能归纳出哪些因素影响电极电势？怎样影响？

6. 用石墨作电极和用 Cu 作电极，在阳极上反应是否相同？为什么？

实验 10　蒸馏水的制备

【实验目的】

1. 了解自来水中主要溶有哪些无机杂质离子及其定性鉴定方法。
2. 了解蒸馏法制备纯水的原理和方法。
3. 学习电导率仪的使用。

【预习要点】

1. 蒸馏法制备纯水的过程中如果发现忘记加入沸石，该怎么办？
2. 蒸馏结束后能否先关冷凝水再熄灭酒精灯？为什么？
3. 如何检验水中是否存在 Mg^{2+}、Ca^{2+}、SO_4^{2-}、Cl^- 等离子？
4. 了解电导率仪使用的注意事项。

【实验原理】

(1)工业生产、科学研究和日常生活用水对水质各有一定的要求。电子工业、化工生产等对水质的纯度要求更高。一般发电机和锅炉用水等也要经纯化处理。水中常常溶有 Na^+、Ca^{2+}、Fe^{2+}、HCO_3^-、CO_3^{2-}、SO_4^{2-}、$S_2O_3^{2-}$、Cl^- 等离子以及某些气体和有机物等杂质。为了除去水中杂质，需将天然水进行处理，制得自来水。但在自来水中这些离子依然存在，还需采用一些方法进行净化，主要有蒸馏法、离子交换法、电渗析法、反渗透法等。

(2)在生产和科学实验中，用作表示水的纯度的主要指标是水中含盐量(即水中各种盐类的阳、阴离子的数量)的大小，而水中含盐量的测定较为复杂，所以通常用水的电阻率或电导率来间接表示。一般将 1 mL 水的电阻值称为水的电阻率(又称比电阻)，电阻率的倒数称为电导率(又称比电导)。电阻率与电导率的关系为

$$\rho = \frac{1}{k}$$

式中：ρ 为电阻率，单位为 $\Omega \cdot cm$；k 为电导率，单位为 $\Omega^{-1} \cdot cm^{-1}$，即 $S \cdot cm^{-1}$。

25 ℃时水的电阻率应为$(0.1 \sim 1.0) \times 10^6 \ \Omega \cdot cm$ [电导率为$(1.0 \sim 10) \times 10^{-6} \ S \cdot cm^{-1}$]。根据对水纯度的要求不同，通常可将水分为软化水、脱盐水、纯水及高纯水 4 种。

软化水：一般指将水中的硬度(暂时硬度及永久硬度)降低或去除至一定程度的水。

脱盐水：一般指将水中易去除的强电解质去除或减少至一定程度的水。脱盐水中的剩余含盐量一般应在 $1 \sim 5 \ mg \cdot L^{-1}$ 之间。

纯水：又称去离子水或深度脱盐水，一般指既将水中易去除的强电解质去除，又将水中难以去除的硅酸及二氧化硅等弱电解质去除至一定程度的水。纯水中的剩余含盐量一般应在 $1.0 \ mg \cdot L^{-1}$ 以下。

高纯水：又称超纯水，一般指既将水中的电解质几乎完全去除，又将水中不离解的胶

状物质、气体及有机物除去至很低程度的水。高纯水中的剩余含盐量应在 $0.1~mg \cdot L^{-1}$ 以下。

(3)水中所含的主要阳、阴离子可作定性鉴定，常用下列方法。

①用镁试剂检验 Mg^{2+}：镁试剂(对硝基苯偶氮间苯二酚)是一种有机染料，在酸性溶液中呈黄色，在碱性溶液中呈紫色，当它被 $Mg(OH)_2$ 沉淀吸附后呈天蓝色，反应必须在碱性溶液中进行。

②用钙指示剂检验 Ca^{2+}：游离的钙指示剂呈蓝色，在 pH>12 的碱性溶液中，它能与 Ca^{2+} 结合显红色，在此 pH 值时，Mg^{2+} 不干涉 Ca^{2+} 的检验，因为 pH>12 时，Mg^{2+} 已生成 $Mg(OH)_2$ 沉淀。

③用 $AgNO_3$ 溶液检验 Cl^-：Ag^+ 能与 Cl^- 结合生成白色的 AgCl 沉淀。

④用 $BaCl_2$ 溶液检验 SO_4^{2-}：Ba^{2+} 能与 SO_4^{2-} 结合生成白色的 $BaSO_4$ 沉淀。

(4)蒸馏法制备纯水。蒸馏法的基本原理是通过加热使含盐的水蒸发，然后将蒸汽冷凝而成蒸馏水，或称脱盐水，溶解在水中的盐类则残留在蒸馏器中。如对水的纯度要求很高，可经过多次蒸馏，从而制得纯水或高纯水。根据实验，在石英容器中经过 2 次蒸馏出的水，在 18 ℃时测得电阻率为 $23 \times 10^6~\Omega \cdot cm$；在 25 ℃时为 $16 \times 10^6~\Omega \cdot cm$。市售蒸馏水的电阻率约为 $10 \times 10^4~\Omega \cdot cm$。在石英容器中经 3 次蒸馏的水，电阻率一般可达 $2 \times 10^6~\Omega \cdot cm$。

用蒸馏法制取脱盐水及纯水，过去一直占主要地位。但是，这种方法比较陈旧，且存在以下缺点：①成本较高；②在蒸发过程中，易带出挥发性的杂质(如氨)，在冷却过程中，易带入二氧化碳，虽经多次蒸馏亦不易完全去除残留在水中的杂质；③蒸发进行很慢，因而容易从空气中吸收二氧化碳和受其他物质的污染，影响水的纯度。由于存在这些缺点，此法已逐渐被离子交换法所替代。

【实验用品】

仪器：500 mL 锥形瓶、直形冷凝管、接引管、250 mL 锥形瓶、温度计、100 mL 量筒、石棉网、酒精灯、铁架台、三脚架、试管、电导率仪。

药品：$KMnO_4$($0.1~mol \cdot L^{-1}$)、$AgNO_3$($1~mol \cdot L^{-1}$)、$BaCl_2$($2~mol \cdot L^{-1}$)、HCl($2~mol \cdot L^{-1}$)、HNO_3($2~mol \cdot L^{-1}$)、NaOH($2~mol \cdot L^{-1}$，$6~mol \cdot L^{-1}$)、沸石。

镁试剂：称取 0.001 g 镁试剂溶于 100 mL 的 $1~mol \cdot L^{-1}$ NaOH 溶液中。

钙指示剂：称取 1 g 钙指示剂[$HO(HO_3S)C_{10}H_3NNC_{10}H_3(OH)COOH$]与 100 g NaCl 研磨均匀。

【实验内容】

1. 制备蒸馏水

(1)按图 6-5 初步搭好蒸馏装置。搭装置时一般遵循先下后上、先左后右的原则。首先根据煤气灯的高度确定铁圈的位置；再固定蒸馏烧瓶，并注意温度计的水银球位于支管处；然后装好冷凝管和接引管，放好接收瓶，并注意冷凝水的接入方向。

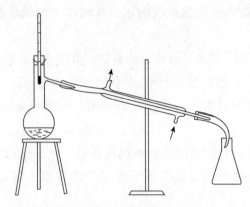

图 6-5　蒸馏装置

（2）取 250 mL 自来水放入 500 mL 蒸馏烧瓶中，并滴入 4 滴 0.1 mol·L^{-1} KMnO$_4$ 溶液，投入几粒沸石（防止过热或暴沸），将各连接处的塞子塞紧，通入冷凝水，然后加热，调节火焰以使水蒸气较缓慢地从支管逸出，控制每秒钟的出水约 2 滴。当锥形瓶中蒸馏出的纯水约 100 mL 时，便停止加热。观察蒸馏出来的水与原来有何不同。

2. 水质检验

1）离子检验

分别用试管取自来水、蒸馏水、去离子水和蒸馏残余水，进行下列离子检验。

①用镁试剂检验 Mg^{2+}：在 3 mL 水样中，加入 2 滴 6 mol·L^{-1} NaOH 溶液，再加镁试剂 2 滴，观察现象，判断有无 Mg^{2+}。

②用钙指示剂检验 Ca^{2+}：在 1 mL 水样中，加入 2 滴 2 mol·L^{-1} NaOH 溶液，再加入少许钙指示剂，观察现象，判断有无 Ca^{2+}。

③用 AgNO$_3$ 溶液检验 Cl$^-$：在 1 mL 水样中，加入 2 滴 2 mol·L^{-1} HNO$_3$ 溶液酸化，再加入 2 滴 1 mol·L^{-1} AgNO$_3$ 溶液，观察现象，判断有无 Cl$^-$。

④用 BaCl$_2$ 溶液检验 SO$_4^{2-}$：在 1 mL 水样中，加入 2 滴 2 mol·L^{-1} HCl 溶液，再加入 2 滴 2 mol·L^{-1} BaCl$_2$ 溶液，观察现象，判断有无 SO$_4^{2-}$。

2）电导率的测定

用电导率仪测定自来水、蒸馏水、去离子水和蒸馏残余水的电导率，并将实验现象及测得的电导率数值填入表 6-7，并据此得出结论。

表 6-7　离子检验电导率的测定

样品名称	检测项目				
	电导率/(μS·cm^{-1})	Mg^{2+}	Ca^{2+}	Cl$^-$	SO$_4^{2-}$
原水（自来水）					
蒸馏水					
去离子水					
蒸馏残余水					

【思考题】

1. 自来水中的主要无机杂质是什么？为何蒸馏法和离子交换法能除去水中的无机杂质？新制的蒸馏水和敞口久放的蒸馏水有何差异？

2. 怎样检测水质？

3. 为什么可用电导率值的大小来估计水的纯度？是否可以认为电导率值越大，水的纯度越高？

实验 11 元素性质的周期性变化

【实验目的】

巩固对同周期、同主族元素性质递变规律的认识。

【预习要点】

1. 什么是元素周期律？

2. 同周期、同主族元素性质递变的规律如何？

3. 在做"钠、钾对水的作用"实验中，应注意哪些问题？

【实验原理】

(1)在同一周期中，从左到右(稀有气体元素除外)，元素的金属性逐渐减弱，非金属性逐渐增强。同一主族中，从上到下，元素的金属性逐渐增强，非金属性逐渐减弱。

(2)元素的金属性越强，它的单质与水或酸起置换反应就越容易，其最高价氧化物的水化物——氢氧化物的碱性越强。元素的非金属性越强，它的最高价氧化物的水化物的酸性越强。

【实验用品】

仪器：试管、试管夹、试管架、酒精灯、烧杯、玻璃棒。

材料：玻璃片、滤纸、镊子、小刀、pH 试纸、碘化钾-淀粉试纸、淀粉试纸、砂纸、火柴。

药品：钾、钠、镁条、铝片、$HCl(1\ mol\cdot L^{-1})$、$H_2SO_4(0.1\ mol\cdot L^{-1}$，$3\ mol\cdot L^{-1}$，浓)、$H_3PO_4(0.1\ mol\cdot L^{-1})$、浓氨水、$NaOH(2\ mol\cdot L^{-1}$，$6\ mol\cdot L^{-1})$、$MgCl_2(1\ mol\cdot L^{-1})$、$AlCl_3$ $(1\ mol\cdot L^{-1})$、$NaCl(s)$、$NaBr(s)$、$NaI(s)$。

【实验内容】

1. 同周期元素性质的递变规律

1)比较钠、镁、铝与水的反应

取 1 只 100 mL 的烧杯，注入约 50 mL 水；另取 2 支大试管，各注入约 5 mL 水。然后用镊子取一绿豆大的金属钠，用滤纸吸干煤油，投入烧杯中，观察现象，反应完毕后用 pH 试纸测定溶液的 pH 值。

取一小段镁条，用砂纸擦去表面的氧化膜后放入一试管中，观察有无反应；微热，观察有什么现象，反应完毕后用 pH 试纸测定溶液的 pH 值。

取一小块铝片，用砂纸擦去表面的氧化膜后放入另一试管中，观察有无反应；加热至沸腾，再观察有无反应，反应完毕后用 pH 试纸测定溶液的 pH 值。

2)镁、铝和稀盐酸反应

(1)将一小段用砂纸擦去表面氧化膜的镁条放入试管中，加入 1 $mol\cdot L^{-1}$ 盐酸 2 mL，观察现象。

（2）将一小块用砂纸擦去表面氧化膜的铝片放入试管中，加入 $1\ mol\cdot L^{-1}$ 盐酸 $2\ mL$，观察现象。

根据钠、镁、铝与水反应的实验以及镁、铝跟稀盐酸反应的实验，试比较钠、镁、铝 3 者的金属活动性的强弱次序。

3）比较 $Mg(OH)_2$、$Al(OH)_3$ 的碱性

（1）在试管中加入 $1\ mol\cdot L^{-1}$ $MgCl_2$ 溶液 $1\ mL$，再滴加 $2\ mol\cdot L^{-1}$ NaOH 溶液，直到析出白色沉淀为止。把沉淀分装在 2 支试管中，在一试管中加入 $3\ mol\cdot L^{-1}$ H_2SO_4 溶液几滴，在另一试管中加入 $6\ mol\cdot L^{-1}$ NaOH 溶液几滴，观察现象。

（2）在试管中加入 $1\ mol\cdot L^{-1}$ $AlCl_3$ 溶液 $1\ mL$，再逐滴加入 $2\ mol\cdot L^{-1}$ NaOH 溶液直到析出沉淀为止，把沉淀分装在 2 支试管中。在一试管中加几滴 $1\ mol\cdot L^{-1}$ 盐酸溶液，振荡；在另一试管中加几滴 $6\ mol\cdot L^{-1}$ NaOH 溶液，振荡。分别观察现象。

根据上述实验，说明镁、铝两者的金属性孰强孰弱。

4）比较硫酸和磷酸的酸性强弱

（1）用玻璃棒蘸取少量 $0.1\ mol\cdot L^{-1}$ H_2SO_4 溶液，再用精密 pH 试纸测其 pH 值。

（2）用玻璃棒蘸取少量 $0.1\ mol\cdot L^{-1}$ H_3PO_4 溶液，再用精密 pH 试纸测其 pH 值。

从两者 pH 值的大小，比较它们酸性的强弱，并进而说明硫和磷的非金属性孰强孰弱。

2. 同主族元素性质的递变规律

1）比较钠、钾对水的作用

在一 $100\ mL$ 的烧杯中，加入约 $50\ mL$ 水，然后投入一用滤纸吸干表面煤油的绿豆大小的金属钾，并用玻璃片盖住烧杯（不要盖得太严，留一点空隙，否则氢气和空气的混合物可能发生爆炸而把玻璃片炸飞）注意观察反应的剧烈程度，并与前面钠与水的反应进行比较。

2）比较卤化氢的稳定性

取 3 支试管，分别加入少量的 NaCl、NaBr、NaI 晶体，再分别滴入 $3\sim5$ 滴浓 H_2SO_4。把蘸有浓氨水的玻璃棒放在装有 NaCl 的试管口附近，观察有什么现象发生；把润湿的碘化钾–淀粉试纸放在装有 NaBr 的试管口附近，观察发生的现象；把湿润的淀粉试纸放在装有 NaI 的试管口附近，观察发生的现象（试管内有何颜色变化），并写出有关的反应式。

根据上面的实验结果，又可以得出什么结论？

【思考题】

1. 用本实验的结果，具体阐述同周期、同主族元素性质递变的规律。

2. 同一周期，从左到右，元素的金属性逐渐减弱，非金属性逐渐增强；同一主族，从上到下，元素的金属性逐渐增强，非金属性逐渐减弱，这跟元素的原子结构（电子层排布和核电荷大小）有什么关系？

3. 实验室能否用制取氯化氢的方法来制取溴化氢和碘化氢？为什么？

实验 12　配位化合物

【实验目的】

1. 了解配位化合物的形成、性质及配离子与简单离子的区别。

2. 进一步了解配离子的相对稳定性及配位离解平衡的移动。

【预习要点】

1. 怎样根据实验结果推测铜氨配离子的生成、组成和解离？

2. 用什么方法可证明 $[Ag(NH_3)_2]^+$ 配离子溶液中含有 Ag^+？

【实验原理】

配位化合物(简称配合物)是由中心离子和配体组成的，带正电荷的称为配阳离子，带负电荷的称为配阴离子。配合物与复盐不同，配合物在水溶液中解离出来的配离子很稳定，只有一部分解离出简单离子，面复盐则全部解离为简单离子。

【实验用品】

仪器：离心试管、离心机、量筒、酒精灯、试管。

材料：pH 试纸。

药品：$FeCl_3$(0.1 $mol \cdot L^{-1}$)、$NaOH$(1 $mol \cdot L^{-1}$，0.5 $mol \cdot L^{-1}$)、$KSCN$(0.1 $mol \cdot L^{-1}$)、$K_3[Fe(CN)_6]$(0.1 $mol \cdot L^{-1}$)、$FeSO_4$(0.1 $mol \cdot L^{-1}$)、$AgNO_3$(0.1 $mol \cdot L^{-1}$)、$NaCl$(0.1 $mol \cdot L^{-1}$)、$NaBr$(0.1 $mol \cdot L^{-1}$)、$Na_2S_2O_3$(0.1 $mol \cdot L^{-1}$)、Na_2S(0.1 $mol \cdot L^{-1}$)、$FeCl_3$(0.5 $mol \cdot L^{-1}$)、$CuSO_4$(1 $mol \cdot L^{-1}$)、$BaCl_2$(0.5 $mol \cdot L^{-1}$)、H_2SO_4(1 $mol \cdot L^{-1}$)、$NH_3 \cdot H_2O$(6 $mol \cdot L^{-1}$)、无水乙醇。

【实验内容】

1. 配离子与简单离子的区别

(1)取 2 支试管，各注入 1 mL 的 0.1 $mol \cdot L^{-1}$ $FeCl_3$ 溶液。第一支试管中滴入 5 滴 1 $mol \cdot L^{-1}$ $NaOH$ 溶液；第二支试管中滴入 5 滴 0.1 $mol \cdot L^{-1}$ $KSCN$ 溶液。观察现象，并解释原因。

(2)取 2 支试管各注入 1 mL 的 0.1 $mol \cdot L^{-1}$ $K_3[Fe(CN)_6]$溶液。向第一支试管中滴入 5 滴 1 $mol \cdot L^{-1}$ $NaOH$ 溶液；向第二支试管中滴入 5 滴 0.1 $mol \cdot L^{-1}$ $KSCN$ 溶液。观察现象，并解释原因。

比较(1)和(2)的现象，说明配离子和简单离子的不同。

2. 配合物的生成和组成

(1)在 3 支试管中各加入 5 滴 1 $mol \cdot L^{-1}$ $CuSO_4$ 溶液，然后分别加入 2 滴 0.5 $mol \cdot L^{-1}$ $BaCl_2$ 溶液、2 滴 0.5 $mol \cdot L^{-1}$ $NaOH$ 溶液、2 mL 无水乙醇，观察现象，并解释原因。

(2)在 3 支试管中各加入 5 滴 1 $mol \cdot L^{-1}$ $CuSO_4$ 溶液，滴加 6 $mol \cdot L^{-1}$ $NH_3 \cdot H_2O$ 溶液，

直至生成的沉淀溶解，溶液呈深蓝色，再滴几滴 $NH_3 \cdot H_2O$ 溶液。然后在 3 支试管中分别加入 2 滴 $0.5 \ mol \cdot L^{-1} \ BaCl_2$ 溶液、2 滴 $0.5 \ mol \cdot L^{-1} \ NaOH$ 溶液、2 mL 无水乙醇，观察现象，并解释原因。

3. 配位离解平衡的移动

在离心试管中加入 $0.5 \ mol \cdot L^{-1} \ AgNO_3$ 溶液，再加入 1 mL $0.1 \ mol \cdot L^{-1} \ NaCl$ 溶液，观察现象。再滴入 $6 \ mol \cdot L^{-1}$ 氨水至沉淀刚好溶解，往溶液中滴加 $0.1 \ mol \cdot L^{-1} \ NaBr$ 溶液，观察沉淀生成。往沉淀上滴加 $0.1 \ mol \cdot L^{-1} \ Na_2S_2O_3$ 溶液至沉淀完全溶解，向溶液中滴入 $0.1 \ mol \cdot L^{-1} \ Na_2S$ 溶液，观察现象，并解释原因。

4. 配合物在分析化学上的应用

(1) 在离心试管中加入 $0.5 \ mol \cdot L^{-1} \ FeCl_3$ 溶液和 5 滴 $1 \ mol \cdot L^{-1} \ CuSO_4$ 溶液，然后滴入 $6 \ mol \cdot L^{-1} \ NH_3 \cdot H_2O$ 溶液至溶液呈深蓝色，再过量滴 1 滴，然后将溶液离心分离。

(2) 将 (1) 中离心后的清液倾入另一试管中，滴入 $1 \ mol \cdot L^{-1} \ H_2SO_4$ 溶液至溶液呈浅蓝色，再滴加 $0.1 \ mol \cdot L^{-1} \ KSCN$ 溶液，检查是否有 Fe^{3+} 存在。观察现象，并解释原因。

(3) 往离心试管中加入 1 mL 蒸馏水洗涤沉淀，离心分离，弃去清液，按同样方法再次清洗。往沉淀上滴加 $1 \ mol \cdot L^{-1} \ H_2SO_4$ 溶液，使沉淀全部溶解。再滴加 $6 \ mol \cdot L^{-1} \ NH_3 \cdot H_2O$ 溶液，检查有否 Cu^{2+} 存在。观察现象，并解释原因。

【思考题】

1. 配合物与复盐有何区别，如何证明？
2. 影响配位离解平衡的因素有哪些？

实验 13　碳、硅、硼、氮、磷

【实验目的】

1. 了解活性炭的吸附作用和碳酸盐的性质。

2. 了解硅酸凝胶的生成和硼酸的性质。

3. 掌握硝酸、亚硝酸及其盐的性质，铵盐的性质。

4. 了解磷酸盐的性质。

【预习要点】

1. 碳、硅、硼、氮、磷化合物的主要性质。

2. 实验室中为什么可以用磨砂口玻璃器皿储存酸液而不能用来储存碱液？为什么盛过水玻璃或硅酸盐溶液的容器在实验后必须立即洗净？

3. 硼酸为弱酸，为什么硼酸溶液加甘油后酸性会增强？

4. 怎样制备亚硝酸？亚硝酸是否稳定？怎样试验亚硝酸盐的氧化性和还原性？

【实验原理】

碳、硅、硼的含氧酸都是很弱的酸，因此，都易发生水解而使溶液呈碱性。

H_2SiO_3(硅酸)的酸性比 H_2CO_3 弱，并且是难溶性酸，所以用可溶性的 Na_2SiO_3 和 NH_4Cl 溶液相互作用，便可制得硅酸。可溶性的硅酸盐与强酸或 CO_2 作用也能生成硅酸。单分子硅酸会逐渐聚合成多硅酸，形成凝胶。

硼酸也能以固态存在，它在热水中溶解度较大。在硼酸溶液中加入多羟基化合物，如甘油(丙三醇)，由于形成配合物而使溶液酸性增强。

氮和磷是第ⅤA族元素，原子价电子层构型为 ns^2np^3，氧化数最高为+5，最低为-3。

硝酸是强酸，具有强氧化性，热稳定性差。硝酸与金属反应时被还原的产物取决于硝酸的浓度和金属的活泼性。硝酸盐的热稳定性较差，加热容易放出氧；和可燃物质混合后极易燃烧而发生爆炸。亚硝酸不稳定，一般用 $NaNO_2$ 与稀酸制得。亚硝酸及亚硝酸盐既有氧化性，又有还原性。

磷酸的各种盐在水中的溶解度是不同的，$Ca_3(PO_4)_2$ 和 $CaHPO_4$ 难溶于水，而 $Ca(H_2PO_4)_2$ 易溶于水。

【实验用品】

仪器：pHS-3C 型数字 pH 计、电动离心机。

材料：pH 试纸。

药品：$Na_2CO_3(0.1\ mol \cdot L^{-1})$、$NaHCO_3(0.1\ mol \cdot L^{-1})$、$(NH_4)_2CO_3(0.1\ mol \cdot L^{-1})$、$BaCl_2(0.1\ mol \cdot L^{-1})$、$Na_2SiO_3(20\%)$、$HCl(2\ mol \cdot L^{-1})$、$NH_4Cl(饱和)$、硼酸(s)、$NH_4NO_3(s)$、$NH_4Cl(s)$、$HNO_3(2\ mol \cdot L^{-1},\ 6\ mol \cdot L^{-1})$、$KI(0.1\ mol \cdot L^{-1})$、$NaNO_2(0.5\ mol \cdot L^{-1})$、$H_2SO_4(6\ mol \cdot L^{-1})$、$KMnO_4(0.1\ mol \cdot L^{-1})$、$FeSO_4 \cdot H_2O(s)$、HAc

$(6 \text{ mol} \cdot \text{L}^{-1})$、$Na_3PO_4(0.1 \text{ mol} \cdot \text{L}^{-1})$、$Na_2HPO_4(0.1 \text{ mol} \cdot \text{L}^{-1})$、$NaH_2PO_4(0.1 \text{ mol} \cdot \text{L}^{-1})$、$CaCl_2(0.1 \text{ mol} \cdot \text{L}^{-1})$、$NH_3 \cdot H_2O(2 \text{ mol} \cdot \text{L}^{-1})$、品红、锌粒(片)、铜粒(片)。

【实验内容】

1. 炭及碳酸盐的性质

1)活性炭的吸附作用

取 1 mL 品红溶液、2 mL 水于离心试管中混匀后倒出约 1 mL 于另一试管中。然后在离心试管中加入 1 小匙活性炭,振荡离心试管 1~2 min,离心分离,观察上层清液颜色并与未加活性炭的试管中溶液对比,记录实验现象,并解释原因。

2)碳酸盐的性质

(1)用 pH 试纸分别测定浓度为 0.1 mol·L^{-1} 的 Na_2CO_3、$NaHCO_3$、$(NH_4)_2CO_3$ 溶液的 pH 值,并写出它们的水解反应方程式。

(2)在离心试管中加入 1 mL 的 0.1 mol·L^{-1} $BaCl_2$ 溶液,然后再加入 1 mL 的 0.1 mol·L^{-1} Na_2CO_3 溶液,观察实验现象。用离心机离心分离,倾去溶液,洗涤沉淀,试验沉淀在稀盐酸中的溶解情况,写出有关的反应方程式。

2. 硅酸凝胶的形成

在 2 支试管中各加入 1 mL 的 20% Na_2SiO_3 溶液,分别进行下列实验:

(1)滴加 2 mol·L^{-1} HCl 溶液至弱酸性(可微热试管,促使硅酸凝胶的形成);

(2)滴加饱和 NH_4Cl 溶液,观察硅酸凝胶的形成。

3. 硼酸的酸性

取少量的硼酸晶体溶于 2 mL 蒸馏水中,微热使固体溶解,冷却至室温后用 pH 试纸测其 pH 值,再向溶液中滴加几滴甘油,混合均匀,测其 pH 值。观察现象,并解释原因,写出反应方程式。

4. 铵盐的性质

1)铵盐在水中溶解的热效应

向试管中加入 2 mL 水.测量水温后再加入 2 g 的 $NH_4NO_3(s)$,振荡使其溶解,再次测量溶液温度,记录温度变化的情况,并作理论解释。

2)铵盐的热分解

在干燥的小试管中加入约 0.5 g 的 $NH_4Cl(s)$,管口贴上一条湿润的 pH 试纸,用试管夹夹好,均匀加热试管底部,观察试纸颜色的变化。试管壁上的白色霜状物质是什么?怎样证明?

5. 硝酸和硝酸盐的性质

(1)在 2 支试管中各放入一锌粒,再分别加入 2 mL 的 6 mol·L^{-1} 浓 HNO_3 和 2 mL 的 2 mol·L^{-1} HNO_3 溶液。观察试管中的反应产物和反应速率有何不同,分别写出所发生反应的方程式。设计一操作程序,验证稀硝酸与锌反应产物中有 NH_4^+ 存在。

（2）用铜粒代替锌粒分别与浓 HNO_3 和 2 mL 的 2 $mol \cdot L^{-1}$ HNO_3 溶液反应，观察和记录实验结果，比较活泼金属和不活泼金属与稀 HNO_3 反应产物的差异。

6. 亚硝酸和亚硝酸盐的性质

1）亚硝酸的氧化性

在试管中加入 5 滴 0.1 $mol \cdot L^{-1}$ KI 溶液，滴加几滴 0.5 $mol \cdot L^{-1}$ $NaNO_2$ 溶液，观察有无实验现象。然后用 5 滴 6 $mol \cdot L^{-1}$ H_2SO_4 溶液酸化，再观察有何现象。微热试管，观察又有什么变化。写出反应方程式。

2）亚硝酸的还原性

在试管中加入 2 滴 0.1 $mol \cdot L^{-1}$ $KMnO_4$ 溶液、1 mL 水、几滴 0.5 $mol \cdot L^{-1}$ $NaNO_2$ 溶液，观察有无实验现象？用几滴 6 $mol \cdot L^{-1}$ H_2SO_4 溶液酸化，再观察现象，写出相关反应方程式。

3）NO_2^- 的鉴别

取 2 滴 0.5 $mol \cdot L^{-1}$ $NaNO_2$ 溶液于试管中，再加入 1 mL 水和少量 $FeSO_4 \cdot H_2O$ 晶体，振荡溶解后，加入几滴 6 $mol \cdot L^{-1}$ HAc 溶液酸化，观察棕色溶液是否生成，判断 NO_2^- 存在与否。

7. 磷酸盐的性质

（1）用 pH 试纸测定浓度同为 0.1 $mol \cdot L^{-1}$ 的 Na_3PO_4、Na_2HPO_4、NaH_2PO_4 溶液的 pH 值。分别写出这些盐类的水解反应方程式。

（2）磷酸的各种钙盐的溶解性。在 3 支试管中各加入 10 滴 0.1 $mol \cdot L^{-1}$ 的 $CaCl_2$ 溶液，然后分别加入等量的、浓度同为 0.1 $mol \cdot L^{-1}$ 的 Na_3PO_4、Na_2HPO_4、NaH_2PO_4 溶液，观察 3 支试管中出现沉淀的情况。然后，在无沉淀的试管中滴加 2 $mol \cdot L^{-1}$ $NH_3 \cdot H_2O$ 溶液，在有沉淀的试管中滴加 2 $mol \cdot L^{-1}$ HCl 溶液，观察各有何现象。解释原因，并写出反应方程式。

【思考题】

1. 硝酸与金属或非金属反应时，主要的还原产物分别是什么？
2. 如何分别检出 $NaNO_2$、$Na_2S_2O_3$、KI 溶液？

实验14　卤素、氧、硫

【实验目的】

1. 掌握卤素单质的氧化性，比较卤化氢的还原性、稳定性；掌握次氯酸盐、氯酸盐的强氧化性。

2. 掌握过氧化氢、硫化氢的性质及 S^{2-} 的鉴定方法。

3. 掌握亚硫酸盐、硫代硫酸盐的性质及 $S_2O_3^{2-}$ 的鉴定方法。

【预习要点】

1. 进行卤素离子还原性实验时应注意哪些安全问题？

2. 如何区别次氯酸钾溶液和氯酸钾溶液？如何比较次氯酸钾和氯酸钾的氧化性？

3. 过氧化氢、硫的化合物的主要性质。

【实验原理】

氯、溴、碘是元素周期表中第ⅦA族元素，它们的价电子层构型为 ns^2np^5，因此氧化数通常是−1。卤素单质都是氧化剂，其氧化能力为：$F_2>Cl_2>Br_2>I_2$。而作为还原剂的卤素离子的还原性递变规律是：$I^->Br^->Cl^->F^-$。

次氯酸钠和氯酸钾都是氧化剂，可以氧化 I^- 和 Br^-。在中性条件下次氯酸钠可以把碘离子氧化成碘单质，表现出在水溶液中次氯酸钠是比氯酸钾更强的氧化剂。

氧和硫是元素周期表中第ⅥA族元素，为电负性比较大的元素。

H_2O_2 既有氧化性又有还原性，在酸性介质中是一种强氧化剂，它可以与 S^{2-}、I^-、Fe^{2+} 等多种还原剂反应，只有遇 $KMnO_4$ 等强氧化剂时，H_2O_2 才被氧化释放 O_2。H_2O_2 不稳定，见光受热易分解。

H_2S 和硫化物中的 S 的氧化数是−2，是较强的还原剂，可被氧化剂 $KMnO_4$、$K_2Cr_2O_4$、三价铁盐等氧化生成 S 或 SO_4^{2-}。鉴定 S^{2-} 常见的方法有 2 种：S^{2-} 与稀酸反应生成 H_2S 气体，可以根据 H_2S 特有的臭鸡蛋气味，或能使 $Pb(Ac)_2$ 试纸变黑生成 PbS 来判断生成了 H_2S；在碱性条件下，它能与亚硝基铁氰化钠($Na_2[Fe(CN)_5NO]$)作用生成红紫色配合物。

SO_3^{2-} 与 I_2、MnO_4^-、$Cr_2O_7^{2-}$ 反应时，表现出还原性。

$S_2O_3^{2-}$ 中两个 S 原子的平均氧化数为+2，是中等强度的还原剂，与 I_2 反应被氧化生成 $S_4O_6^{2-}$，此反应在滴定分析中用来定量测碘。$S_2O_3^{2-}$ 与过量 Ag^+ 反应，生成白色沉淀 $Ag_2S_2O_3$ 并水解，沉淀颜色逐步变成黄色、棕色以至黑色的 Ag_2S 沉淀。当溶液中不存在 S^{2-} 时，这是检验 $S_2O_3^{2-}$ 的有效方法。

【实验用品】

仪器：试管、烧杯、玻璃棒、滴管、酒精灯、白色点滴板。

材料：pH 试纸、碘化钾−淀粉试纸、$Pb(Ac)_2$ 试纸。

药品：$NaCl(s)$、$NaBr(s)$、$NaI(s)$、$Na_2SO_3(s)$、$KBr(0.1\ mol\cdot L^{-1})$、$KI(0.1\ mol\cdot L^{-1})$、$CCl_4$、$H_2SO_4(浓)$、$H_2SO_4(1:1)$、$H_2SO_4(1\ mol\cdot L^{-1})$、$NaClO(0.1\ mol\cdot L^{-1})$、$HCl(2\ mol\cdot L^{-1}$，$6\ mol\cdot L^{-1})$、$NaOH(2\ mol\cdot L^{-1})$、$NaOH(40\%)$、$H_2O_2(3\%)$、$Na_2[Fe(CN)_5NO](1.0\%)$、硫代乙酰胺$(0.5\%)$、$KClO_3(饱和)$、$H_2S(饱和)$、$KMnO_4(0.1\ mol\cdot L^{-1})$、$FeCl_3(0.1\ mol\cdot L^{-1})$、$Na_2S(0.1\ mol\cdot L^{-1})$、$Na_2S_2O_3(0.1\ mol\cdot L^{-1})$、$AgNO_3(0.1\ mol\cdot L^{-1})$、新制氯水、品红、无水乙醇。

【实验内容】

1. 卤素单质及其化合物的性质

1）卤素单质的氧化性

在试管中加入 10 滴 $0.1\ mol\cdot L^{-1}$ KBr 溶液、2 滴 $0.01\ mol\cdot L^{-1}$ KI 溶液（用 $0.1\ mol\cdot L^{-1}$ 的自配）和 0.5 mL CCl_4，混匀，逐滴加入氯水，每加 1 滴振荡 1 次试管，仔细观察 CCl_4 层中先后出现的颜色变化，直至 CCl_4 层呈无色。

根据标准电极电势数据及氯气的氧化性解释 CCl_4 层中出现的紫红色→无色→橙色→浅黄色→无色的颜色变化，并写出反应方程式。

通过以上实验，总结卤素单质的氧化能力及递变规律。

2）卤化氢的还原性

在 3 支试管中分别加入少量（黄豆般大小）$NaCl$、$NaBr$、NaI，再各加入 2~3 滴浓 H_2SO_4，微热，观察每支试管中的颜色变化。分别用湿的 pH 试纸、碘化钾-淀粉试纸和 $Pb(Ac)_2$ 试纸检验各试管中产生的气体。

通过以上实验，比较卤化氢的还原性，并写出相关的反应方程式。

3）卤素含氧酸盐的性质

（1）次氯酸钠的氧化性。

①在试管中加入 1 mL 的 $0.1\ mol\cdot L^{-1}$ NaClO 溶液，再加入 1 mL 的 $6\ mol\cdot L^{-1}$ HCl 溶液，振荡，观察溶液的颜色，用碘化钾-淀粉试纸检验管口逸出的气体。观察现象，解释原因，并写出反应方程式。

②在试管中加入 2 滴品红溶液和 1 mL 水，然后逐滴加入 $0.1\ mol\cdot L^{-1}$ NaClO 溶液，观察到红色褪去（或变淡）。这里品红的褪色与 SO_2 使品红褪色有何不同？

（2）氯酸钾的氧化性。

①在试管中加入 1 mL 饱和 $KClO_3$ 溶液，然后加入 1 mL 浓 HCl，观察现象，用碘化钾-淀粉试纸检验管口逸出的气体。解释实验现象，写出有关反应方程式。

②在试管中加入 0.5 mL 的 $0.1\ mol\cdot L^{-1}$ KI 溶液和 0.5 mL 饱和 $KClO_3$ 溶液，振荡，观察有无反应现象。然后加入几滴 $1:1\ H_2SO_4$ 溶液，振荡试管，观察溶液颜色的变化和紫黑色固体的生成和溶解，用碘化钾-淀粉试纸检验管口逸出的气体。观察实验现象，解释原因，并写出有关的反应方程式。

2. 过氧化氢的性质

1）过氧化氢的酸性

往试管中加入 3 滴 40% 的 NaOH 溶液和 5 滴 3% 的 H_2O_2 溶液，再加入 3 滴无水乙醇（以降低生成物的溶解度），振荡试管，观察白色晶体（$Na_2O_2 \cdot H_2O$）的生成。

2）过氧化氢的氧化性

在试管中加入 2 滴 3% 的 H_2O_2 和 1 滴 1 $mol \cdot L^{-1}$ H_2SO_4 溶液，再滴加 0.1 $mol \cdot L^{-1}$ KI 溶液，振荡试管，观察现象，写出反应方程式。

3）过氧化氢的还原性

取 2 滴 3% 的 H_2O_2 于试管中，并向试管中加入 1 滴 1 $mol \cdot L^{-1}$ H_2SO_4 溶液，再滴加 0.01 $mol \cdot L^{-1}$ $KMnO_4$ 溶液，振荡试管，观察溶液颜色的变化，用带余烬的火柴检验放出的气体，观察实验现象，解释原因，并写出反应方程式。

3. 硫化氢的性质

1）硫化氢的还原性

（1）在试管中加入 2 滴 0.1 $mol \cdot L^{-1}$ $KMnO_4$ 溶液，加入数滴 1 $mol \cdot L^{-1}$ H_2SO_4 溶液酸化，然后加入数滴 H_2S 水溶液。观察实验现象，并解释原因。

（2）在试管中加入 10 滴 0.1 $mol \cdot L^{-1}$ $FeCl_3$ 溶液。然后加入数滴 H_2S 水溶液，观察实验现象并作出解释。说明硫化氢显示什么性质。

2）S^{2-} 的鉴定

在白色点滴板上加 1 滴 0.1 $mol \cdot L^{-1}$ Na_2S 溶液，再加 1 滴 $Na_2[Fe(CN)_5NO]$ 溶液（1.0%），观察是否出现紫红色，判断有无 S^{2-}。

4. 亚硫酸盐的性质

1）亚硫酸盐的还原性

在试管中加入 2 滴 0.1 $mol \cdot L^{-1}$ $KMnO_4$ 溶液，并继续加入 2 滴 1 $mol \cdot L^{-1}$ H_2SO_4 溶液和少量 Na_2SO_3 固体，观察实验现象，并解释原因。

2）亚硫酸盐的氧化性

在试管中加入 5 滴硫代乙酰胺（简称 TAA）溶液，再滴加 2 滴 1 $mol \cdot L^{-1}$ H_2SO_4 溶液酸化，水浴加热；然后再加少量 Na_2SO_3 固体，观察实验现象，并解释原因。

5. 硫代硫酸盐的性质

1）硫代硫酸钠的还原性

（1）在 10 滴碘水中逐滴加入 0.1 $mol \cdot L^{-1}$ $Na_2S_2O_3$ 溶液，观察碘水颜色是否褪去，并解释原因。

（2）在 10 滴 $Na_2S_2O_3$ 溶液中加 2 滴 2 $mol \cdot L^{-1}$ NaOH 溶液，然后滴入新制的氯水，如有沉淀，继续加氯水直至沉淀消失。设法证明有 SO_4^{2-} 生成。

（3）在 10 滴 0.1 $mol \cdot L^{-1}$ $Na_2S_2O_3$ 溶液中，加入 10 滴 2 $mol \cdot L^{-1}$ HCl 溶液，片刻后，观

察溶液是否变浑浊，并闻有无 SO_2 的气味产生，解释原因。

2）$S_2O_3^{2-}$ 的鉴定

在白色点滴板上加 2 滴 0.1 $mol \cdot L^{-1}$ $AgNO_3$ 溶液，再加入 0.1 $mol \cdot L^{-1}$ $Na_2S_2O_3$ 溶液至产生沉淀，观察沉淀的颜色，判断 $S_2O_3^{2-}$ 是否存在。

【思考题】

1. 在酸性介质中，H_2O_2 分别与 KI、$KMnO_4$ 的反应有什么不同？

2. NaClO 与 KI 反应时，若溶液的 pH 值过高会有什么结果？

3. 如何鉴别 HCl、SO_2 和 H_2S 这 3 种气体？

实验 15　碱金属和碱土金属

【实验目的】

1. 比较碱金属、碱土金属的活泼性，了解使用碱金属的安全措施。

2. 了解碱金属的一些微溶盐及碱土金属的难溶盐的生成和性质，比较碱土金属难溶盐的溶解度。

3. 学习用焰色反应鉴定碱金属、碱土金属的离子。

【预习要点】

1. s 区金属及其化合物的性质。

2. 列表对比金属钠和镁的性质(硬度、密度、与氧和水的作用情况以及产物性质)。

3. 做好焰色反应的关键是什么?

【实验原理】

碱金属和碱土金属分别是周期表中的 IA、IIA 族元素，其电离势较小，皆为活泼金属。碱土金属的活动性仅次于碱金属。钠、钾与水作用都很激烈，而镁和水作用很慢，这是由于其表面形成一层难溶于水的氢氧化镁。

碱金属和碱土金属能生成正常的氧化物，还能生成过氧化物(Be、Mg 例外)和超氧化物(Li、Be、Mg 例外)。这些含氧化物与水作用都生成对应的碱，呈强碱性。过氧化物和超氧化物还是强的氧化剂。

碱金属的盐一般都是易溶于水的，只有少数相对分子质量大、结构复杂的化合物才是微溶于水的，并具有特征的颜色。例如乙酸铀酰锌钠 $NaZn(UO_2)_3(Ac)_9 \cdot 6H_2O$(淡黄色晶体)和钴亚硝酸钠钾 $K_2Na[Co(NO_2)_6]$(亮黄色晶体)，常用来检验溶液中的钠离子和钾离子。

碱金属和碱土金属及其挥发性化合物(如氯化物)在高温灼烧时，由于电子跃迁，会放出一定波长的光，产生各种不同颜色的火焰，称为焰色反应。例如，钠(亮黄色)、钾(紫色)、钙(橙红)、锶(洋红)、钡(黄绿)等都会产生焰色反应。焰色反应可鉴别碱金属和碱土金属的离子。

碱土金属化合物的溶解度差别较大，有的易溶于水，如硝酸盐和氯化物；有的难溶于水，如碳酸盐、草酸盐、铬酸盐等。不同碱土金属的同类型盐的溶解度差别也较大，如 $MgSO_4$ 易溶于水，$BaSO_4$ 为难溶盐；$MgCO_3$ 能溶于 NH_4Cl 溶液，而 $CaCO_3$ 不溶等。利用这些性质的差别，可以分离碱土金属的离子。

【实验用品】

仪器：试管、离心试管、烧杯、玻璃棒、镍铬丝、钴玻璃、电动离心机。

材料：pH 试纸、滤纸。

药品：金属钠、钾、镁、钙；$LiCl(0.1\ mol \cdot L^{-1}, 1\ mol \cdot L^{-1})$、$NaF(0.1\ mol \cdot L^{-1})$、

$Na_2CO_3(0.1\ mol\cdot L^{-1})$、$Na_2HPO_4(0.1\ mol\cdot L^{-1})$、$NaCl(0.1\ mol\cdot L^{-1}$，$1\ mol\cdot L^{-1})$、$K[Sb(OH)_6]$（饱和）、$KCl(0.1\ mol\cdot L^{-1}$，$1\ mol\cdot L^{-1})$、$NaHC_4H_4O_6$（饱和）、$MgCl_2(0.1\ mol\cdot L^{-1})$、$CaCl_2$（$0.1\ mol\cdot L^{-1}$，$1\ mol\cdot L^{-1}$）、$BaCl_2$（$0.1\ mol\cdot L^{-1}$，$1\ mol\cdot L^{-1}$）、$SrCl_2$（$0.1\ mol\cdot L^{-1}$，$1\ mol\cdot L^{-1}$）、$NaOH(2\ mol\cdot L^{-1})$、$(NH_4)_2C_2O_4$（饱和）、$HAc(2\ mol\cdot L^{-1})$、$HCl(2\ mol\cdot L^{-1}$，$6\ mol\cdot L^{-1})$、$K_2CrO_4(0.1\ mol\cdot L^{-1})$。

【实验内容】

1. 碱金属、碱土金属活泼性的比较

（1）分别取一小块金属钠和金属钾，用滤纸吸干表面煤油后放入 2 个盛有水的大烧杯中，用大小合适的漏斗盖好，观察现象，检验反应后溶液的酸碱性，并写出反应方程式。

（2）取一小块金属钙，用滤纸吸干表面煤油，使其与冷水反应，观察现象，检验反应后溶液的酸碱性，并写出反应方程式。

（3）取一小段金属镁条，用砂纸擦去表面氧化膜后，点燃，观察现象及产物的颜色；将产物转移到试管中，加 2 mL 蒸馏水，立即用湿润的 pH 试纸检查逸出的气体，再检验溶液的酸碱性，并写出反应方程式。

2. 碱金属微溶盐的生成和性质

1）锂盐

取少量 $0.1\ mol\cdot L^{-1}$ LiCl 溶液，分别与 $0.1\ mol\cdot L^{-1}$ NaF、Na_2CO_3 和 Na_2HPO_4 溶液反应，观察并记录现象，写出反应方程式。

2）钠盐

取少量 $0.1\ mol\cdot L^{-1}$ NaCl 溶液，加入饱和 $K[Sb(OH)_6]$ 溶液，放置数分钟，若无晶体析出，可用玻璃棒摩擦试管内壁，观察并记录产物的颜色和状态，写出反应方程式。

3）钾盐

取少量 $0.1\ mol\cdot L^{-1}$ KCl 溶液于试管中，加入 1 mL 饱和酒石酸氢钠（$NaHC_4H_4O_6$）溶液，观察并记录产物的颜色和状态，写出反应方程式。

3. 碱土金属氢氧化物溶解性的比较

在 3 支试管中分别加入 1 mL 的 $0.1\ mol\cdot L^{-1}$ $MgCl_2$、$CaCl_2$ 和 $BaCl_2$ 溶液，然后再向其中分别加入等体积新配制的 $2\ mol\cdot L^{-1}$ NaOH 溶液，观察并记录沉淀的生成情况。根据沉淀的多少，比较这 3 种氢氧化物的溶解性。

4. 碱土金属的难溶盐的生成和性质

1）镁、钙、钡的草酸盐

在 3 支离心试管中，分别加入 2 滴浓度均为 $0.1\ mol\cdot L^{-1}$ 的 $MgCl_2$、$CaCl_2$ 和 $BaCl_2$ 溶液，再分别逐滴加入饱和 $(NH_4)_2C_2O_4$ 溶液，观察沉淀的生成情况及颜色。将制得的沉淀经离心分离后分为 2 份，分别与 $2\ mol\cdot L^{-1}$ 的 HAc、HCl 溶液反应，观察沉淀是否溶解。解释实验现象，并写出相关的反应方程式。

2）钙、锶、钡的铬酸盐

在 3 支离心试管中，分别加入 5 滴浓度均为 0.1 mol·L^{-1} 的 CaCl$_2$、SrCl$_2$、BaCl$_2$ 溶液，再分别逐滴加入 5 滴 0.1 mol·L^{-1} 的 K$_2$CrO$_4$ 溶液，观察沉淀的生成情况及颜色。将产生沉淀的试管进行离心分离后分为 2 份，分别与 2 mol·L^{-1} 的 HAc、HCl 溶液反应，观察沉淀是否溶解。解释实验现象，并写出相关的反应方程式。

3）镁、钙、钡的碳酸盐

在 3 支离心试管中，分别加入浓度均为 0.1 mol·L^{-1} 的 MgCl$_2$、CaCl$_2$、BaCl$_2$ 溶液，再分别逐滴加入 0.1 mol·L^{-1} Na$_2$CO$_3$ 溶液，制得的沉淀经离心分离后分别与 2 mol·L^{-1} 的 HAc、HCl 溶液反应，观察沉淀是否溶解。解释实验现象，并写出相关的反应方程式。

5. 焰色反应

在一小试管中加入 2 mL 的 6 mol·L^{-1} HCl 溶液，将一带环的镍铬丝反复蘸取 HCl 溶液后在酒精灯氧化焰中烧至近于无色。在点滴板上分别滴入 2 滴 1 mol·L^{-1} 的 LiCl、NaCl、KCl、CaCl$_2$、SrCl$_2$、BaCl$_2$ 溶液，用洁净的镍铬丝分别蘸取溶液后在氧化焰中灼烧，分别观察火焰颜色（观察钾离子的焰色，须通过蓝色钴玻璃片进行）。记录各离子的焰色。（注意：在更换溶液前，应将镍铬丝用水冲洗，甩干水后蘸取 HCl 溶液在氧化焰中灼烧至近于无色后方可使用）

【思考题】

1. 为什么 BaCO$_3$、BaCrO$_4$ 和 BaSO$_4$ 在 HAc 或 HCl 溶液中有不同的溶解情况？

2. 如何解释镁、钙、钡的氢氧化物和碳酸盐的溶解度大小的递变规律？

3. 为什么说焰色反应是由金属离子而不是非金属离子引起的？

实验 16　铬和锰

【实验目的】

1. 了解铬、锰的各种氧化态化合物的重要性质以及它们之间相互转化的条件。
2. 掌握铬和锰各种氧化态之间的转化条件。

【预习要点】

1. 查出实验中有关物质的溶度积常数。
2. 如何实现从 $MnO_4^- \to Mn^{2+}$，$MnO_4^- \to MnO_2$，$MnO_4^- \to MnO_4^{2-}$ 的转化，写出反应方程式。

【实验原理】

(1) 铬、锰分属第四周期ⅥB 族和ⅦB 族，它们的原子结构极其相似，次外层 d 能级均为半充满结构。铬的氧化数有+3、+6，锰的氧化数有+2、+4、+6、+7，其中+6 价在 MnO_4^{2-} 条件下存在。

(2) $Cr(OH)_3$ 是两性氢氧化物，Cr^{3+} 易发生水解。在碱性溶液中，$[Cr(OH)_4]^-$ 可被 H_2O_2 氧化成 CrO_4^{2-}。在酸性溶液中，CrO_4^{2-} 可转化为 $Cr_2O_7^{2-}$，$Cr_2O_7^{2-}$ 在酸性条件下有强氧化性。

(3) MnO_4^- 在酸性、中性、碱性溶液中还原产物分别为 Mn^{2+}、MnO_2、MnO_4^{2-}。

(4) MnO_2 为黑色固体，可与盐酸(浓、冷)反应生成不稳定的 $MnCl_4$，$MnCl_4$ 加热后即生成氯气，相关的反应方程式为

$$MnO_2 + 4HCl =\!=\!= MnCl_4(深棕红色) + 2H_2O$$

$$MnCl_4 =\!=\!= MnCl_2 + Cl_2 \uparrow$$

【实验用品】

仪器：离心机、离心试管、试管、烧杯、酒精灯、试管夹。

药品：MnO_2(s, 分析纯或化学纯)、$NaBiO_3$(s, 分析纯或化学纯)、$KMnO_4$(s, 分析纯或化学纯)、$(NH_4)_2Cr_2O_7$(s, 分析纯或化学纯)、HCl(2 mol·L^{-1}，浓)、H_2SO_4(1 mol·L^{-1}，浓)、HNO_3(2 mol·L^{-1})、NaOH(2 mol·L^{-1}，6 mol·L^{-1})、$KCr(SO_4)_2$(0.1 mol·L^{-1})、$K_2Cr_2O_7$(0.1 mol·L^{-1})、K_2CrO_4(0.1 mol·L^{-1})、$(NH_4)_2S$(0.1 mol·L^{-1})、$AgNO_3$(0.1 mol·L^{-1})、$Pb(NO_3)_2$(0.1 mol·L^{-1})、$BaCl_2$(0.1 mol·L^{-1})、$MnSO_4$(0.01 mol·L^{-1}，0.1 mol·L^{-1})、$NaNO_2$(0.1 mol·L^{-1})、$KMnO_4$(0.1 mol·L^{-1})、$Na_2S_2O_3$(0.1 mol·L^{-1})、H_2O_2(3%)、KOH(稀)、NH_4Cl(饱和)。

【实验内容】

1. 铬的化合物

1) 氢氧化铬(Ⅲ)的生成和性质

往 2 支分别盛有 1 mL 的 0.1 mol·L^{-1} KCr(SO$_4$)$_2$ 溶液的离心试管中逐滴加入 2 mol·L^{-1} NaOH 溶液至沉淀生成,观察产物的颜色,然后离心分离,弃去清液。

往一份沉淀上加 2 mol·L^{-1} HCl 溶液;往另一份沉淀上加 2 mol·L^{-1} NaOH 溶液后,加热煮沸。观察现象,并解释原因。

2)铬(Ⅲ)盐的水解

往 0.1 mol·L^{-1} KCr(SO$_4$)$_2$ 溶液中,注入 0.1 mol·L^{-1} (NH$_4$)$_2$S 溶液,观察产物的颜色和状态,并设法证明产物是 Cr(OH)$_3$ 而不是 Cr$_2$S$_3$。写出相关的反应方程式。

3)铬(Ⅲ)的还原性

取 0.5 mL 的 0.1 mol·L^{-1} KCr(SO$_4$)$_2$ 溶液,注入 6 mol·L^{-1} NaOH 溶液直至沉淀溶解。然后注入少量的 3% H$_2$O$_2$ 溶液,在水浴中加热,观察溶液颜色的变化,并解释原因。

4)铬(Ⅵ)的氧化性

往 0.5 mL 的 0.1 mol·L^{-1} K$_2$Cr$_2$O$_7$ 溶液中,注入 1 mol·L^{-1} H$_2$SO$_4$ 溶液酸化,然后加入 0.5 mL 的 0.1 mol·L^{-1} NaNO$_2$ 溶液,加热,观察溶液颜色的变化,并解释原因。

5)铬酸根和重铬酸根在溶液中的平衡

在 0.1 mol·L^{-1} K$_2$Cr$_2$O$_7$ 溶液中加入稀 KOH 溶液使之呈碱性,观察溶液的颜色变化。再加稀硫酸使溶液呈酸性,观察溶液的颜色又有何变化,并解释原因。

6)重铬酸铵的热分解

在一支大试管中加入少量的 (NH$_4$)$_2$Cr$_2$O$_7$ 固体,加热分解,观察反应情况及产物颜色,并解释原因。

7)难溶性铬酸盐的生成

分别试验 K$_2$CrO$_4$ 溶液与 0.1 mol·L^{-1} AgNO$_3$、BaCl$_2$、Pb(NO$_3$)$_2$ 溶液的反应,观察产物的颜色和状态,并解释原因。

用 K$_2$Cr$_2$O$_7$ 溶液代替 K$_2$CrO$_4$ 溶液做同样实验,并比较 2 个实验的结果。

2. 锰的化合物

1)锰(Ⅱ)化合物的性质

(1)氢氧化锰(Ⅱ)的生成和性质。

在 4 支试管中各滴加 0.5 mL 的 0.1 mol·L^{-1} MnSO$_4$ 溶液,再各滴加 2 mol·L^{-1} NaOH 溶液,观察沉淀的颜色。然后将 1 支试管振荡,使沉淀与空气接触,观察沉淀颜色的变化。其余 3 支试管分别加入 2 mol·L^{-1} HCl、2 mol·L^{-1} NaOH 和饱和 NH$_4$Cl 溶液,观察现象,并解释原因。

(2)锰(Ⅱ)的还原性。

Mn^{2+} 被氧化成 MnO$_4^-$:在 3 mL 的 2 mol·L^{-1} HNO$_3$ 中加入 2 滴 0.01 mol·L^{-1} MnSO$_4$ 溶液,再加入少量 NaBiO$_3$ 固体,水浴中微热,观察现象,并解释原因。

Mn^{2+} 被氧化成 MnO$_2$:在 0.5 mL 的 0.01 mol·L^{-1} KMnO$_4$ 溶液中滴加 0.1 mol·L^{-1} MnSO$_4$ 溶液,观察产物的颜色和状态,并解释原因。

2)锰(Ⅳ)化合物的生成和性质

在少量 MnO$_2$ 固体中加入 2 mL 浓盐酸,观察反应产物的颜色和状态。将此溶液加热,溶液颜色有何变化？有什么气体产生？观察现象并解释原因。

3）锰（Ⅶ）的化合物

高锰酸钾在不同介质中的氧化作用：在 3 支试管中各加入 10 滴 0.1 mol·L^{-1} KMnO$_4$ 溶液，再分别加入几滴 1 mol·L^{-1} H$_2$SO$_4$、6 mol·L^{-1} NaOH 溶液和蒸馏水，然后分别加入少量 0.1 mol·L^{-1} Na$_2$SO$_3$ 溶液，观察 3 支试管中的现象，比较它们的产物有何不同，并解释原因。

【思考题】

1. 如何实现 Cr（Ⅲ）和 Cr（Ⅵ）之间的相互转化？需要什么条件才能实现？

2. KMnO$_4$ 溶液为什么要保存在棕色瓶中？

实验 17　铁、钴、镍

【实验目的】

1. 掌握铁(Ⅱ)、钴(Ⅱ)、镍(Ⅱ)的还原性和铁(Ⅲ)、钴(Ⅲ)、镍(Ⅲ)的氧化性。
2. 了解铁、钴、镍配合物的生成以及 Fe^{2+}、Fe^{3+}、Co^{2+}、Ni^{2+} 的鉴定方法。

【预习要点】

1. 制取 $Fe(OH)_2$ 时，为什么要先将有关溶液煮沸？
2. 如何配制和保存 $FeSO_4$ 溶液？

【实验原理】

铁族元素包括铁、钴、镍这 3 种元素，其原子结构相似(Fe：$3d^6 4s^2$，Co：$3d^7 4s^2$，Ni：$3d^8 4s^2$)，原子半径相近(115 ~ 117 pm)，故它们的很多物理性质和化学性质相似。化合物中常见的氧化数是+2、+3。其氢氧化物皆为难溶物，不溶于碱，各具不同颜色，其中 $CoCl_2$ 与碱首先生成的是蓝色的碱式盐 $Co(OH)Cl$ 沉淀，与过量碱振荡后生成粉红色 $Co(OH)_2$。

1. 氧化性和还原性

氧化数为+2 的 Fe^{2+}、Co^{2+}、Ni^{2+} 都有一定的还原能力，且还原能力依次减弱，在碱性条件下还原能力更强，在空气中，$Fe(OH)_2$ 能被迅速氧化，$Co(OH)_2$ 被缓慢氧化，而 $Ni(OH)_2$ 只能被更强的氧化剂如次氯酸盐等所氧化。氧化数为+3 的物质在酸性条件下有较强的氧化能力，且氧化数为+2 的物质还原能力越弱，其对应的氧化数为+3 的物质氧化能力越强。铁(Ⅲ)不能氧化浓盐酸，钴(Ⅲ)、镍(Ⅲ)能与浓盐酸反应分别生成钴(Ⅱ)、镍(Ⅱ)并放出氯气。$Fe(OH)_2$ 和 $Co(OH)_2$ 在空气中被氧化的反应方程式为

$$4Fe(OH)_2 + O_2 + 2H_2O = 4Fe(OH)_3$$
$$4Co(OH)_2 + O_2 + 2H_2O = 4Co(OH)_3$$

$Co(OH)_3$(褐色)和 $Ni(OH)_3$(黑色)具强氧化性，可将盐酸中的 Cl^- 氧化成 Cl_2，反应方程式为

$$2M(OH)_3 + 6HCl(浓) = 2MCl_2 + Cl_2\uparrow + 6H_2O(M 为 Ni、Co)$$

2. 配合物的生成及离子鉴定

铁族元素是很好的配合物的形成体，能形成多种配合物。利用铁族元素所形成化合物的特征颜色可以鉴定 Fe^{2+}、Fe^{3+}、Co^{2+}、Ni^{2+}。

如在含 Fe^{2+} 溶液中加入 $K_3[Fe(CN)_6]$ 溶液，可鉴定 Fe^{2+}，反应方程式为

$$2[Fe(CN)_6]^{3-} + 3Fe^{2+} = Fe_3[Fe(CN)_6]_2(蓝色)\downarrow$$

Co^{2+} 与 SCN^- 作用，生成蓝色配离子，此配离子在水溶液中易解离成简单离子，但在有机溶剂中却比较稳定，反应方程式为

$$Co^{2+} + 4SCN^- = [Co(SCN)_4]^{2-}(蓝色)$$

当溶液中含有少量 Fe^{3+} 时，酸性条件下，Fe^{3+} 与 SCN^- 作用生成血红色配离子，反应方

程式为

$$Fe^{3+} + nSCN^- \rightleftharpoons [Fe(SCN)_n]^{(3-n)}(血红色)(n = 1 \sim 6)$$

Ni^{2+} 在氨水或 NaAc 溶液中，与丁二酮肟生成鲜红色螯合物沉淀。

【实验用品】

仪器：试管、离心试管、离心机、药匙、酒精灯、试管夹。

材料：碘化钾-淀粉试纸。

药品：硫酸亚铁铵[$(NH_4)_2Fe(SO_4)_2 \cdot 6H_2O$，s，分析纯或化学纯]、硫氰酸钾(s，分析纯或化学纯)、丁二酮肟($C_4H_8N_2O_2$，s，分析纯或化学纯)、H_2SO_4(1:1，1 $mol \cdot L^{-1}$)、HCl(1:1，浓)、NaOH(2 $mol \cdot L^{-1}$，6 $mol \cdot L^{-1}$)、浓氨水、$(NH_4)_2Fe(SO_4)_2$(0.2 $mol \cdot L^{-1}$)、$CoCl_2$(0.2 $mol \cdot L^{-1}$)、$NiSO_4$(0.2 $mol \cdot L^{-1}$)、KI(0.5 $mol \cdot L^{-1}$)、氯水、溴水、汽油、戊醇、乙醚、H_2O_2(3%)、KSCN(0.1 $mol \cdot L^{-1}$)、$FeCl_3$(0.2 $mol \cdot L^{-1}$)、$K_3[Fe(CN)_6]$(0.5 $mol \cdot L^{-1}$)。

【实验内容】

1. 铁(Ⅱ)、钴(Ⅱ)、镍(Ⅱ)的还原性

1)在酸性介质中

(1)往盛有 1 mL 溴水的试管中加入 3 滴 1:1 H_2SO_4 溶液，然后滴入($NH_4)_2Fe(SO_4)_2$溶液，观察现象，并解释原因。

(2)往盛有 $CoCl_2$ 和 $NiSO_4$ 溶液的试管中注入溴水，观察现象，并解释原因。

2)在碱性介质中

(1)在一试管中注入 1 mL 蒸馏水和少量稀硫酸，煮沸以赶尽溶于其中的空气，然后加入少量硫酸亚铁铵晶体使其溶解。在另一试管中注入 1 mL 的 6 $mol \cdot L^{-1}$ NaOH 溶液，煮沸。冷却后，用一支长滴管吸取 NaOH 溶液，插入前一支试管中的硫酸亚铁铵溶液内，慢慢放出 NaOH 溶液(整个操作都要避免将空气带进溶液中)，观察产物的颜色和状态。振荡后放置一段时间，观察又有何变化，解释原因。产物留作下面实验用。

(2)在 2 支盛有 0.5 mL 的 $CoCl_2$ 溶液的试管中分别滴入 6 $mol \cdot L^{-1}$ NaOH 溶液，所得沉淀第一份置于空气中，第二份注入氯水，观察现象。第二份留作下面实验用。

(3)将步骤(2)中的 $CoCl_2$ 溶液换成 $NiSO_4$ 溶液按(2)进行实验，观察现象，第二份留作下面的实验用。

根据实验结果总结 Fe(Ⅱ)、Co(Ⅱ)、Ni(Ⅱ)化合物的还原性的变化规律。

2. 铁(Ⅲ)、钴(Ⅲ)、镍(Ⅲ)的氧化性

(1)在上面制得的 $Fe(OH)_3$ 沉淀中注入浓盐酸，观察现象，并用碘化钾-淀粉试纸检验有无氯气产生。然后加入 0.5 mL 汽油和 2 滴 0.1 $mol \cdot L^{-1}$ KI 溶液，观察现象，并解释原因。

(2)在上面保留下来的 $Co(OH)_3$(Ⅲ)和 $Ni(OH)_3$(Ⅲ)沉淀中加入浓盐酸，振荡后观察现象，并用碘化钾-淀粉试纸检验所放出的气体。

根据上述实验结果，总结 Fe(Ⅲ)、Co(Ⅲ)、Ni(Ⅲ)化合物的氧化性的变化规律。

3. 配合物的生成及 Fe^{2+}、Fe^{3+}、Co^{2+}、Ni^{2+} 的鉴定方法

1）铁的配合物

（1）往盛有 2 mL 的 $K_3[Fe(CN)_6]$ 溶液的试管中加入数滴 $0.2\ mol\cdot L^{-1}(NH_4)_2Fe(SO_4)_2$ 溶液，观察现象，并解释原因。此为 Fe^{2+} 的鉴定方法。

（2）往盛有 2 mL 的 $0.2\ mol\cdot L^{-1}\ FeCl_3$ 溶液试管中加入几滴 $0.1\ mol\cdot L^{-1}\ KSCN$ 溶液，观察现象，并解释原因。此为 Fe^{3+} 的鉴定方法。

2）钴的配合物

往盛有 2 mL 的 $0.2\ mol\cdot L^{-1}\ CoCl_2$ 溶液的试管中加入少量的 KSCN 固体，观察固体周围的颜色，再注入 1 mL 戊醇和 1 mL 乙醚，振荡之后观察水相和有机相的颜色，并解释原因。此为 Co^{2+} 的鉴定方法。

3）镍的配合物

往盛有 1 mL 的 $0.2\ mol\cdot L^{-1}\ NiSO_4$ 溶液的试管中加入浓氨水至生成的沉淀刚好溶解为止。观察溶液的颜色，然后滴入几滴丁二酮肟试剂观察现象，并解释原因。此为 Ni^{2+} 的鉴定方法。

【思考题】

1. 为什么在碱性介质中铁（Ⅱ）极易被空气中的氧气氧化成铁（Ⅲ）？

2. 在碱性介质中氯水能把钴（Ⅱ）氧化成钴（Ⅲ），而在酸性介质中钴（Ⅲ）又能把氯离子氧化成氯气，二者有无矛盾？为什么？

实验 18 铜、银、锌

【实验目的】

1. 了解铜、银、锌的氢氧化物或氧化物的酸碱性。
2. 了解铜、银、锌重要化合物的性质。
3. 了解铜、银、锌的配合能力及常见配合物的性质。

【预习要点】

1. 在制备氯化亚铜时，能否用氯化铜和铜屑在用盐酸酸化呈弱酸性的条件下反应？为什么？若用浓氯化钠溶液代替盐酸。此反应能否进行，为什么？

2. Cu（Ⅰ）稳定存在的条件是什么？

3. 久置的[Ag(NH_3)_2]^+碱性溶液，易产生强爆炸性的氮化银（Ag_3N），应采用什么办法来处理实验后剩余的银氨溶液？

【实验原理】

(1) Cu、Ag 是ⅠB 族元素，Zn 是ⅡB 族元素。在化合物中 Ag 的氧化数一般为+1，Zn 为+2，Cu 则+1、+2 都有。Ag^+、Cu^{2+}、Zn^{2+} 都能形成氨配合物，如 $[Cu(NH_3)_4]^{2+}$ 为蓝色。

(2) Cu（Ⅱ）的氢氧化物呈两性偏碱性，能溶于较浓的 NaOH 溶液，$Cu(OH)_2$ 热稳定性差，受热分解为 CuO 和 H_2O。

Cu^+ 在溶液中自发歧化，Cu(I) 的卤化物难溶于水。将 $CuCl_2$ 溶液与铜屑混合，加入浓盐酸，加热可得黄褐色 $[CuCl_2]^-$ 溶液。将溶液稀释，可得白色 CuCl 沉淀，相关的反应方程式为

$$Cu + Cu^{2+} + 4Cl^- \Longrightarrow 2[CuCl_2]^-$$

$$[CuCl_2]^- \Longrightarrow CuCl(白色) \downarrow + Cl^-$$

(3) Ag^+ 与稀 HCl 溶液生成 AgCl 沉淀，AgCl 沉淀可溶于氨水（$NH_3 \cdot H_2O$）形成 $[Ag(NH_3)_2]^+$，再加入稀 HNO_3 又生成 AgCl 沉淀。

银盐与 $NH_3 \cdot H_2O$ 首先得到 Ag_2O 沉淀，Ag_2O 溶于过量 $NH_3 \cdot H_2O$ 形成 $[Ag(NH_3)_2]^+$，再加入葡萄糖使其还原，便得到黏附玻璃上的银的薄膜（银镜）。相关反应方程式为

$$2Ag^+ + 2NH_3 \cdot H_2O \Longrightarrow Ag_2O + 2NH_4^+ + H_2O$$

$$Ag_2O + 4NH_3 \cdot H_2O \Longrightarrow 2[Ag(NH_3)_2]^+ + 3H_2O + 2OH^-$$

$$2[Ag(NH_3)_2]^+ + 2NH_3 \cdot H_2O + C_6H_{12}O_6 \Longrightarrow 2Ag \downarrow + C_6H_{12}O_7 + H_2O + 4NH_3 + 2NH_4^+$$

【实验用品】

仪器：试管、离心试管、离心机、酒精灯、试管夹、烧杯、铁架台、铁圈、石棉网。

药品：NaOH（2 mol·L^{-1}，6 mol·L^{-1}，40%）、$NH_3 \cdot H_2O$（2 mol·L^{-1}，6 mol·L^{-1}，浓）、H_2SO_4（1 mol·L^{-1}）、HCl（2 mol·L^{-1}）、HNO_3（2 mol·L^{-1}）、$CuSO_4$（0.1 mol·L^{-1}）、$CuCl_2$

（0.5 mol·L^{-1}）、AgNO$_3$（0.1 mol·L^{-1}）、NaCl（0.1 mol·L^{-1}）、KBr（0.1 mol·L^{-1}）、KI（0.1 mol·L^{-1}）、Na$_2$S$_2$O$_3$（0.1 mol·L^{-1}）、ZnSO$_4$（0.1 mol·L^{-1}）、葡萄糖溶液（10%）、纯铜屑。

【实验内容】

1. 铜的化合物

1）氢氧化铜和氧化铜的生成和性质

取 1 mL 的 0.1 mol·L^{-1} CuSO$_4$ 溶液于试管中，滴入 2 mol·L^{-1} NaOH 溶液，观察 Cu(OH)$_2$ 的颜色和状态。将沉淀分成 3 份，其中 2 份分别注入 1 mol·L^{-1} H$_2$SO$_4$ 和过量的 6 mol·L^{-1} NaOH 溶液；另一份加热至固体变黑，然后加入 2 mol·L^{-1} HCl 溶液，观察现象，并解释原因。

2）铜氨配合物的生成和性质

在 1 支试管中加入 0.5 mL 的 0.1 mol·L^{-1} 的 CuSO$_4$ 溶液，逐滴滴入 6 mol·L^{-1} 氨水，观察生成沉淀的颜色。继续加入 6 mol·L^{-1} 氨水，直到沉淀完全溶解为止，观察溶液的颜色。然后将所得溶液分成 2 份，一份逐滴加入 1 mol·L^{-1} H$_2$SO$_4$ 溶液，另一份加热至沸腾，观察各有何变化，并加以解释。

3）氧化亚铜的生成和性质

取 0.5 mL 的 0.1 mol·L^{-1} CuSO$_4$ 溶液于试管中，注入过量的 6 mol·L^{-1} 氨水，使生成的沉淀全部溶解。再加入 1 mL 10% 葡萄糖溶液，混合均匀，微热，观察现象，并解释原因。然后将溶液离心分离并且用蒸馏水洗涤沉淀，取少量沉淀与 1 mol·L^{-1} H$_2$SO$_4$ 溶液反应，观察现象；另取少量沉淀注入 3 mL 浓氨水，静置数分钟，观察清液的颜色，并解释原因。

4）氯化亚铜的生成和性质

取 10 mL 的 0.5 mol·L^{-1} CuCl$_2$ 溶液于试管中，加入 3 mL 浓 HCl 和少量纯铜屑，加热，待溶液变成棕色，取出几滴，加到少量蒸馏水中，如有白色沉淀生成，则迅速把全部溶液倒入 200 mL 蒸馏水中，观察沉淀的生成。静置，倾出溶液，用 20 mL 蒸馏水洗涤沉淀，取少许 CuCl 沉淀，分别与 2 mol·L^{-1} NH$_3$·H$_2$O 溶液和浓 HCl 反应，观察现象，并解释原因。

5）碘化亚铜的生成

取 1 mL 的 0.1 mol·L^{-1} CuSO$_4$ 溶液于试管中，滴入 0.1 mol·L^{-1} KI 溶液数滴，再滴入少量的 0.1 mol·L^{-1} Na$_2$S$_2$O$_3$ 溶液，观察现象，并解释原因。

2. 银的化合物

1）氧化银的生成和性质

往盛有 1 mL 的 0.1 mol·L^{-1} AgNO$_3$ 溶液的离心试管中慢慢滴加新配制的 2 mol·L^{-1} NaOH 溶液，观察氧化银的颜色和状态。将溶液离心分离，弃去清液，用蒸馏水洗涤沉淀。将沉淀分成 2 份，分别试验它与 2 mol·L^{-1} HNO$_3$ 和 2 mol·L^{-1} NH$_3$·H$_2$O 溶液的反应。观察现象，并解释原因。

2)银的配合物的生成和性质

(1)银的配合物与卤化银沉淀的关系。

取 0.5 mL 的 0.1 mol·L^{-1} AgNO$_3$ 溶液，滴加数滴 0.1 mol·L^{-1} NaCl 溶液，观察现象。然后滴加 6 mol·L^{-1} NH$_3$·H$_2$O 溶液，使生成的沉淀溶解，再滴入数滴 0.1 mol·L^{-1} KBr 溶液，观察又有何变化？继续加入 0.1 mol·L^{-1} Na$_2$S$_2$O$_3$ 溶液，观察沉淀是否溶解？再滴加数滴 KI 溶液，观察有何变化，并解释原因。

通过以上实验，比较 AgCl、AgBr、AgI 3 者的溶度积和 [Ag(NH$_3$)$_2$]$^+$、[Ag(S$_2$O$_3$)$_2$]$^{3-}$ 配离子的稳定性。

(2)银镜反应。

取一洁净的试管，注入 2 mL 的 0.1 mol·L^{-1} AgNO$_3$ 溶液，滴入 6 mol·L^{-1} NH$_3$·H$_2$O 溶液至生成的沉淀恰好溶解为止，再过量滴 1 滴，然后滴入 10% 葡萄糖溶液数滴，摇匀，在水浴中加热，静置观察银镜生成。写出反应方程式。

3. 锌的化合物

1)氢氧化锌的生成和性质

往盛有 0.1 mol·L^{-1} ZnSO$_4$ 溶液的试管中滴入 2 mol·L^{-1} NaOH 溶液至生成大量沉淀为止，观察沉淀颜色。将沉淀分成 2 份：一份滴入 2 mol·L^{-1} H$_2$SO$_4$ 溶液，另一份滴入 2 mol·L^{-1} NaOH 溶液，观察现象，并解释原因。

2)锌的氨配合物

在盛有 0.5 mL 的 0.1 mol·L^{-1} ZnSO$_4$ 溶液的试管中滴入 2 mol·L^{-1} NH$_3$·H$_2$O 溶液，直至生成的沉淀完全溶解为止。将清液分成 2 份：一份加热至沸；另一份逐滴加入 2 mol·L^{-1} HCl 溶液并不断摇荡，观察各有什么现象发生，并解释原因。

【思考题】

1. 铜(Ⅰ)和铜(Ⅱ)各自稳定存在和相互转化的条件是什么？

2. 银镜反应应该注意哪些事项？

3. 试从平衡移动原理说明破坏锌氨配离子的方法。

实验 19　微型滴定(微型实验)

【实验目的】

1. 掌握微型滴定的基本操作。
2. 根据微型滴定的模式,测定食醋中的乙酸含量。

【实验原理】

化学反应方程式为

$$aA + bB \rightleftharpoons cC + dD$$

其可以是酸碱反应、氧化还原反应、沉淀反应或配合反应。

当反应达到化学计量点时,参加反应 A 的物质的量 n_A 与 B 的物质的量 n_B 的关系为

$$\frac{n_A}{n_B} = \frac{a}{b}$$

且有

$$\frac{c_A V_A}{c_B V_B} = \frac{a}{b}$$

式中:a 和 b 分别代表反应物 A、B 的计量系数;c_A、c_B 分别为反应物 A、B 的浓度;V_A、V_B 分别为用于反应的 A、B 溶液的体积。

若 A 为待测溶液,B 为标准溶液,即 c_B 已知(由基准物配制或标定)。V_A 为滴定前 A 溶液的准确体积,V_B 为滴定至终点时所消耗的标准溶液 B 的体积,将各值代入以上计算公式即可求出待测物 A 的浓度。

【实验用品】

仪器:多用滴管、微量滴头、6 孔井穴板、小锥形瓶或试管、带 5# 针头的 2 mL 吸量管装配成微型滴定管[附注1]、25 mL 容量瓶、洗瓶、称量瓶。

药品:0.500 0 mol·L^{-1} HCl 标准溶液、待标定碱溶液、指示剂、食醋。

【实验内容】

1. NaOH 溶液的标定

用 2 mL 吸量管移取 1.50 mL 标准 HCl 溶液于锥形瓶中,加入指示剂,以盛有待标定溶液的微型滴定管进行滴定,至指示剂变色,记下消耗的体积,求算待标定 NaOH 溶液的浓度。重复操作,直至 3 次平行滴定数据相对偏差不超过 0.2%[附注2]。

酸标准溶液浓度 c(酸)= _____ , 体积 V(酸)= _____。

滴定消耗 NaOH 溶液体积 V(碱):V_1 = _____ , V_2 = _____ , V_3 = _____ ; $V_{平均}$ = _____。

由

$$c_{碱} = \frac{c_{酸} V_{酸}}{V_{碱}}$$

得 NaOH 溶液的平均浓度为_____；相对偏差为_____。

2. 食醋样品测定

将食醋样品准确稀释 5 倍，取稀释液 1.5 mL 移入锥形瓶中，加入指示剂，用盛有标准 NaOH 溶液的滴定管进行滴定，记下标准溶液消耗体积，求算样品稀释液浓度。重复操作，直至 3 次平行滴定数据相对偏差不超过 0.2%。

样品稀释倍数 a =_____，样品稀释液滴定取用体积 V(HAc) =_____。

滴定消耗 NaOH 标准溶液体积 V(碱)：V_1 =_____，V_2 =_____，V_3 =_____；$V_{平均}$ =_____。

由

$$c_{HAc} = \frac{c_{碱} V_{碱}}{V_{HAc}}$$

得滴定相对偏差为_____。

样品中 HAc 含量 = $a \times c$(HAc) =_____。

【附注】

1. 微型滴定管是通过乳胶管(内加玻璃圆珠)将 2 mL 吸量管和针头连接而成，类似于碱滴定管。使用时需先用少量滴定剂润洗滴定管内壁和针头 3 次(用多用滴管添加滴定剂)，待滴定剂充满滴定管后，在上口用洗耳球加压下折起乳胶管，使针头斜指上方，按捏玻璃圆珠，排除乳胶管中空气，使滴定剂成细线状流出，才可记下起始体积，开始滴定操作。

2. 若不用微型滴定管，也可用套微量滴头的多用滴管作简易微型滴定管。此时标准溶液的移取和待测溶液的滴定计量均用液滴数来计量。由于采用同一微量滴头，液滴的体积是相同的，所以液滴数之比即体积之比。这样滴定操作和计算都较简便，但有效数字只有 2 位。为提高滴定读数的精度，不用液滴计数法，采用称量盛有滴定剂的多用滴管滴定前后的质量，由滴定剂消耗的质量来计算用量的方法，达到定量分析要求。

【思考题】

1. 微型滴定中最容易引起误差的操作是什么？在实验中如何减少这些操作的影响？

2. 用带 5# 针头的微型滴定管进行操作，要注意哪些事项？

实验20 电离平衡和盐类水解(微型实验)

【实验目的】

1. 巩固 pH 值概念,掌握试测溶液 pH 值的基本方法。
2. 了解溶液中离子浓度对电离平衡的影响。
3. 加深对盐类水解的认识。
4. 学会配制缓冲溶液并试验其性质。

【实验原理】

弱酸、弱碱等弱电解质在溶液中存在电离平衡,化学平衡移动规律同样适合这种平衡体系。

在弱电解质的溶液中加入含有相同离子的另一电解质时,会使弱电解质的电离程度减小,这是同离子效应。

盐类的水解是酸碱中和的逆反应,是组成盐的离子与水中的 H^+ 或 OH^- 结合生成弱酸或弱碱的过程。水解后溶液的酸碱性取决于盐的类型。

缓冲溶液一般由浓度较大的弱酸及其共轭碱,或弱碱及其共轭酸组成。它们在稀释或在其中加入少量的酸、碱时,平衡的移动使其 pH 值改变很小。缓冲溶液的缓冲能力与缓冲溶液的总浓度及其配比有关。

【实验用品】

仪器:9 孔井穴板、6 孔井穴板、多用滴管、微量滴头、微型试管。

材料:pH 试纸(精密和广范)。

药品:HCl(6 mol·L^{-1}, 0.1 mol·L^{-1})、HAc(1 mol·L^{-1}, 0.1 mol·L^{-1})、$NaAc$(1 mol·L^{-1}, 0.1 mol·L^{-1})、$NaOH$(0.1 mol·L^{-1}, 1 mol·L^{-1})、氨水(0.1 mol·L^{-1}, 1 mol·L^{-1})、NH_4Ac(1 mol·L^{-1})、Na_2CO_3(1 mol·L^{-1})、$Al_2(SO_4)_3$(1 mol·L^{-1})、$Fe(NO_3)_3$(0.1 mol·L^{-1})、$BiCl_3$(0.1 mol·L^{-1})、$NaHCO_3$(0.5 mol·L^{-1})、食醋、食盐、茄汁、糖、酒、酚酞指示剂、甲基橙指示剂、广范 pH 指示剂。

【实验内容】

1. 溶液的酸碱性

准备 3 块 9 孔井穴板;3 支多用滴管套上微量滴头,分别用于取酸、取碱和吸入蒸馏水。

(1)在第一块 9 孔井穴板内,用 0.1 mol·L^{-1} HCl 溶液逐一稀释,得到 pH = 1~6 的溶液。如从 $1^\#$ 孔穴取 1 滴 0.1 mol·L^{-1} HCl 溶液置于 $2^\#$ 孔穴内,再用同一口径的滴管加 9 滴蒸馏水,则得 0.01 mol·L^{-1} HCl 溶液。溶液 pH 值便从 1 改变到 2。以此类推,在 $1^\#$~$6^\#$ 孔穴内分别得到 pH = 1~6 的溶液。在 $7^\#$ 孔穴内加几滴蒸馏水,则其 pH = 7。

(2)在第二块 9 孔井穴板内,把 1 mol·L^{-1} NaOH 溶液逐一稀释得到 pH = 8~14 的溶液，并分别置于 $1^{\#} \sim 7^{\#}$ 孔穴内。

（3）在上述 pH＝1～14 的溶液中各滴加一滴广范 pH 指示剂，不同 pH 的溶液则显示不同的颜色，并制成 pH 色阶（或用广范 pH 试纸逐一测试各孔穴溶液的 pH 值）。

（4）在第三块 9 孔井穴板各孔穴内分别加食醋、食盐、纯碱（Na_2CO_3）、茄汁、糖、酒等各物质的水溶液，然后各加广范 pH 指示剂一滴，与上述 pH 色阶对照可确定它们的 pH 值。

2. 盐类的水解

（1）在一 9 孔井穴板内依次滴加几滴 NaCl、$Al_2(SO_4)_3$、NH_4Cl、NH_4Ac、Na_2CO_3 等盐的溶液，由广范 pH 试纸分别测出它们的酸碱性。如有水解，试写出水解反应的离子方程式。

（2）在微型试管中加入 10 滴 1 $mol \cdot L^{-1}$ NaAc 溶液和 1 滴酚酞溶液，摇匀，观察溶液的颜色；再将溶液加热至沸，观察溶液颜色的变化，试解释之。

（3）在微型试管中加入 20 滴蒸馏水和 6 滴 0.1 $mol \cdot L^{-1}$ $Fe(NO_3)_3$ 溶液，插入清洁的多用滴管，按捏吸泡，使溶液混合均匀，然后吸出 1/2 溶液，转移到另一个试管中，并以小火加热，观察两试管中溶液颜色的区别，试解释之。

（4）在微型试管中加入 3 滴 0.1 $mol \cdot L^{-1}$ $BiCl_3$ 溶液和 10 滴蒸馏水，观察出现的现象；再滴加 6 $mol \cdot L^{-1}$ HCl 溶液，边滴加边振荡试管，观察出现的现象，试解释之。

（5）在一多用滴管中先吸入约 0.5 mL 的 0.1 $mol \cdot L^{-1}$ $Al_2(SO_4)_3$ 溶液，再使滴管的吸泡在下，弯曲径管从 9 孔井穴板中吸取 0.5 mL 的 0.5 $mol \cdot L^{-1}$ $NaHCO_3$ 溶液，观察出现的现象。试证明产物是 $Al(OH)_3$ 而不是 $Al(HCO_3)_3$，并写出反应的离子方程式。

3. 同离子效应

（1）在 6 孔井穴板的 $1^{\#} \sim 3^{\#}$ 孔穴中各加 1 mL 的 0.1 $mol \cdot L^{-1}$ 氨水和 1 滴酚酞指示剂，再在 $2^{\#}$ 孔穴中滴 2 滴 1 $mol \cdot L^{-1}$ NH_4Ac 溶液，在 $3^{\#}$ 孔穴中滴 2 滴 1 $mol \cdot L^{-1}$ NaCl 溶液，比较 $1^{\#} \sim 3^{\#}$ 孔穴中酚酞的颜色，试解释颜色变化的原因。

（2）在（1）中 6 孔井穴板的 $4^{\#} \sim 6^{\#}$ 孔穴内各加 1 mL 的 0.1 $mol \cdot L^{-1}$ HAc 溶液和 1 滴甲基橙指示剂，再在 $5^{\#}$ 孔穴中加 2 滴 1 $mol \cdot L^{-1}$ NH_4Ac 溶液，在 $6^{\#}$ 孔穴中加 2 滴 1 $mol \cdot L^{-1}$ NaCl 溶液，比较 $4^{\#} \sim 6^{\#}$ 孔穴中甲基橙颜色，试解释颜色变化的原因。

（3）用 0.1 $mol \cdot L^{-1}$ NaOH 溶液代替 0.1 $mol \cdot L^{-1}$ 氨水，用 0.1 $mol \cdot L^{-1}$ HCl 溶液代替 HAc 溶液重做（1）、（2）实验。比较酚酞、甲基橙颜色的变化，并加以解释。

4. 缓冲溶液

准备 2 块 6 孔井穴板，分别称为 A 板和 B 板，2 块板的 12 个孔穴分为 4 组，每组溶液按表 6-8 所列组成配制好，然后进行以下操作。

（1）用精密 pH 试纸（或 pH 计）分别测定各井穴溶液的 pH 值，并与计算值比较记录于表 6-8 中。

表 6-8　缓冲溶液

组号	孔穴号	配制溶液(各取 2 mL)	pH 测定值	pH 计算值
1	A_1、A_2、A_3	蒸馏水 4 mL		
2	A_4、A_5、A_6	1 mol·L^{-1} 氨水 + 0.1 mol·L^{-1} NH$_4$Cl		
3	B_1、B_2、B_3	1 mol·L^{-1} HAc + 1 mol·L^{-1} NaAc		
4	B_4、B_5、B_6	1 mol·L^{-1} HAc + 0.1 mol·L^{-1} NaAc		

(2)在 A_1、A_4、B_1、B_4 中各滴 2 滴 0.1 mol·L^{-1} HCl 溶液，在 A_2、A_5、B_2、B_5 中各滴 2 滴 0.1 mol·L^{-1} NaOH 溶液，用精密 pH 试纸测定各孔穴中溶液的 pH 值，与 A_3、A_6、B_3、B_6 各组孔穴溶液的 pH 值对照，确定哪组溶液的 pH 值变化较小，小结缓冲容量与缓冲溶液的配比及总浓度之间的关系。

(3)在 B_1 内继续滴加 0.1 mol·L^{-1} HCl 溶液，在 B_2 内继续滴加 0.1 mol·L^{-1} NaOH 溶液，直至它们的 pH 值分别变小(或变大)。此实验说明了什么？

【附注】

广范 pH 指示剂配制：在 500 mL 乙醇中溶解溴百里酚蓝、甲基红、α-萘酚酞、百里酚酞和酚酞各 0.1 g，其显色情况见表 6-9。

表 6-9　广范 pH 指示剂的显色情况

pH 值	4	5	6	7	8	9	10	11
颜色	红	橙	黄	黄绿	绿	蓝绿	蓝紫	红紫

【思考题】

1. 影响盐类水解的因素有哪些？实验室如何配制 CuSO$_4$ 和 FeCl$_3$ 溶液？

2. 实验测得的 H$_3$PO$_4$ 溶液呈酸性，NaH$_2$PO$_4$ 溶液呈微酸性，Na$_2$HPO$_4$ 溶液呈微碱性，Na$_3$PO$_4$ 溶液呈碱性，试用 H$_3$PO$_4$ 的 K_{a1}^{θ}、K_{a2}^{θ}、K_{a3}^{θ} 数据给予解释。

3. NaAc 的浓度控制在 1 mol·L^{-1}，如何配制 pH = 4.8 的缓冲溶液？

实验 21　电导法测定乙酸电离度和电离常数（微型实验）

【实验目的】

1. 加深对弱酸电离度、电离常数和溶液浓度与电导关系的理解。

2. 学习电导法测定电离度的原理和井穴板上进行溶液电导率测量的操作。

【实验原理】

乙酸是弱电解质，在水溶液中电离达到平衡时，其电离平衡常数（简称电离常数）K_a^θ 与浓度 c、电离度 α 之间的关系为

$$K_a^\theta = \frac{c\alpha^2}{1-\alpha} \tag{6-1}$$

在一定的温度下，K_a^θ 是一常数，测出乙酸在不同浓度时的电离度代入式（6-1）可计算 K_a^θ 值。

乙酸溶液的电离度可用电导法来测定。电解溶液导电能力的大小采用电阻 R 的倒数——电导 L（单位：西门子，S）来描述，即

$$L = \frac{1}{R} \tag{6-2}$$

根据欧姆电阻定律，在电极面积为 A，距离为 l 时，溶液的电导为

$$L = k\frac{A}{l} \tag{6-3}$$

式中：比例系数 k 称为电导率或比电导，其单位为 $S \cdot m^{-1}$。

电解质溶液的电导率等于在面积为 $1\ m^2$、相距为 $1\ m$ 的两电极间该溶液的电导。对于电极而言，A 与 l 都是固定值，即 l/A 是常数。因此，电导与电极的结构无关。在一定温度时，电解质溶液的电导取决于溶质的性质及其浓度。

为了比较不同的电解质溶液的导电能力，引进摩尔电导这一概念，它指的是把含有 $1\ mol$ 溶质的电解质溶液置于相距为 $1\ m$、面积为 $1\ m^2$ 的 2 个电极间的电导。若溶液的浓度为 c（单位：$mol \cdot L^{-1}$），则含 $1\ mol$ 电解质的溶液体积为 $1/c$（L）或 $1/c \times 10^{-3}$（m^3）。此时，摩尔电导（Λ_m）与电导率的关系为

$$\Lambda_m = k\frac{10^{-3}}{c} \tag{6-4}$$

式中：Λ_m 的单位为 $S \cdot m^2 \cdot mol^{-1}$。

若 k 的单位采用 $S \cdot m^{-1}$，Λ_m 的单位采用 $S \cdot cm^2 \cdot mol^{-1}$，则

$$\Lambda_m = k\frac{1000}{c} \tag{6-5}$$

弱电解质溶液在无限稀释时，可看作完全电离（$\alpha \to 1$），此时，溶液的摩尔电导叫作极限摩尔电导（Λ_∞）。温度一定时，极限摩尔电导为一定值。

在一定温度下，弱电解质的电离度 α 等于溶液在浓度 c 时的摩尔电导 Λ_m 与溶液在无

限稀释时的极限摩尔电导 Λ_∞ 之比，即

$$\alpha = \frac{\Lambda_{\mathrm{m}}}{\Lambda_\infty} \tag{6-6}$$

将式(6-6)代入式(6-1)，得

$$K_{\mathrm{a}}^\theta = \frac{c(\Lambda_{\mathrm{m}})^2}{\Lambda_\infty(\Lambda_\infty - \Lambda_{\mathrm{m}})} \tag{6-7}$$

根据式(6-7)即可求得电离常数 K_{a}^θ 值。

【实验用品】

仪器：DDS-11A 型电导率仪、6 孔井穴板、多用滴管、10 mL 吸量管、10 mL 容量瓶、烧杯、洗耳球。

药品：HAc(0.100 mol·L^{-1})。

【实验内容】

1. 配制不同浓度的乙酸溶液

取 4 只 10 mL 容量瓶编号为 1$^\#$ ~ 4$^\#$，用刻度吸管量取已知浓度的 HAc 溶液 0.60、1.2、2.40、4.80 mL 分别置于各容量瓶中，配制成 10 mL 的溶液。算出各容量瓶中溶液浓度。

2. 测定乙酸溶液的电导率

取 4 只已编号的多用滴管分别从各容量瓶吸出不同浓度的 HAc 溶液，移至清洁干燥的 6 孔井穴板的对应编号的孔穴中，至溶液将近充满各穴为止。向 5$^\#$ 孔穴中注入未经稀释的 HAc 标准溶液。(若以上操作所用的滴管在使用前是湿的，怎么办？)

把电导率仪的电极预先用蒸馏水淋洗，用吸水纸吸干水分后，再以盛有 1$^\#$ 溶液的多用滴管淋洗电极 3 次，然后把电极小心浸入 1$^\#$ 孔穴的溶液中，金属电极要完全被溶液浸没，按电导率仪的使用方法，测量溶液的电导率。同样操作，逐一测出 2$^\#$ ~ 5$^\#$ 孔穴溶液的电导率。

3. 电离度的计算

(1)根据测得的 HAc 溶液的电导率，按式(6-4)计算该浓度时溶液的摩尔电导 Λ_{m}。

(2)求出实验温度下 HAc 溶液的 Λ_∞。

HAc 溶液的极限摩尔电导的参考值见表 6-10。

表 6-10　HAc 溶液的极限摩尔电导

温度/℃	0	18	25	30
$\Lambda_\infty/(\mathrm{S \cdot m^2 \cdot mol^{-1}})$	0.024 5	0.034 9	0.039 07	0.042 18

若室温不同于表 6-10 中所列温度，可用内插法求得所需的 Λ_∞ 值。例如，室温为 20 ℃ 时，HAc 无限稀释的摩尔电导 Λ_∞ 为

$$\frac{(0.039\ 07 - 0.034\ 9)}{x} = \frac{25 - 18}{20 - 18}$$

$$x = 0.001\ 19\ \text{S} \cdot \text{m}^2 \cdot \text{mol}^{-1}$$

$$\Lambda_\infty = 0.034\ 9 + x = 0.036\ 09\ (\text{S} \cdot \text{m}^2 \cdot \text{mol}^{-1})$$

实验温度：＿＿＿＿＿＿＿＿℃；

对应的无限稀释摩尔电导：＿＿＿＿＿＿＿＿ $\text{S} \cdot \text{m}^2 \cdot \text{mol}^{-1}$。

（3）按式（6-3）计算不同浓度 HAc 溶液的电离度 α 值。

2. 电离常数 K_a^θ 的计算

由电离度 α 值按式（6-1）计算得 K_a^θ 值，或根据式（6-7）求得 K_a^θ 值。

将实验数据及计算结果填入表 6-11。

表 6-11　乙酸的电离度和电离常数测定实验数据

实验编号	HAc 溶液浓度/(mol·L^{-1})	电导率 k /(S·m^{-1})	摩尔电导 Λ_m /(S·m^2·mol^{-1})	电离度 α	电离常数 K_a^θ

根据表中数据讨论乙酸的浓度与 α、K_a^θ 的关系。

【思考题】

1. 什么叫作电导？什么叫作电导率？什么叫作摩尔电导？稀释 HAc 溶液时，k 与 Λ_m 值是怎样变化的？

2. 在井穴板上测定溶液电导率应该注意哪些事项？有什么优点？

实验 22　沉淀溶解平衡(微型实验)

【实验目的】

1. 学习确定沉淀反应计量系数的一种方法。
2. 测定 $PbCl_2$ 的溶度积常数。
3. 通过实验进一步理解沉淀的生成、溶解和转化。

【实验原理】

难溶电解质在一定的温度下，在溶液中的平衡方程式为

$$A_mB_n(s) \rightleftharpoons mA^{n+}(aq) + nB^{m-}(aq)$$

平衡常数 $K_{sp}^{\theta} = [A^{n+}]^m [B^{m-}]^n$ 称为溶度积常数。在此溶液中，离子积 $Q_i(Q_i = c_A^m \cdot c_B^n$，$c_A$ 和 c_B 是离子 A^{n+} 与 B^{m-} 在任意状态时的浓度)和 K_{sp}^{θ} 关系如下：对于某一给定的溶液，当 $Q_i = K_{sp}^{\theta}$ 时，为饱和溶液，无新沉淀析出，达到动态平衡；当 $Q_i < K_{sp}^{\theta}$ 时，为不饱和溶液，若体系中有 A_mB_n 固体，则会不断溶解；当 $Q_i > K_{sp}^{\theta}$ 时，是过饱和溶液，反应向生成沉淀方向进行，直至饱和。

【实验用品】

仪器：9孔井穴板、6孔井穴板、多用滴管、微量滴头、离心试管、离心机、玻璃棒、5 mL 吸量管。

药品：$Pb(NO_3)_2$ (0.1 mol·L^{-1}，0.5 mol·L^{-1})、KI (0.1 mol·L^{-1}，0.5 mol·L^{-1})、K_2CrO_4(0.1 mol·L^{-1}，0.5 mol·L^{-1})、Na_2S (0.1 mol·L^{-1})、$BaCl_2$(0.1 mol·L^{-1})、$AgNO_3$ (0.1 mol·L^{-1})、$CuCl_2$ (0.1 mol·L^{-1})、$MgCl_2$ (0.1 mol·L^{-1})、NaOH (1 mol·L^{-1})、HCl (6 mol·L^{-1})、氨水(6 mol·L^{-1})、HNO_3(6 mol·L^{-1})、$(NH_4)_2C_2O_4$(饱和)、NH_4Cl(饱和)、Na_2SO_4(饱和)。

【实验内容】

1. 沉淀反应计量系数的确定

(1)取 2 支液滴体积相同的多用滴管(如何实现液滴体积均为 0.02 mL?)分别吸入 0.5 mol·L^{-1} 的 $Pb(NO_3)_2$ 溶液与 0.5 mol·L^{-1} KI 溶液。

(2)按表6-12的滴数把 $Pb(NO_3)_2$ 溶液和 KI 溶液加到9孔井穴板的各孔穴中。

(3)用玻璃棒把各井穴板中溶液逐一搅匀，放置数分钟待沉淀聚沉。

(4)观察实验现象，哪一孔穴中沉淀量最多？写出 $Pb(NO_3)_2$ 和 KI 的反应方程式，确定反应的计量系数。

(5)用 0.5 mol·L^{-1} 的 K_2CrO_4 溶液代替 0.5 mol·L^{-1} 的 KI 溶液，在另一9孔井穴板重做上述实验。估计哪一序号孔穴中沉淀量最多？用实验来验证，并写出反应方程式。

表 6-12 沉淀反应计量系数的确定的实验数据

孔穴序号	$0.5\ mol \cdot L^{-1}$ Pb(NO_3)$_2$ 滴数	Pb(NO_3)$_2$ 物质的量/mmol	$0.5\ mol \cdot L^{-1}$ KI 滴数	KI 物质的量/mmol	预期 PbI_2 物质的量/mmol
1	2		18		
2	4		16		
3	6		14		
4	8		12		
5	10		10		
6	12		8		
7	14		6		
8	16		4		
9	18		2		

2. 测定 $PbCl_2$ 的溶度积常数

(1)准备一 6 孔井穴板,用精确标定过液滴体积的多用滴管(液滴体积为 0.020 mL 较宜)吸取 $1.0\ mol \cdot L^{-1}$ KCl 溶液,用一 5 mL 移液管吸取 $0.1\ mol \cdot L^{-1}$ Pb(NO_3)$_2$ 溶液。

(2)按表 6-13 的顺序向井穴板各孔穴分别加入 5 mL 的 $0.1\ mol \cdot L^{-1}$ Pb(NO_3)$_2$ 溶液,然后用多用滴管滴加指定滴数的 $1.0\ mol \cdot L^{-1}$ KCl 溶液(KCl 溶液的滴数可随室温变化略作增减)。

表 6-13 测定 $PbCl_2$ 的溶度积常数的滴加溶液顺序

井穴号	$0.1mol \cdot L^{-1}$ Pb(NO_3)$_2$ 体积/mL	$1.0\ mol \cdot L^{-1}$ KCl 滴数(沉淀是否产生?)
1	5	15
2	5	16
3	5	17
4	5	18
5	5	19
6	5	20

(3)轻轻摇动井穴板,静止 5 min 后,观察 $PbCl_2$ 沉淀是否产生,记下沉淀刚产生时所需要的 KCl 溶液的滴数和溶液的温度。

(4)结果处理:开始产生 $PbCl_2$ 沉淀时,用去的 $1.0\ mol \cdot L^{-1}$ KCl 的体积。

$V(Cl^-)$ = _____ mL, V(总) = _____ mL。

溶液中 $[Pb^{2+}]$ = $(0.1 \times 5)/V$(总) = _____。

$[Cl^-]$ = $[1.0 \times V(Cl^-)]/V$(总) = _____。

氯化铅溶度积常数 K_{sp}^{θ} = $\left[Pb^{2+}\right]\left[Cl^{-}\right]^2$ = _____。

3. 沉淀的生成和溶解

(1)取4块9孔井穴板,分别称为A、B、C、D板。

在 $A_1 \sim A_4$ 孔穴中各加2滴 0.1 mol·L^{-1} $MgCl_2$ 和 1 mol·L^{-1} NaOH 溶液;

在 $B_1 \sim B_4$ 孔穴中各加2滴 0.1 mol·L^{-1} $BaCl_2$ 和饱和 $(NH_4)_2C_2O_4$ 溶液;

在 $C_1 \sim C_4$ 孔穴中各加2滴 0.1 mol·L^{-1} $CuSO_4$ 和 1 mol·L^{-1} Na_2S 溶液;

在 $D_1 \sim D_4$ 孔穴中各加2滴 0.1 mol·L^{-1} $AgNO_3$ 和 1 mol·L^{-1} KCl 溶液。

观察沉淀生成的情况,并写出反应方程式。

(2)在 A_1、B_1、C_1、D_1 孔穴中再各滴加5滴饱和 NH_4Cl 溶液;

在 A_2、B_2、C_2、D_2 孔穴中再各滴加5滴 6 mol·L^{-1} HCl 溶液;

在 A_3、B_3、C_3、D_3 孔穴中再各滴加5滴 6 mol·L^{-1} HNO_3 溶液;

在 A_4、B_4、C_4、D_4 孔穴中再各滴加5滴 6 mol·L^{-1} NH_3 水溶液。

逐一搅拌各孔穴,观察沉淀是否溶解,并写出反应方程式,归纳出沉淀溶解的几种方法。

4. 分步沉淀

在离心试管中加2滴 0.1 mol·L^{-1} Na_2S 溶液和5滴 0.1 mol·L^{-1} K_2CrO_4 溶液,加蒸馏水然后滴加2滴 0.1 mol·L^{-1} $Pb(NO_3)_2$ 溶液,观察生成沉淀的颜色。离心分层,再向上层清液滴加 0.1 mol·L^{-1} $Pb(NO_3)_2$ 溶液,会出现什么现象?由 K_{sp}^{θ} 数据给予说明。

5. 沉淀的转化

在离心试管中加5滴 0.1 mol·L^{-1} $Pb(NO_3)_2$ 溶液,再加3滴 1 mol·L^{-1} HCl 溶液,沉淀完全后离心。用多用滴管吸去上层清液,用 1 mL 蒸馏水洗涤沉淀1次。再离心,上层清液仍用多用滴管吸去。在沉淀中加3滴 0.1 mol·L^{-1} KI 溶液,搅匀,从颜色变化观察沉淀的转化。按上述操作步骤,依次在离心试管中分别加入 5 滴饱和 Na_2SO_4 溶液、0.5 mol·L^{-1} K_2CrO_4 溶液、1 mol·L^{-1} Na_2S 溶液,逐次进行沉淀转化的操作,从沉淀的颜色变化观察记录各种沉淀的转化现象。

【思考题】

1. 要确定 $Pb(NO_3)_2$ 与 KI、$Al_2(SO_4)_3$ 与 NaOH 反应的计量系数,该如何设计实验? 预期在哪一配比混合中沉淀的量最多?

2. 要洗涤 AgCl 沉淀,用下列哪种溶液最好? 并简述理由。

(1)0.1 mol·L^{-1} HCl; (2)0.01 mol·L^{-1} HCl; (3)浓盐酸; (4)蒸馏水; (5)1.0 mol·L^{-1} 氨水。

3. 使用离心机时应注意什么?

实验 23　　卤素（微型实验）

【实验目的】

验证卤素、卤化氢和卤素的含氧酸及其盐的物理性质和化学性质。

【实验原理】

卤素原子的价电子构型为 ns^2np^5，因此在化合物中最常见的氧化数为 -1，除氟外，氯、溴、碘还能呈现正氧化数。

卤素的化学性质非常活泼，易得电子变为负离子，都可作为氧化剂。它们的氧化性顺序为

$$F_2 > Cl_2 > Br_2 > I_2$$

前面的卤素可以把后面的卤素从它们的卤化物中置换出来，即

$$2KBr + Cl_2 = 2KCl + Br_2$$

$$2KI + Br_2 = 2KBr + I_2$$

过量的氯水还能将置换出来的碘进一步氧化为无色的碘酸，即

$$I_2 + 5Cl_2 + 6H_2O = 2HIO_3 + 10HCl$$

而卤素离子（或卤化氢）的还原性顺序为

$$I^- > Br^- > Cl^- > F^-$$

例如，HI 易被空气中的氧气所氧化，HI 可将浓 H_2SO_4 还原为 H_2S；HBr 可将浓 H_2SO_4 还原为 SO_2；而 HCl 则不能还原浓 H_2SO_4。

卤素的水溶液存在下列平衡（X 代表卤族元素）：

$$X_2 + H_2O \rightleftharpoons H^+ + X^- + HXO$$

因此，在氯的水溶液（氯水）中加碱，则促进氯的分解，生成次氯酸盐和氯化物。次氯酸盐具有氧化性和漂白性。

卤酸盐是化学实验室中常见的氧化剂，它们在中性溶液中没有明显的氧化性，但在酸性介质中能显示明显的氧化性。

【实验用品】

仪器：微型试管，井穴板。

材料：pH 试纸、醋酸铅试纸、碘化钾-淀粉试纸。

药品：KI(s)、KBr(s)、$NH_4Cl(s)$、NaCl(s)、$MnO_2(s)$、$H_2SO_4(1:1)$、浓 H_2SO_4、浓 HCl、NaOH($0.1\ mol \cdot L^{-1}$)、0.2% 淀粉溶液、KBr($0.1\ mol \cdot L^{-1}$)、KI($0.1\ mol \cdot L^{-1}$)、NaS_2O_3($0.1\ mol \cdot L^{-1}$)、H_2S($0.1\ mol \cdot L^{-1}$)、饱和 $KClO_3$ 溶液、氯水、溴水、碘水、汽油、品红溶液。

【实验内容】

1. 卤素的氧化性

1) 氯、溴、碘氧化性的比较

(1) 在一微型试管中加入 3 滴 $0.1\ mol\cdot L^{-1}$ KI 溶液和 8 滴汽油，再滴加溴水，边加边振荡，观察汽油层的颜色，并解释之。

(2) 在一微型试管中加入 6 滴 $0.1\ mol\cdot L^{-1}$ KBr 溶液和 1 滴 $0.1\ mol\cdot L^{-1}$ KI 溶液，再加入 5 滴汽油，然后逐滴加入氯水，每加一滴振荡一次试管，观察汽油层的颜色变化过程，并解释之。

根据上述实验现象，比较 Cl_2、Br_2、I_2 氧化性的相对强弱，并写出有关的反应方程式。

2) 碘的氧化性

在 2 支微型试管中，各加 5 滴碘水，然后分别加 $0.1\ mol\cdot L^{-1}$ $Na_2S_2O_3$ 溶液和 $0.1\ mol\cdot L^{-1}$ H_2S 溶液，观察现象，写出有关的反应方程式。

2. 卤化氢及卤化物的还原性

(1) 在微型试管中加入数粒 KI 晶体，再滴加浓 H_2SO_4，将湿润的醋酸铅试纸置于试管口，观察现象，说明原因，并写出有关的反应方程式。

(2) 在 3 支试管中均加入数粒 KBr 晶体，再滴加浓 H_2SO_4，观察现象，并将湿润的醋酸铅试纸、碘化钾-淀粉试纸和 pH 试纸分别置于 3 支试管口，以检验气体产物。观察现象，说明原因，并写出有关的反应方程式。

(3) 在 3 支微型试管中均加入数粒 NH_4Cl 晶体，再滴加浓 H_2SO_4，观察现象，并用湿润的 pH 试纸、碘化钾-淀粉试纸和醋酸铅试纸分别检验产生的气体，写出有关的反应方程式。

(4) 向盛有极少量 NaCl 和 MnO_2 固体混合物的微型试管中加入 2~3 滴浓 H_2SO_4，观察现象，判断反应产物，并写出有关的反应方程式。

根据上述实验结果，说明 HCl、HBr、KI（或 Cl^-、Br^-、I^-）还原性相对强弱的变化规律。

3. 次氯酸钠的氧化性

(1) 在一微型试管中加入 8 滴氯水和 4 滴 $0.1\ mol\cdot L^{-1}$ NaOH 溶液，后再滴加浓 HCl，并用润湿的碘化钾-淀粉试纸检验产生的气体，写出有关的反应方程式。

(2) 在一微型试管中加入 8 滴氯水和 4 滴 $0.1\ mol\cdot L^{-1}$ NaOH 溶液（不得过量，为什么?），然后滴加 $0.1\ mol\cdot L^{-1}$ KI 溶液，再加入 2 滴淀粉溶液，观察有何现象，并解释其原因。

(3) 在第一支微型试管中加入 12 滴蒸馏水和 2 滴品红溶液；在第二支微型试管中加入 8 滴氯水和 4 滴 $0.1\ mol\cdot L^{-1}$ NaOH 溶液，再滴加 2 滴品红溶液，与第一支试管对比，观察品红溶液褪色情况。

根据上述实验，说明 NaClO 所具有的性质。

4. 氯酸钾的氧化性

(1)在一微型试管中加入 5 滴饱和 $KClO_3$ 溶液和 3 滴浓 HCl，试证明有 Cl_2 产生。写出反应方程式。

(2)在一微型试管中加入 1 滴 0.1 mol·L^{-1} KI 溶液和 8 滴饱和 $KClO_3$ 溶液，观察试管中有无变化。然后，逐滴加 1:1 H_2SO_4(约 15 滴)，边加边振荡，溶液先呈黄色，随后有紫黑色物质析出(I_2)，最后溶液变成无色(IO_3^-)，写出每步反应的离子方程式。

【附注】

所列实验，凡不需要用到酒精灯直接加热或汽油溶剂者，均可用井穴板取代微型试管进行实验。此时，用量还可减少。

【思考题】

1. 氯、溴、碘在极性溶剂(如水)和非极性剂(如汽油)中的溶解情况和颜色如何？

2. 用浓 H_2SO_4 分别与 KBr、KI 反应能否制备卤化氢气体？为什么？通常采用什么方法制备这两种气体？

3. 水溶液中，氯酸盐的氧化性与介质有何关系？

4. 如何区别次氯酸钠溶液与氯酸钾溶液？

第7章

综合、设计与研究性实验

实验 1　果蔬维生素 C 含量测定

【实验目的】

维生素 C(抗坏血酸)是人体不可缺少的营养物质,近来医学上又发现它有许多新的功能。果实和蔬菜是食品中维生素 C 的主要来源。因此,维生素 C 在果蔬中的含量多少,是鉴定其营养价值的重要标志之一。

学习掌握果蔬中维生素 C 含量的测定原理和方法。

【实验原理】

天然的抗坏血酸有还原型和脱氢型 2 种,还原型抗坏血酸分子结构中有烯醇(COH ═ COH)结构,故为一种极敏感的还原剂,它可失去 2 个氢原子而氧化为脱氢型抗坏血酸。利用染料 2,6-二氯靛酚钠盐($C_{12}H_6O_2NCl_2Na$)作为氧化剂,可以氧化抗坏血酸而其本身亦被还原成无色的衍生物。

2,6-二氯靛酚钠盐易溶于水,其碱性或中性水溶液呈蓝色,在酸性溶液中呈桃红色,这个变化用来鉴别滴定的终点。

由于抗坏血酸在许多因素影响下都易发生变化,因此,取样品时应尽量缩短操作时间,并避免与铜、铁等金属接触以防止氧化。

【实验用品】

仪器:微量滴定管、250 mL 容量瓶、1 000 mL 容量瓶、10 mL 移液管、烧杯、研钵(或打碎机)、漏斗、分析天平、离心机。

药品:番茄、苹果(辣椒、洋葱、柑橘等)及其加工品,抗坏血酸(分析纯)、2,6-二氯靛酚钠盐、2% 草酸溶液、白陶土。

【实验内容】

1. 试剂的配制与标定

(1)标准抗坏血酸溶液：精确称取抗坏血酸 50 mg，用 2% 草酸溶液溶解，小心地移入 250 mL 容量瓶中，并加草酸溶液稀释至刻度，算出每毫升溶液中抗坏血酸的毫克数。

(2)2,6-二氯靛酚钠盐溶液标定：称取 2,6-二氯靛酚钠盐 50 mg，溶于 50 mL 热蒸馏水中，再加入碳酸氢钠 42 mg，待完全溶解冷却后，加水稀释至 250 mL，过滤后盛于棕色瓶内，保存在冰箱中，同时用刚配好的标准抗坏血酸标定。

吸取标准抗坏血酸溶液 2 mL，加 2% 草酸溶液 5 mL，用 2,6-二氯靛酚钠盐溶液（以下称为染料）滴定，至桃红色 15 s 不褪即为终点，根据已知标准抗坏血酸溶液和染料的用量，计算出每一毫升染料溶液能氧化的抗坏血酸毫克数（T）：

$$T=抗坏血酸浓度 \times 抗坏血酸用量(mL)/染料用量(mL)$$

2. 方法步骤

称取切碎的均匀果实样品 20 g，放入研钵中，加 2% 草酸溶液少许研碎，注入 100 mL 容量瓶中，加 2% 草酸溶液稀释至刻度，充分摇匀过滤备用。如果滤液有颜色，在滴定时不易辨别终点，可先用白陶土脱色，过滤或用离心机沉淀备用。

吸取滤液 10 mL 于烧杯中，用已标定过的 2,6-二氯靛酚钠盐溶液滴定，至桃红色 15 s 不褪为止，记下染料的用量。

吸取 2% 草酸溶液 10 mL，用染料作空白滴定记下用量。

计算公式为

$$维生素 C 含量(mg/100 g 样品)=\frac{(V_A-V_B) \times C \times T \times 100}{D \times W}$$

式中：V_A 为滴定样品所耗用的染料的平均体积（mL）；V_B 为滴定空白对照所耗用的染料的平均体积（mL）；C 为样品提取液的总体积（mL）；D 为滴定时所取的样品提取液体积（mL）；T 为 1 mL 染料能氧化抗坏血酸毫克数（g/L）；W 为待测样品的质量（g）。

【注意事项】

1. 某些水果、蔬菜（如橘子、西红柿等）浆状物泡沫太多，可加数滴丁醇或辛醇。

2. 整个操作过程要迅速防止还原型抗坏血酸被氧化。滴定过程一般不超过 2 min。滴定所用的染料不应小于 1 mL 或多于 4 mL，如果样品含维生素 C 太高或太低时，可酌情增减样液用量或改变提取液稀释度。

3. 提取的浆状物如不易过滤，亦可离心，留取上清液进行滴定。

【思考题】

1. 为了测得准确的维生素 C 含量实验过程中都应注意哪些操作步骤？为什么？

2. 试简述维生素 C 的生理意义。

实验2　茶叶中微量元素的分离和鉴定

【实验目的】

了解并掌握从茶叶中分离和定性鉴定 Ca、Mg、Al、Fe 和 P 等元素的原理和方法。

【实验原理】

茶叶是一种植物有机体，主要由 C、H、N 和 O 等元素组成，还有 P、I 和 Ca、Mg、Al、Fe、Zn 等一些微量金属元素。茶叶需先进行"灰化"处理，即将试样在空气中置于敞口的蒸发皿或坩埚中加热，有机物经氧化分解而烧成灰烬。这一方法特别适用于生物和食品的预处理。茶叶灰化后，经酸溶解，即可逐级进行分析。本实验从茶叶中定性检出 Ca、Mg、Al、Fe 和 P 5 种元素，并对 Ca、Mg 进行定量测定。

几种金属离子的氢氧化物完全沉淀的 pH 值范围见表7-1。

表7-1　几种金属离子的氢氧化物完全沉淀的 pH 值范围

氢氧化物	$Ca(OH)_2$	$Mg(OH)_2$	$Fe(OH)_3$	$Al(OH)_3$
pH 值	>13	>11	≥4.1	≥5.2

需要注意的是，当 pH>9 时，两性物质 $Al(OH)_3$ 又开始溶解。

钙镁混合液中，Ca^{2+} 和 Mg^{2+} 的鉴定互不干扰，可直接鉴定，不必分离。铁铝混合液中 Fe^{3+} 对 Al^{3+} 的鉴定有干扰，应先除去干扰后再进行鉴别。利用 Al^{3+} 的两性，加入过量的碱，使 Al^{3+} 转化为 AlO_2^- 离子留在溶液中，Fe^{3+} 则生成 $Fe(OH)_3$ 沉淀，经分离去除后，消除了干扰。钙、镁、铁、铝各自的特征反应式为

$$Ca^{2+} + 钙试剂 + OH^- \longrightarrow 天蓝色$$

$$Mg^{2+} + 镁试剂 + OH^- \longrightarrow 天蓝色沉淀$$

$$Al^{3+} + 铝试剂 + OH^- \longrightarrow 红色絮状沉淀$$

$$Fe^{3+} + nKSCN(饱和) \longrightarrow Fe(SCN)_n^{3-n}(血红色) + nK^+$$

根据以上特征反应的实验现象，可分别鉴定出 Ca、Mg、Fe、Al 元素。另取茶叶灰，用浓 HNO_3 溶解后，从滤液中可检出 P 元素。

【实验用品】

仪器：煤气灯、研钵、蒸发皿、台秤、100 mL 烧杯。

药品：干燥过的茶叶、NaOH（6 mol·L⁻¹）、HCl（6 mol·L⁻¹）、HNO_3（浓）、$NH_3·H_2O$（2 mol·L⁻¹，浓）、铝试剂、镁试剂、钙试剂、饱和 KSCN 溶液、钼酸铵试剂（0.1 mol·L⁻¹）、HAc（2 mol·L⁻¹）。

【实验内容】

1. 茶叶的灰化与试液的制备

称取 8 g 烘干的茶叶，放入蒸发皿中，在通风橱中加热充分灰化，冷却后，移入研钵磨细（取出少量茶叶灰作鉴定 P 元素时用），加入 8 mL 的 6 mol·L⁻¹ HCl 溶液于蒸发皿中，搅拌溶解（可能有少量不溶物），将溶液转移至 150 mL 烧杯中，加水 15 mL，再加 6 mol·L⁻¹ NH₃·H₂O 适量控制溶液的 pH 值为 6~7，使沉淀析出。并置于沸水浴上加热 30 min，过滤，然后洗涤烧杯和滤纸。将滤液收集到一干净的小烧杯中，并加水稀释，搅拌均匀，标明为 Ca²⁺、Mg²⁺ 试液。

取 8 mL 的 6 mol·L⁻¹HCl 溶液重新溶解滤纸上的沉淀，并少量多次地洗涤滤纸，将滤液收集到一干净的小烧杯中，并加水稀释，标明为 Fe³⁺ 试液。

2. 茶叶中 Ca、Mg、Al 和 Fe 元素的鉴定

取 Ca²⁺、Mg²⁺ 试液 1 mL 加入一洁净试管，然后从试管中取试液 2 滴于点滴板上，加镁试剂 1 滴，再加少量 6 mol·L⁻¹ NaOH 溶液碱化，观察实验现象，得出实验结论。

从上述试管中再取试液 2 滴于另一试管中，加入 1 滴 2 mol·L⁻¹ NaOH 溶液，再加少量钙试剂，观察实验现象，判断实验结果。

取 Fe³⁺ 试液 1 mL 于一洁净试管中，然后从试管中取试液 2 滴于点滴板上，加 1 滴饱和 KSCN 溶液，根据实验现象，得出实验结论。

在上述试管剩余的试液中，加 6 mol·L⁻¹ NaOH 溶液，调节 pH 值为 5~6，产生白色沉淀，离心分离后将上层清液弃去，并用去离子水洗涤沉淀 2~3 次。然后加入少量 2 mol·L⁻¹ HAc 溶液使沉淀溶解，并将溶液转移到另一试管中，加少量稀释过的 NH₃·H₂O 溶液，调节溶液 pH 值为 6~7，加铝试剂 3~4 滴，放置片刻后，在水浴中加热，观察实验现象，判断实验结果。

3. 茶叶中 P 元素的鉴定

取一药匙茶叶灰放于 100 mL 烧杯中，用 2 mL 浓 HNO₃ 溶解（在通风橱中进行），再加入 30 mL 去离子水，搅拌溶解，过滤后得棕色透明溶液。在小试管中加入 1 mL 该溶液，加入 5 滴钼酸铵试剂，将试管放在水浴中加热，观察沉淀的颜色，判断 PO₄³⁻ 存在与否，并写出相应的离子方程式。

【注意事项】

1. 茶叶尽量捣碎，利于灰化。
2. 茶叶灰化后，酸溶解速度较慢时可小火略加热。

【生活小常识】

茶叶既是一种民间常见的保健饮品，也是一种常用的中草药（《神农本草》《本草拾遗》均有记录）。自古就有轻身减肥、降血脂、降压明目、抗菌消炎、抗疲劳的作用，可用于辅助防治高血压、高脂血症、肥胖症、冠心病，并对预防癌症也有一定功用，更有久服延

年益寿的预防保健作用。茶叶的化学成分有 300 种以上，茶叶含有丰富的微量元素，茶叶是聚锰植物，含锰量高，锌、铜、铁含量也较高，而这些微量元素的存在与茶叶的药用、保健密切相关。

【思考题】

1. 鉴定 Ca^{2+} 时，Mg^{2+} 为什么不干扰？

2. 为什么 pH 值为 6~7 时能将 Fe^{3+}、Al^{3+} 与 Ca^{2+}、Mg^{2+} 离子分离完全？

3. 如何分别检测 Ca^{2+} 与 Mg^{2+} 的含量？

实验 3　从含银废液中回收金属银

【实验目的】

运用所学化学知识设计方案从含银废液中提取金属银。掌握金属的性质，选择和设计合理的分离提纯方法。

【实验原理】

银为第 IB 族的贵重金属，它的盐（$AgNO_3$）需求量很大，常用作化学试剂和药物，还用于镀银、染发、制照相乳剂等。因此，从含银废液中回收金属银，既能减少它对环境的污染，又可节约经费开支。

含银废液主要来源于电镀、制镜、胶片处理等场所和化学实验室，其中的银多以 $[Ag(NH_3)_2]^+$、$[Ag(S_2O_3)_2]^{3-}$、Ag^+ 或 $AgCl$ 等形式存在。例如，生产电子元器件时，须利用火法或酸溶法将银固定在金属面板上，在此过程中会产生大量含银废液。电子工业上基于导电性的要求，常常要对某些电器、仪表进行银电镀。这些过程中都会产生含银电镀废液。电镀废液银含量一般为 $10 \sim 12$ $g \cdot L^{-1}$，银主要以氰化物 $[Ag(CN)_2]^-$ 的形式存在。

回收银的方法有多种，本实验采用的方法是将含银废液中的 Ag(Ⅰ) 以 AgCl 沉淀的形式析出，AgCl 溶于氨水后，再用 Zn 粉还原 $[Ag(NH_3)_2]^+$，得到纯银粉。涉及的反应方程式为

$$Ag^+ + Cl^- =\!=\!= AgCl \downarrow$$
$$AgCl + 2NH_3 \cdot H_2O =\!=\!= [Ag(NH_3)_2]^+ + Cl^- + 2H_2O$$
$$2[Ag(NH_3)_2]^+ + Zn =\!=\!= [Zn(NH_3)_4]^{2+} + 2Ag \downarrow$$

该方法原理简单、操作简便，回收所得银粉纯度高，所得银粉可用于分析纯硝酸银试剂的制备。

【实验用品】

仪器：滤纸、烧杯（带刻度 100 mL，250 mL）、量筒（100 mL）、酒精灯、P16 砂芯玻璃漏斗、布氏漏斗、吸滤瓶、玻璃棒、三脚架、石棉网、台秤、分析天平、干燥箱。

药品：HCl（2 $mol \cdot L^{-1}$，6 $mol \cdot L^{-1}$）、HNO_3（0.01 $mol \cdot L^{-1}$）、H_2SO_4（3 $mol \cdot L^{-1}$）、$NH_3 \cdot H_2O$（浓）、NaCl（3 $mol \cdot L^{-1}$）、$Ba(NO_3)_2$（0.01 $mol \cdot L^{-1}$）、锌粉、含银废液。

【实验内容】

（1）取无 CN^- 含银废液 5 mL，在加热、搅拌下，加入浓 HCl，使废液呈强酸性，再加入 3 $mol \cdot L^{-1}$ NaCl 溶液，使溶液中有足够的 Cl^- 存在，保证 AgCl 沉淀完全。

（2）AgCl 沉淀中常混有 $PbCl_2$、Hg_2Cl_2 和 Ag_2S 沉淀，经加热、搅拌数分钟后，趁热分离除去 $PbCl_2$。

（3）在剩下的沉淀物中加入浓 HNO_3 和少量 2 $mol \cdot L^{-1}$ HCl 溶液，加热并充分搅拌，使 Hg_2Cl_2 转变成可溶物，Ag_2S 沉淀转变成 AgCl 沉淀，冷却分离。

（4）除去溶液，再用适量 0.01 mol·L^{-1} HNO$_3$ 溶液洗涤，即得白色 AgCl 沉淀。

（5）用足量浓 NH$_3$·H$_2$O 将 AgCl 沉淀溶解，有不溶物时可过滤去除，在滤液中加入过量锌粉将 [Ag(NH$_3$)$_2$]$^+$ 还原，可得暗灰色粗银粉。用 3 mol·L^{-1} H$_2$SO$_4$ 溶液处理粗银粉以除去过量的锌粉，然后用蒸馏水洗涤直至经 Ba(NO$_3$)$_2$ 溶液检验无 SO$_4^{2-}$ 存在，最后过滤、烘干沉淀物，即得纯银粉。称出所得银金属的质量，并计算其回收率。

（6）称取 3 g 银粉，溶于 5 mL 稀 HNO$_3$(1∶1)溶液中，用 P16 砂芯玻璃漏斗减压抽滤，除去不溶物，然后将滤液转入蒸发皿中，小火加热蒸发浓缩至糊状时，停止加热，自然冷却至白色 AgNO$_3$ 结晶析出后，将结晶物置于浓 H$_2$SO$_4$ 干燥器中干燥或烘箱(120 ℃左右)中烘干至恒重，称重后，将产品装入棕色瓶保存。

【注意事项】

该方法不适用于含 CN$^-$ 的废液。

【思考题】

1. 简述本实验回收银的原理。

2. 影响银的回收率的因素有哪些？

3. 如何由银粉制得分析纯 AgNO$_3$？

4. 为何要趁热分离 PbCl$_2$？

实验4 碱式碳酸铜的制备

【实验目的】

通过碱式碳酸铜制备条件的探求和生成物颜色、状态的分析，研究反应物的合理配料比，并确定制备反应合适的温度条件，以培养独立设计实验的能力。

【实验原理】

碱式碳酸铜 $Cu_2(OH)_2CO_3$ 为天然孔雀石的主要成分，呈暗绿色或淡蓝绿色，加热至200 ℃即分解，在水中的溶解度很小，新制备的试样在沸水中，很容易发生分解，反应方程式为

$$Cu_2(OH)_2CO_3 \xrightarrow{\triangle} 2CuO + CO_2\uparrow + H_2O$$

将铜盐加入碳酸钠溶液，便可得到碱式碳酸铜沉淀，即

$$2CuSO_4 + 2Na_2CO_3 + H_2O \Longrightarrow Cu_2(OH)_2CO_3\downarrow + 2Na_2SO_4 + CO_2\uparrow$$

除 $CuSO_4$ 外，还可以用 $Cu(NO_3)_2 \cdot 3H_2O$、$Cu(Ac)_2 \cdot H_2O$ 为原料。

碱式碳酸铜可用于制作颜料、杀虫灭菌剂和信号弹等，在有机工业中用于制作有机合成催化剂。

【实验用品】

由学生自行列出所需仪器、药品、材料的清单，经指导老师的同意，即可进行实验。

【实验内容】

1. 反应物溶液配制

配制 0.5 mol·L^{-1} 的 $CuSO_4$ 溶液和 0.5 mol·L^{-1} 的 Na_2CO_3 溶液各 100 mL。

2. 制备反应条件的探求

1）$CuSO_4$ 和 Na_2CO_3 溶液的合适配比

在 4 支试管内均加入 2.0 mL 的 0.5 mol·L^{-1} $CuSO_4$ 溶液，再分别取 0.5 mol·L^{-1} Na_2CO_3 溶液 1.6、2.0、2.4、2.8 mL，依次加入另外 4 支编号的试管中。将 8 支试管放在 75 ℃的恒温水浴中加热。几分钟后，依次将 $CuSO_4$ 溶液分别倒入 Na_2CO_3 溶液中，振荡试管，比较各试管中沉淀生成的速度、沉淀的数量及颜色，从中得出 2 种反应物溶液以何种比例相混合为最佳。

2）反应温度的探求

在 3 支试管中，各加入 2.0 mL 的 0.5 mol·L^{-1} $CuSO_4$ 溶液，另取 3 支试管，各加入由 1）中实验得到的合适用量的 0.5 mol·L^{-1} Na_2CO_3 溶液。从这 2 组试管中各取 1 支，将它们分别置于室温、50、100 ℃的恒温水浴中，数分钟后将 $CuSO_4$ 溶液倒入 Na_2CO_3 溶液中，振荡并观察现象，由实验结果确定制备反应的合适温度。

3. 碱式碳酸铜制备

取 60 mL 的 0.5 mol·L^{-1} CuSO$_4$ 溶液，根据上面实验确定的反应物合适配比及适宜温度制备碱式碳酸铜。待沉淀完全后，用蒸馏水洗涤沉淀数次，直到沉淀中不含 SO$_4^{2-}$ 为止，吸干。

将所得产品在烘箱中于 100 ℃烘干，待冷至室温后称量，并计算产率。

【实验习题】

自行设计实验测定产物中铜及碳酸根的含量，并分析所制得的碱式碳酸铜的质量。

【注意事项】

向 Na$_2$CO$_3$ 溶液中滴加 CuSO$_4$ 溶液，进行加热，沉淀颜色也逐渐加深，最后变成黑色。因此，当加热含有沉淀的溶液时，一定要控制好加热时间。

【思考题】

1. 哪些铜盐适合于制备碱式碳酸铜？写出硫酸铜溶液和碳酸钠溶液反应的化学方程式。

2. 除反应物的配比、反应物浓度及反应温度外，反应物的种类、反应进行的时间等因素是否对产物的质量也会有影响？

3. 各试管中沉淀的颜色为何会有差别？估计何种颜色产物的碱式碳酸铜含量最高？

4. 反应物加入顺序对碱式碳酸铜的制备是否有影响？

实验5 硝酸钾的制备和提纯

【实验目的】

1. 学习利用各种易溶盐在不同温度时溶解度的差异来制备易溶盐的原理和方法。
2. 了解结晶和重结晶的一般原理和方法。
3. 掌握固体溶解、加热、蒸发及过滤的基本操作。

【实验原理】

用 $NaNO_3$ 和 KCl 制备 KNO_3，其反应方程式为

$$NaNO_3 + KCl \Longrightarrow NaCl + KNO_3$$

当 $NaNO_3$ 和 KCl 溶液混合时，在混合液中同时存在 Na^+、K^+、Cl^-、NO_3^-，由这4种离子组成的4种盐 $NaNO_3$、KCl、$NaCl$、KNO_3 同时存在于溶液中。本实验利用4种盐在不同温度下水中的溶解度（见表7-2）差异来分离出 KNO_3 晶体。

由于 $NaCl$ 的溶解度随温度变化不大，而 $NaNO_3$、KCl 和 KNO_3 在高温时具有较大或很大的溶解度，温度降低时溶解度明显减小（如 KCl、$NaNO_3$），或急剧下降（如 KNO_3）的这种差别，将一定浓度的 KCl 和 $NaNO_3$ 混合液加热蒸发浓缩，在较高温度下 $NaCl$ 由于溶解度较小而首先析出，趁热滤去，冷却滤液，就析出溶解度急剧下降的 KNO_3 晶体。在初次结晶中，一般混有少量杂质，为了进一步除去这些杂质，可采用重结晶进行提纯。

表7-2 不同温度下4种盐分别在100 g 水中的溶解度

温度/℃	0	20	40	60	80	100
KNO_3 溶解度/g	13.3	31.6	63.9	110	169	246
KCl 溶解度/g	27.6	34.0	40.0	45.5	51.1	56.7
$NaNO_3$ 溶解度/g	73	88	104	124	148	180
$NaCl$ 溶解度/g	35.7	36.0	36.6	37.3	38.4	39.8

【实验用品】

仪器：循环水泵，抽滤装置，小烧杯，试管。

药品：$NaNO_3(s)$、$KCl(s)$、$KNO_3(AR)$ 饱和溶液、$AgNO_3(0.1\ mol \cdot L^{-1})$。

【实验内容】

1. KNO_3 的制备

在100 mL 烧杯中加入15 g $NaNO_3(s)$ 和12 g $KCl(s)$，再加入25 mL 蒸馏水。将烧杯放在石棉网上，用小火加热搅拌使其溶解，冷却后，常压过滤除去难溶物（若溶液澄清可不用过滤），再将滤液继续加热至烧杯内开始有较多的晶体析出（这是什么晶体？）。此时，趁热快速抽滤，滤液中又很快出现晶体（这又是什么晶体？）。

另取沸水 15 mL 加入抽滤瓶，使晶体重新溶解，并将溶液转移至烧杯中缓缓加热，蒸发至原体积的 3/4。静置，冷却(可用冷水浴冷却)。待晶体重新析出后再进行抽滤，用饱和 KNO_3 溶液洗涤晶体两遍，将晶体抽干后称量，计算产率(此时得到的是粗产品)。

粗产品保留少许(0.1～0.2 g)供纯度检验，其余进行下面的重结晶。

2. 粗产品的重结晶(提纯)

按 KNO_3 粗产品与 H_2O 质量比为 2：1 将粗产品溶于蒸馏水中。加热、搅拌，待晶体全部溶解后停止加热。若溶液沸腾时，晶体还未完全溶解，可再加极少量蒸馏水使其溶解。待溶液冷却至室温后抽滤，然后取饱和 KNO_3 溶液，用滴管逐滴加于晶体的各部分洗涤(沉淀的洗涤应本着少量多次的原则)，抽滤干燥，得到纯度较高的 KNO_3 晶体，称量。

3. 产品纯度的检验

取粗产品和重结晶后所得 KNO_3 晶体各 0.1 g，分别置于 2 支试管中，各加 1 mL 蒸馏水配成溶液，然后各滴加 2 滴 0.1 mol·L^{-1} $AgNO_3$ 溶液，观察现象，进行对比，得出结论。

本实验要求重结晶后的 KNO_3 晶体含氯量达到化学纯为合格，否则应再次重结晶，直至合格。

【思考题】

1. 能否将除去氯化钠后的滤液直接冷却制备硝酸钾？

2. 产品的主要杂质是什么？

实验6 海带中碘的提取

【实验目的】

1. 了解碘在自然界中的存在，掌握从海带中提取碘的原理和方法。

2. 熟悉碘的主要氧化态化合物的生成和性质，掌握碘的检验方法。

【实验原理】

碘是人体内不可缺少的成分，人体每天要摄入一定量(0.1~0.2 mg)的碘来满足生理代谢需要。碘在自然界中并不以单质状态存在，而是以碘酸盐、碘化物的形式分散在地层和海水中，相比之下，海水的含碘量较高(全世界海水含碘总量约 $6×10^8$ t)。虽然海水中的碘离子浓度很低，但由于某些海藻能吸收碘，便将碘大量富集于其中。

海带中含有大量的 I^-，灰化后用水浸取，I^- 进入溶液蒸发至干，用重铬酸钾氧化，即得单质碘。本实验以海带为原料设计提取碘的工艺路线，具有实际意义。

【实验用品】

由学生自行列出所需仪器、药品、材料的清单，经指导老师的同意，即可进行实验。

【实验内容】

以 8 g 干海带为原料，自行设计实验方案，从中提取碘，并检测单质碘的存在。

【注意事项】

1. 市售干海带可预先干蒸 20 min，而后水洗晒干。

2. 碘元素在海带中以 -1 价的形式存在，例如 NaI、KI。采用一定的方法使碘离子较完全地转移到水溶液中，利用碘离子较强的还原性，加入氧化剂将其氧化成单质碘，并提取出来。

3. 可利用单质碘遇淀粉变蓝的特性，检验单质碘的存在。

4. 新得到的碘要回收在棕色试剂瓶内。

【思考题】

1. 从海带中提取碘的实验原理是什么？

2. 将生成的单质碘提取出来可采用哪些操作方法？

3. 若要求测定海带中碘的含量，可采用哪些方法？

实验7 固体酒精的制备

【实验目的】

1. 了解固体酒精的制备原理，掌握固体酒精的制备方法。

2. 了解固体酒精在日常生活中的应用。

【实验原理】

酒精是乙醇的俗称，燃烧安全卫生，对环境的污染也较少，是日常生活中的一种燃料。但是酒精通常是液体，且易挥发，在携带和运输时很不方便。如果将酒精固化成为"酒精块"，就克服了酒精作为燃料的一些缺陷，成为一种理想的方便燃料。

在固体酒精的制备过程中，将硬脂酸与氢氧化钠混合后，发生反应的化学方程式为

$$C_{17}H_{35}COOH + NaOH \xrightarrow{\quad\quad} C_{17}H_{35}COONa + H_2O$$

反应生成的硬脂酸钠是一个长碳链的极性分子，常温下难溶于酒精。温度较高时，硬脂酸钠可均匀地分散在液体酒精中，而冷却后则形成凝胶体系，使酒精分子被约束于硬脂酸钠大分子之间，呈不流动状态而使酒精凝固，形成了固体状态的酒精。

【实验用品】

仪器：量筒(10 mL)、烧杯、水浴锅、模具。

药品：工业酒精、$Cu(NO_3)_2$(10%)、$Co(NO_3)_2$(10%)、NaOH(s)、硬脂酸钠(s)。

【实验内容】

1. 固体酒精的制备

称取6 g硬脂酸钠，放入烧杯中，然后加入125 mL工业酒精，放到水浴中加热，不断搅拌，待硬脂酸钠全部溶解后，加入1 g NaOH固体，继续在水浴中加热，不断搅拌直至反应完毕，即NaOH固体全部溶解。趁热将溶液倒入事先准备好的模具，自然冷却至室温，即得几乎透明的固体酒精。在NaOH固体溶解后，如果加入少量$Cu(NO_3)_2$溶液，所得固体酒精为蓝绿色；如果加入的是$Co(NO_3)_2$溶液，则所得固体酒精为淡紫色。

2. 产品测试

请将相关数据填入表7-3中。

表7-3 产品测试记录

外观状态	熔点	燃烧状态	燃烧时间	燃烧残渣

3. 固体酒精的美化

请将相关实验数据填入表7-4中。

表7-4　固体酒精的测试记录

试验编号	所加盐类	加入体积/mL	固化情况	固体酒精的颜色	燃烧情况	燃烧时间（每2g产品）
1	$Cu(NO_3)_2$ 溶液	1.5				
2	$Cu(NO_3)_2$ 溶液	2.5				
3	$Cu(NO_3)_2$ 溶液	3.0				
4	$Co(NO_3)_2$ 溶液	0.5				
5	$Co(NO_3)_2$ 溶液	1.0				

【注意事项】

1. 实验时应注意使酒精远离明火，室内应注意通风，防止火灾发生。

2. 水浴加热时，温度不要太高，60 ℃即可。

3. 通过本实验原理制得的固体酒精，燃烧时无烟、无味、无毒，可以用来烧水、炒菜、烤肉等。用塑料袋或罐头食品盒包装，可以长期保存，携带方便，是家庭、饭店方便使用的固体燃料，具有广泛的实用价值。

4. 固体酒精燃烧后的剩余物是硬脂酸钠，但含有极少量的硬脂酸钠燃烧后的炭化物。

【思考题】

1. 固体酒精的制备原理是什么？

2. 水浴加热时，温度为什么不能太高？

3. 加入硝酸盐溶液后，所得不同颜色的固体酒精燃烧的火焰颜色如何？为什么？

实验 8 吸烟与喝酒的检测

【实验目的】

1. 了解 Fe^{3+} 的特征反应。

2. 了解酒精(乙醇)的主要性质。

【实验原理】

吸烟者唾液中会有少量硫氰酸盐，硫氰酸根与 Fe^{3+} 结合呈现血红色，其反应的化学方程式为

$$nSCN^- + Fe^{3+} = [Fe(SCN)_n]^{3-n}(血红色) \quad (n = 1 \sim 6)$$

各种酒都含有一定量的酒精(乙醇)，过量饮用会麻醉人的神经，所以交通部门严格规定驾驶员酒后不准开车，以免发生交通事故。

乙醇具有还原性，而三氧化铬和重铬酸钾氧化性很强，在酸性条件下，当饮酒者口中呼出气体中的乙醇与二者接触时即被氧化为乙醛或乙酸，同时使棕红色的 CrO_3 还原成暗红色的 Cr_2O_3，使橙红色的 $K_2Cr_2O_7$ 稀溶液中的 $Cr_2O_7^{2-}$ 还原成绿色的 Cr^{3+}，其反应的化学方程式为

$$3C_2H_5OH + 2CrO_3(棕红色) = 3CH_3COOH + Cr_2O_3(暗红色) + 3H_2O$$
$$3C_2H_5OH + 2K_2Cr_2O_7(橙红色) + 8H_2SO_4 = 3CH_3COOH +$$
$$2K_2SO_4 + 2Cr_2(SO_4)_3(绿色) + 11H_2O$$

根据颜色变化，可定性检查人血液和呼出的气体中是否含有酒精，并判断是否酒后驾车或酒精中毒。

【实验用品】

仪器：烧杯、塑料吸管(或玻璃导管)、试管。

药品：盐酸($1 \ mol \cdot L^{-1}$)、H_2SO_4(浓)、$FeCl_3$(10% 溶液)、$K_2Cr_2O_7$($0.1 \ mol \cdot L^{-1}$)、纯净水、KSCN($0.1 \ mol \cdot L^{-1}$)、无水乙醇。

【实验内容】

(1)请试验者口中含纯净水(约 20 mL)，漱口后吐进一小烧杯中，往烧杯中加入 1 mL 的 $1 \ mol \cdot L^{-1}$ 盐酸和 1 mL 10% $FeCl_3$ 溶液，略加搅拌。若小烧杯溶液变为浅红色，说明试验者吸过烟。

(2)在试管内加入 2 mL 蒸馏水和 0.5 mL 的浓 H_2SO_4(小心滴加)，振荡混匀，再滴加 3 滴 $0.1 \ mol \cdot L^{-1}$ $K_2Cr_2O_7$ 溶液，振荡混匀。用一塑料吸管(或玻璃导管)插入试管中溶液底部，试验者徐徐吹气。若刚饮过酒的人吹气，溶液会由橙红色变为绿色。饮酒量越多，则变色越快。

向未吸烟者的测试溶液中加入 1 滴 $1 \ mol \cdot L^{-1}$ 的 KSCN 溶液，或向未饮酒者的测试溶液中滴加 2 滴无水乙醇，均可出现上述变化现象。

【饮酒测试卡的制作】

学生也可以根据 $K_2Cr_2O_7$ 和 CrO_3 的性质，制备出饮酒测试卡，可以简便迅速地检查汽车驾驶员是否饮酒。

饮酒测试卡的制作方法：用一张干净的白纸，在白纸上涂上一层薄薄的胶水，然后用干毛笔把事先研碎的三氧化铬轻轻均匀地洒在上面(三氧化铬有毒，注意防毒)，这样一张测试卡就做成了。

实验9 红砖中氧化铁成分的检验

【实验目的】

了解红砖的成分及 Fe^{3+} 的特征反应。

【实验原理】

土壤中含有一定量的铁元素，红砖是由黏土烧制而成的一种常用建筑材料，红砖的红颜色是因为烧制红砖时铁元素被氧化成了氧化铁（Fe_2O_3）。Fe_2O_3 俗称铁红，它能跟盐酸、稀硫酸等反应生成铁盐。Fe^{3+} 能与 KSCN 溶液反应生成血红色溶液，可以检验出红砖中含有氧化铁，相关反应的化学方程式为

$$Fe_2O_3 + 6HCl == 2FeCl_3 + 3H_2O$$

$$nSCN^- + Fe^{3+} == [Fe(SCN)_n]^{3-n}（血红色）（n = 1 \sim 6）$$

$$Fe^{3+} + 3NaOH == 2Fe(OH)_3 \downarrow （红棕色） + 3Na^+$$

【实验用品】

仪器：台秤、研钵、小烧杯、普通漏斗、漏斗架。

材料：红砖，滤纸。

药品：$NaOH(2\ mol \cdot L^{-1})$、$HCl(3\ mol \cdot L^{-1})$、$KSCN(0.1\ mol \cdot L^{-1})$。

【实验内容】

(1)取 20~30 g 的一红砖碎块，先压碎，再放入研钵中研磨成粉末。

(2)将研好的砖粉转移到小烧杯中，加入 30~40 mL 的 3 mol·L⁻¹ HCl 溶液，放置约 30 min。

注意：

①红砖与 HCl 溶液反应较慢，要给予足够的反应时间；

②HCl 溶液必须过量，否则 Fe^{3+} 易发生水解，实验现象不明显；

③烧杯中的红砖不会溶完，会有少量的 SiO_2 及其他杂质不溶于酸；

(3)过滤，用小烧杯盛接滤液，供两人一起使用。

(4)从烧杯中取 2 mL 溶液于试管中，滴入 2~3 滴 0.1 mol·L⁻¹ KSCN 溶液，如果溶液立即显血红色，证明溶液中含有 Fe^{3+}。写出反应的化学方程式，得出实验结论。

【注意事项】

1. 可以用 KSCN 溶液检验，也可以用 NaOH 溶液检验。前者比后者灵敏度高，效果好。

2. 砖是在砖窑中烧制出来的，如果在烧制的后期喷水，由于水和烧制时的炭的共同作用，将 Fe^{3+} 还原成 Fe^{2+}，则烧制出的砖为青砖。

实验 10　离子鉴定和未知物的鉴别

【实验目的】

运用所学的元素及化合物的基本性质，进行常见物质的鉴定或鉴别，进一步巩固常见阴离子和阳离子重要反应的基本知识。

【实验原理】

当一个试样需要鉴定或者一组未知物需要鉴别时，通常可根据以下方面进行判断。

1. 物态

(1)观察试样在常温时的状态，如果是固体要观察它的晶形。

(2)观察试样的颜色，这是判断的一个重要因素。溶液试样可根据离子的颜色，固体试样可根据化合物的颜色以及配成溶液后离子的颜色，预测哪些离子可能存在，哪些离子不可能存在。

(3)嗅、闻试样的气味。

2. 溶解性

固体试样的溶解性也是判断的一个重要因素。首先试验是否溶于水，在冷水中怎样？热水中怎样？不溶于水的再依次用盐酸(稀、浓)、硝酸(稀、浓)试验其溶解性。

3. 酸碱性

酸或碱可直接通过对指示剂的反应加以判断。两性物质借助于既能溶于酸，又能溶于碱的性质加以判别。可溶性盐的酸碱性可用它的水溶液加以判别。有时也可以根据试液的酸碱性来排除某些离子存在的可能性。

4. 热稳定性

物质的热稳定性是有差别的，有的物质常温时就不稳定，有的物质灼热时易分解，还有的物质受热时易挥发或升华。

5. 鉴定或鉴别反应

经过前面对试样的观察和初步试验，再进行相应的鉴定或鉴别反应，就能给出更准确的判断。在普通化学实验中鉴定反应采用以下方式：

(1)通过与某试剂反应生成沉淀，或沉淀溶解，或放出气体，必要时再对生成的沉淀和气体做性质试验；

(2)显色反应；

(3)焰色反应；

(4)硼砂珠试验；

(5)其他特征反应。

注意：以上仅提供一个途径，具体问题可灵活运用。

【实验内容】

以下实验内容可选做或另行确定。

(1)区分2片银白色金属片：一是铝片，一是锌片。

(2)鉴别4种黑色和近于黑色的氧化物：CuO、Co_2O_3、PbO_2、MnO_2。

(3)未知混合液1、2、3分别含有Cr^{3+}、Mn^{2+}、Fe^{3+}、Co^{2+}、Ni^{2+}中的大部分或全部，设计一实验方案以确定未知液中含有哪几种离子，哪几种离子不存在。

(4)盛有以下10种硝酸盐溶液的试剂瓶标签被腐蚀，试加以鉴别。

$AgNO_3$、$Hg(NO_3)_2$、$Hg_2(NO_3)_2$、$Pb(NO_3)_2$、$NaNO_3$、$Cd(NO_3)_2$、$Zn(NO_3)_2$、$Al(NO_3)_3$、KNO_3、$Mn(NO_3)_2$。

(5)盛有下列10种固体钠盐的试剂瓶标签脱落，试加以鉴别。

$NaNO_3$、Na_2S、$Na_2S_2O_3$、Na_3PO_4、$NaCl$、Na_2CO_3、$NaHCO_3$、Na_2SO_4、$NaBr$、Na_2SO_3。

(6)根据下列实验内容列出实验用品及分析步骤。

①水溶液中Cl^-、Br^-、I^-、NO_3^-的分离与检出。

②水溶液中Cl^-、CO_3^{2-}、PO_4^{3-}、SO_4^{2-}的分离与检出。

(7)要求对下列4组混合正离子设计分离与鉴定方案，画出分离示意图，根据可行的方案进行实验，写出实验报告。

①水溶液中Mn^{2+}、Ni^{2+}、Cu^{2+}、Hg^{2+}的分离与检出。

②水溶液中pb^{2+}、Ag^+、Hg^{2+}、Cu^{2+}的分离与检出。

③水溶液中Fe^{3+}、Co^{2+}、Hg^{2+}、Cu^{2+}的分离与检出。

④水溶液中Ag^+、Cr^{3+}、Fe^{3+}、Cu^{2+}的分离与检出。

第8章

阅读材料

阅读材料1　化肥与现代农业

化肥是农业生产最基础也是最主要的物质投入。无论是发达国家还是发展中国家，使用化肥都是最迅速有效的增产措施。据联合国粮食及农业组织（FAO）有关统计资料，近十多年来化肥对农作物总产量增长的贡献率在30%以上。我国以占世界7%的耕地养育了占世界22%的人口，可以说化肥起到了举足轻重的作用。

1. 化肥的发展

化肥的使用和生产是农业生产和科学技术发展到一定阶段的必然产物，不同的肥源代表着农业生产水平的不同历史阶段。刀耕火种时代，人们把播种在土地上的植物烧成灰肥。随着家畜的驯养和畜牧业的发展，人们从残留过动物粪便的土地上收获到了好庄稼，由此总结出使用粪肥的经验。以后随着宜垦地的减少和土地轮休制的扩大，要求更快更好地恢复地力，人们发现苜蓿、紫云英（红花草）这样的豆科植物能更好地恢复地力，使后作物的产量提高，因此又开始采用豆科绿肥。但是灰肥、粪肥和绿肥的数量均受到一定面积耕地上的植物产量和农牧业比例的限制，也不可能超越一定耕地上农业物质自然（有机）循环的局限。直到19世纪中叶，基于植物生理学和农业化学的发展，德国化学家李比希提出了矿质营养学说，提出可以用无机养分，即化肥来归还土壤，不断增加作物单产，丰富农牧产品，这为化肥工业的兴起提供了理论依据。到了20世纪初，随着大规模合成氨方法的问世，化肥工业迅速发展，并成为发达国家传统的工业基础之一。化肥作为一种新肥源，突破了农业副（废）产品还田和农业物质自然（有机）循环的局限，它可以完全不依赖于土地及作物本身，不受气候和其他自然条件的影响，采用现代工业生产的方法大量提供作物必需的养分，从而在现代农业生产中大放异彩。

2. 化肥的效用

所有绿色植物均以无机营养方式生活，吸收如C、H、O、N、P、K、Ca、Zn等共16种无机态的必需营养元素，制造糖、脂肪、蛋白质等有机物。化肥工业就是生产那些土壤供应不足而作物又必需的营养元素，主要是N、P、K三要素，以满足作物平衡营养和制造有机物的要求。

施入农田的化肥有效成分，其实都是土壤中原本就存在的，施肥只是为了作物的平衡营养与增产需要，提高某些重要养分在土壤中的浓度。不同品种的化肥含有不同的营养元素，或不同的化合物形态，化肥施于农田后，解离成有效态离子（如 NH_4^+、NO_3^-、K^+、SO_4^{2-}、$H_2PO_4^-$），为作物所吸收，有些化肥还含有一些辅助成分（如钙镁磷肥中的 CaO、MgO，或其中的微量元素）。所有这些化合物或离子都是自然土壤或耕作土壤中原本就存在的成分。即使是有机态化肥尿素，在土壤和有机肥中也都能找到。在畜禽粪尿与人粪尿中，含尿素 $0.05\% \sim 0.2\%$，尿素在脲酶作用下分解出 NH_4^+，供应作物氮素；也可由硝化微生物将 NH_4^+ 转变成 NO_3^-。因此，早在千百年前，人们已经知道从易积聚尿的厕所边，或墙土处取"硝"（NO_3^-），用以制造黑火药。有机肥中的有机物一般不能为作物所直接吸收，而要分解成小分子如 NH_4^+ 后，才能发挥其营养作用。

当今的主要化肥品种，一些来自天然矿物的转化，如由磷矿粉生产磷肥；由天然钾矿提炼钾肥；氮肥则都是合成氨及其加工产品。合成氨的原料是空气中的氮和燃料中经净化的氢。随着化肥工艺水平和产品浓度的提高，化肥产品的纯度随之提高，所含的副成分相应减少，甚至低于天然矿物或有机肥。

3. 化肥对环境的影响

化肥对农业的增产、人们生活水平的提高已经起到并将继续起到不可替代的作用，同时，施肥不但促进了植物的生长过程，而且能减少大气中 CO_2 含量，净化空气，缓解温室效应，起到保护环境和促进生态平衡的作用。据农业部门测算，施用 1 t 化肥所能增产的粮食在进行光合作用时，要从空气中吸收 20 t 左右 CO_2，同时释放出氧气；而每吸收 1 t 的 CO_2 就有 $2.55 \times 10^6 \ m^3$（3 300 t）空气要从植物体内通过，从而起到净化空气的作用。至于其对环境和食品品质所带来的负面影响主要不是化肥本身，而是由于化肥使用不当引起的。

不论是过去还是将来，农业的发展离不开化肥的施用，在耕地相对较少、人口众多的中国，尤其是这样。解决化肥问题的关键在于如何正确合理地施用化肥。只有这样，才能既使农作物增产保质，又不对环境造成污染。

阅读材料 2　水质指标

水是工农业生产和日常生活中不可缺少的物质，是人类赖以生存的要素。自然界没有纯水，因为水具有很大的流动性和很强的溶解能力，特别是对极性化合物、离子型化合物，其溶解度更大些。一般来说，任何物质在水中都或多或少地溶解一些，水在与土壤、岩石、空气接触过程中，溶解了各种无机物和一些有机物，带入了悬浮物；同时由于工业废水和生活污水的污染，也可能带进细菌、有毒及放射性物质而使水质迅速恶化，严重影响人体健康和环境质量。因此，监测和保护水质是十分必要的。为了正确评价水体的质量、污染状况、污染治理的效果等，首先需要有水质指标来作为评价的依据。水质指标是水中杂质的具体衡量尺度，各种水质指标表示水中不同杂质的种类和数量，是判断水质是否符合国家标准的依据。

1. 溶解氧（DO）

DO 是水质的重要参数，天然水体中 DO 一般为 5 ~ 100 mg/L，有机物在水中被好氧微生物分解，致使 DO 降低，若水中溶解氧耗尽，有机物又被厌氧微生物所分解，必将导致水质变坏。水中植物的光合作用、水生物的呼吸作用、有机物的氧化和再充气过程都将使水中 DO 发生变化。

2. 化学需氧量（COD）

COD 是指水体中能被氧化的物质在规定条件下进行化学氧化所消耗氧化剂的量，以每升水样消耗氧的毫克数表示。目前使用的氧化剂为 $K_2Cr_2O_7$ 或 $KMnO_4$，测定的 COD 分别用 COD_{Cr} 和 COD_{Mn} 表示。COD 越高，表明水体受可被化学氧化的物质污染越严重。生活污水的 COD_{Cr} 一般为 200 ~ 500 mg/L。

3. 生物化学需氧量（BOD）

BOD 指水体中微生物分解有机物过程中消耗水中的溶解氧的量。微生物分解有机物的速率和程度与水的温度和接触时间有关，一般采用水温 20 ℃时，5 d 的生物化学需氧量 BOD_5 作统一标准。水体的 BOD 越高，表示溶解氧消耗越多，水质就越差。生活污水的 BOD 一般为 200 ~ 600 mg/L。BOD 虽能较确切地表示耗氧有机物的污染情况，但测定时间长，难以现场监督和及时控制污染的扩散。毒性大的废水可抑制微生物的活性，影响测定的正确性。

4. 总有机碳（TOC）和总需氧量（TOD）

TOC 指溶解于水体中有机物的总量折合成碳计算。总需氧量（TOD）指水体中几乎全部可被氧化的物质变成稳定氧化物时，所消耗水中溶解氧的总量。可利用燃烧反应来测定，TOC 可以快速自动测定，但它不能反映水中耗氧有机污染物的组成和种类，也不能区别总量相同的 TOD 对水污染的程度等。

5. 水的硬度

水的硬度取决于钙、镁等盐类的含量。由于钙镁等的酸式碳酸盐的存在而引起的硬度叫作碳酸盐硬度，当煮沸时，这些盐类分解，大部分生成碳酸盐沉淀而除去，习惯上把它叫作暂时硬度；由钙、镁的氯化物、硫酸盐、硝酸盐等引起的硬度叫作非碳酸盐硬度，由于这些盐类不可能借煮沸生成沉淀而除去，因此习惯上把它叫作永久硬度。碳酸盐硬度和非碳酸盐硬度之和就是水的总硬度。

6. pH 值

pH 值是水质指标之一，生活用水的 pH 值一般限定在 $6.5 \sim 8.5$ 之间。污水的 pH 值对污水处理和综合利用、水中生物的生长繁殖以及设备和排水管道等都会产生很大影响。

7. 碱度

水的碱度是指水中能接受 H^+ 的物质的总量，一般是由 HCO_3^-、CO_3^{2-} 和 OH^- 的浓度所决定。

除了上述水质指标以外，还有水的感官性指标(如色、味、臭和透明度等)、细菌学指标以及温度指标等。由于各种水的用途不同，对水质指标具体数值的规定也就不同。

阅读材料3 水处理技术

生活污水和工业废水必须经过处理才能够排放，否则就会对环境造成污染。

按照作用的基本原理，废水处理技术可分为物理处理法、化学处理法、物理化学处理法和生物处理法四大类。其中物理处理法主要包括过滤、沉淀、上浮和曝气等方法，化学处理法包括中和沉淀法、混凝法、氧化还原法、电解凝聚法等，物理化学处理法包括吸附法、离子交换法、电渗析法、反渗透法、萃取法等，生物处理法包括生物滤池法、活性污泥法等。下面简要介绍几种常用的方法。

1. 电解凝聚法

电解凝聚法是将可溶性金属作阳极，如铁，将产生 Fe^{2+}，它具有还原性，使废水中的氧化性物质如 $Cr_2O_7^{2-}$ 及 CrO_4^{2-} 中的 $Cr(Ⅵ)$ 还原成 Cr^{3+}；Fe^{2+} 则被氧化成 Fe^{3+} 并进一步生成 $Fe(OH)_3$ 沉淀，产生的氢氧化物可作为凝聚剂而使水中的胶体物质及细小悬浮物得以去除，进而达到净化废水的目的。

2. 电渗析法

电渗析法是在外电场的作用下，利用阴、阳离子交换膜对溶液中阴、阳离子的选择透过性（阳膜只允许阳离子透过，阴膜只允许阴离子透过）而使溶液中溶质和溶剂分离的一种物理化学方法。电渗析法除盐的原理为：电流接通后，在电场的作用下，水中的阳、阴离子分别向阴、阳两极运动，阳离子交换膜的本体带有负电荷，水中的杂质阴离子受到排斥，不得通过；而水中的杂质阳离子被它吸引，在外电场作用下向阴极方向传递交换并透过阳离子交换膜。与此相反，阴离子交换膜的本体带有正电荷，水中的杂质阳离子受到排斥，不得通过，而水中的杂质阴离子被它吸引，在外电场作用下向阳极方向传递交换并透过阴离子交换膜。这样移动的结果，形成了间隔交替排列的淡水区和浓水区。在淡水区，由于水中的杂质阴、阳离子分别透过阴、阳离子交换膜，水中含盐量大大减少，把淡水汇总引出，即得到除盐水。电渗析法除盐只消耗电能，不需其他化学试剂，操作简便，而且工艺卫生，较适合用于含盐量很高的水（如海水）的除盐。

3. 离子交换法

离子交换树脂是人工合成的颗粒状有机高分子聚合物，分为阳离子交换树脂和阴离子交换树脂两大类，它由交换剂本体（有机高聚物）和交换基团两部分组成。交换剂本体，常见的是苯乙烯和二乙烯苯聚合而成的苯乙烯–二乙烯苯共聚物，再经其他化学反应在聚合物上引上磺酸基（—SO_3H）、羧基（—COOH）等酸性交换基团即得到不同类型的阳离子交换树脂。常把交换剂中的本体用 R 表示，并把酸性基团中的 H 表示出来，阳离子交换树脂就可表示为 H–R，它能以氢离子与溶液中的各种阳离子发生交换作用。在水处理时除使用氢型阳离子交换树脂 H–R 外，还要使用羟型阴离子交换树脂 R–OH，它们分别与水中的阳、阴离子进行离子交换。首先，把含有各种阳、阴离子的水通入阳离子交换器，水中除 H^+ 外各种阳离子（以"M^{n+}"表示）都与氢型阳离子交换树脂发生交换反应；

从阳离子交换器流出的水呈酸性，接着把它通入阴离子交换器，水中除 OH^- 外各种阴离子(以"A^{n-}"表示)都与羟型阴离子交换树脂发生交换反应。阳、阴离子交换树脂分别被杂质阳、阴离子饱和失效后，可分别用 7%~10% 的 HCl 溶液和 3%~5% 的 NaOH 溶液再生。

4. 反渗透法

当渗透压大于溶液一侧的外加压力时，有渗透作用存在；当渗透压与溶液一侧的外加压力相等时，渗透作用达到动态平衡。如果溶液一侧的压力大于渗透压，此时在外加压力的作用下，溶剂分子从溶液向纯溶剂扩散的速率大于溶剂分子从纯溶剂向溶液扩散的速率，从宏观上看到溶剂分子由溶液向纯溶剂扩散。这个过程产生与渗透相反的结果，称之为反渗透。反渗透作用可用于工业废水处理和海水淡化，也广泛用于纯水的制备。反渗透法淡化海水所耗能量只相当于蒸馏法的 30%，发展前景十分诱人，其主要困难在于制备高强度的半透膜。

一般来说，应根据废水的水质选择合适的处理方法，采取一种或几种方法处理废水，使之既达到处理的要求，又能降低废水处理成本和基建投资。

阅读材料4　化妆品与防晒

化妆品是以化妆为目的的物品的总称，在希腊语中，化妆的词义就是"装饰的技巧"，也就是说发扬自身优点、弥补缺陷。在我国《化妆品卫生监督条例》中将化妆品定义为："是指以涂擦、喷洒或者其他类似的方法，散布于人体表面任何部位(皮肤、毛发、指甲、口唇等)，以达到清洁、消除不良气味、护肤、美容和修饰目的的日用化学工业产品。"

化妆品包括基础化妆品、美容化妆品和特殊用途化妆品。基础化妆品是为了保护皮肤、毛发以及增进皮肤和毛发健康的制品；而美容化妆品是为了修饰脸面、指甲等部位，使之更加美丽而使用的制品；特殊用途化妆品是指用于面部、毛发等部位具有防御功能等特殊的理化作用的制品，其中，抗衰老、美白、防晒化妆品尤其引人注目。不论是哪种化妆品，其主要目的都是清洁、扩肤、美化等。

随着物质生活水平的提高，人们的户外活动增加，对紫外线防护化妆品的需求迅速增加，提高此类化妆品的安全性及制品的生理学作用备受重视。防晒及防晒黑化妆品应运而生，这类化妆品具有吸收和散射紫外线作用，能够减轻因日晒引起的肌肤损伤。通常将紫外线分为UVA(波长320~400 nm)、UVB(波长280~320 nm)和UVC(波长小于280 nm)，其中，UVC波段的紫外线在到达地表之前就被大气层中的臭氧吸收，或被水汽、尘埃吸收和散射了。UVB波段的紫外线会造成皮肤红斑，较早地引起了人们的重视，早期开发的紫外线防护剂主要是防护UVB的。但是，UVA在日光紫外线中约占99%，可能会对皮肤造成更加深入持久的伤害，引起皮肤衰老和皮肤癌，因此正日益引起人们的重视。一种防晒剂很难配制出理想的防晒产品，因此复合防晒剂是今后防晒化妆品的发展方向。其包括UVA和UVB防晒剂的复合使用，以及吸收剂与散射剂的配合应用，从而更好地发挥各成分间的综合协同效果。化妆品防晒系数以SPF值(sun protection factor)表示：

$$SPF = \frac{涂用防晒产品的皮肤的\ MED\ 值}{未涂用防晒产品的皮肤的\ MED\ 值}$$

其中MED是最小红斑剂量(minimum erythema dosage)，即人体皮肤受UVB照射后，在一定时间内产生红斑所需的最小辐射剂量。防晒系数SPF值的高低从客观上反映了防晒产品对紫外线防护能力的大小，其数值表示20 min的倍数，即如果使用SPF为8的防晒品，则在太阳光下晒160 min (20 min×8)，不会晒伤皮肤。但并非SPF值越高越好，数值越大则越显油性，故皮肤过敏的人只适宜选用数值小的产品。

防晒剂能够吸收、反射或散射紫外线的有效成分，目前世界上已开发的防晒剂有40种以上，主要有化学性日光防晒剂和物理性日光屏蔽剂，前者主要有肉桂酸酯系列、水杨酸系列、苯酮系列、二苯酮系列、樟脑系列等；后者有氧化锌、碳酸钙、高岭土、滑石粉、二氧化钛等。

阅读材料5 维生素C的发现及其作用

维生素C又称抗坏血酸，属于水溶性维生素。维生素C的发现及发展经过了漫长的过程。关于坏血病的明确记载始于13世纪，另据称，在原始社会人类的遗体上也曾发现过坏血病的遗迹。坏血病在历史上曾是严重威胁人类健康的疾病，过去几百年间曾在海员、探险家及军队中广泛流行，特别是在远航海员中尤为严重，故有"水手的恐怖"之称。在16—18世纪，由于缺乏维生素C而导致的坏血病曾夺去了几十万英国水手的生命。1747年，英国海军军医林德总结了前人的经验，建议海军和远征船队的船员在远航时要多吃些柠檬。他的建议被采纳后就未曾发生过坏血病，但当时还不知道柠檬中的什么物质对坏血病有抵抗作用。直至1934年，维生素C可进行人工合成以后，才备受营养界和化学家的关注。

人们在使用及研究中发现，维生素C是一种抗氧化剂，在生物氧化及还原过程和细胞呼吸中起着重要作用；它能参与氨基酸代谢、神经递质的合成、胶原蛋白和组织细胞间质的合成，具有降低毛细血管的通透性、刺激凝血功能、增加对感染的抵抗作用；它还能够参与解毒功能，具有抗组胺及阻止致癌物质生成的作用。在临床上，维生素C可用于补充营养及治疗坏血病、齿龈肿胀、齿龈出血，以及用于各种急、慢性传染病或其他疾病以增强抵抗力，也用于病后恢复期、创伤愈合期和过敏性疾病的辅助治疗。

然而近年来据国内外研究表明，由于维生素C的用量日趋增大，产生的不良反应也愈来愈多。曾有专家指出："长期服用维生素C，会给人体带来隐患。"这是因为人体具有生理调节作用，会逐渐适应高剂量的维生素C，一旦停用，3 d后就可能出现维生素C缺乏的症状，轻者引起牙龈出血，重则皮下出血甚至形成瘀斑。而长期过量服用维生素C，还会诱发胃出血、尿路结石、贫血，以及加速动脉硬化的发生等。此外，过量维生素C不但不能增强人体的免疫能力，反而会使其受到削弱。由于维生素C广泛存在于新鲜的蔬菜和水果中，因此，提倡平时多吃蔬菜和水果，即可获得足够的维生素C。

阅读材料6 太阳能(光伏)电池

地球上的一切能源供应都来自为太阳提供能源的氢同位素核聚变。即使是维持地球内部比较热而非原本应当更冷的放射性也是早期太阳形成过程的暗淡的残留物。煤和石油代表化石化了的太阳能,所以它们是双重化石化的聚变能。在世界的一些地区被用作汽车燃料的补充而由农作物制取的工业酒精,代表的也是储存起来的太阳能。毫不奇怪,物理学家们一直在寻找将太阳辐射直接储存起来的实用方法,亦即探索不是由化石而是直接由太阳获得能量。

1954年,新泽西州贝尔实验室的3位科学家制成了第一个基于掺杂硅 pn 结的太阳能电池,目的是为卫星和其他太空飞行器提供电力。这种电池不同于晶体管,它只有2个电极,pn 结两边各一个,而晶体管有3个电极。图8-1为半导体太阳能电池的示意,其中活性(半导体)层的总厚度为零点几毫米。它背后的接触电极仅为一金属片,而正面的电极是精细的气相沉积的金属栅格,只占有10%的面积,目的是不要吸收太多入射太阳光。半导体的关键特性是它的带隙,即电子动能被排除的范围,起因于半导体晶体结构引起的干涉。简单地说,就是运动电子的行为就像波一样(因波粒二象性原理),在一定能量(波长)上,这些波在晶体的一些原子面上被全反射,然后再被反射回来,这样反复进行,结果,电子(波)就不能以这些速度移动了。对于晶体硅,其带隙为 1.14 eV。地球表面太阳光的波长范围近似于图8-2所示的曲线(严格的图依赖于大气压力、湿度和云量)。这样的图可以用波长、频率或者量子能量(与频率成正比)作横坐标,图8-2中横坐标为光子(光的"粒子")的能量,纵坐标为每秒平方米落入单位光子能带的光子数 n。

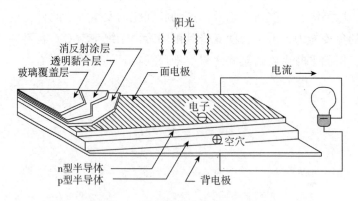

图8-1 半导体太阳能电池的示意

图8-2中的垂直线标志硅带隙上沿的能量,任何量子能量小于此能量的光(即波长大于临界波长的光)都不能在太阳能电池中产生电流。实际上只有可见光谱的蓝端和其外的紫外光是有用的。还有,量子能量超过 1.14 eV 的光子在硅中被吸收来产生电流,不过高于 1.14 eV 的多余能量则转化为无用的热。所以,把不产生光电流的可见光和有用光子的多余能量都计入之后,硅太阳能电池的最大的理论效率约为44%。1个被吸收的光子产生

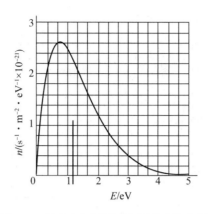

图8-2 标准大气下地球表面的太阳光谱

1个电子空穴对(这里空穴是对一个缺失的具有特定动能值的电子的称呼,它的行为就像一种明确定义的载流介质)。如果计及电池所具有的有限电阻、pn 结上电子空穴对的不完全分离,以及其他一些电学的因素,则硅太阳能电池的理论效率约为15%。这个值是1979年英国电视大学的教学单元模块计算的。十几年以后(1990年),对硅和别的一些竞争的半导体都估算出更高的理论值,见图8-3。这必定归功于电损耗机制的减小,因而更逼近44%的基本极限。经过几十年的技术改进,现在硅太阳能电池的实际效率已经达到25%。典型的电池的面积约为 100 cm²,可在 0.5 V 下产生约 3 A 的电流,这些电池被串联起来产生实用的电压。

2002年,悉尼新南威尔士大学的 Martin Green 提出在太阳能电池中另外装一个叫作"降频变换器"的半导体器件,这种器件能将 1 个高能光子分裂成 2 个较低能量光子。如果能对太阳光谱中的紫外光实现变频,则由分裂而产生的每个较低能量的光子就可以为太阳能电池所用,从而减少能量的浪费。

Ken Zweibel 在他的《驯服太阳能》(Harnessing Solar Energy)一书中探讨了应当怎样看待这个效率水平。今天,利用过热蒸汽涡轮的常规电厂的效率可达55%,乍看起来,太阳能电池的效率是比较差的。不过正像 Ken Zweibel 指出的,数百万年前通过光合作用并经过化石化将太阳光转化为煤和石油的效率大概只有1%。Ken Zweibel 相信,光生伏打效应给我们提供了"将阳光这种初级燃料转换成电力的最有效的手段",它远比其竞争对手如生物体生长并转化为酒精有效得多。

图8-3为某些半导体也用于制作太阳能电池。实践中,最佳的候选者砷化镓制备起来过于昂贵,所以"α-Si-H"(氢化非晶硅)近年来得到了很多人的支持。这种材料的薄膜太阳能电池是用气相沉积法制成,并用化学方法结合进10%的氢。中间有一段时间,有些人曾争论说,非晶态材料不具备明确的能隙,因此对掺杂不会有恰当的反应。在此之后,苏格兰 Dundee 大学的 Spea 和 Comber 指出,氢化 α-Si 可用通常的掺杂物(B 和 P)成功地掺杂,使其电导率发生巨大改变,次年便制成了第一个 α-Si 太阳能电池。不久,氢所起的能动作用的精确机制也被揭示出来。α-Si 太阳能电池的效率虽稍逊于单晶硅,不过制作起来却便宜得多,再加上其他一些用廉价的多晶硅制作的太阳能电池,这一类太阳能电池

占有的市场份额正在不断增长。

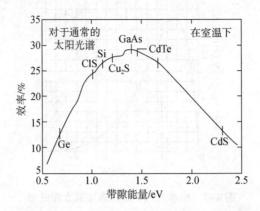

图 8-3 带隙能量为 0.5 ~ 2.4 eV 的光辐射吸收材料的理论效率

还有一些其他类型的薄膜太阳能电池是未来开发的对象，如当前的新宠 $Cu(Ga, In)Se_2$；最新的研究对象是有机半导体材料，这东西很便宜，不过效率很低。从长远来说，成本/效率的权衡将为这些替代物中的许多确立截然不同的生态学位置。不过就当前来说，高效的单晶硅电池仍占有最大的份额。在过去 20 a 里，每瓦输出功率的资金成本已从约 12 美元下降到约 5 美元，而且几乎可以肯定将来因经营规模扩大会进一步降低成本。因此，太阳能电池在经济中的扩展速度正在加快，尤其是在国内市场上。从单位功率的价格随销量激增而下降的趋势（见图 8-4），可以看出，销量每翻一番，模块的成本就降低 20% 。

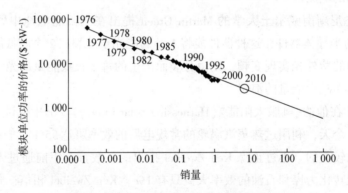

图 8-4 模块单位功率的价格与销量的关系

京瓷（Kyocera）、夏普、英国石油（BP）和壳牌等大公司都已设立了很大的太阳能子公司。其中一些公司也把精力集中在氢的生产上，瞄准行将来到的汽车燃料电池的大规模使用。根据某些人的预测，未来将用大型的太阳能电池站来电解水，从而未来的汽车将几乎直接靠太阳光来开动。这些公司的一位高级经理声称，到 2060 年，世界所用能源的 30% ~ 40% 将来自可再生能源（显然太阳能将占主导地位），这一非凡的主张并非完全不能实现。

阅读材料 7 纳米材料

纳米材料已经成为当今学术界最热门的研究领域之一。它可以被定义为基本单元的颗粒或晶粒尺寸至少在一维上小于 100 nm（1 nm ＝ 10^{-9} m），且必须具有与常规材料截然不同的光、电、热、化学或力学性能的一类材料体系。纳米材料非同寻常的性质是其所具有小尺寸效应、表面与界面效应、量子尺寸效应和宏观量子隧道效应的宏观体现。例如，美国宾州大学研究人员发现，纳米碳管的质量是相同体积钢的 1/6，却具有超过钢 100 倍的强度，不仅具有良好的导电性能，还是目前最好的导热材料。早在 20 世纪 60 年代，诺贝尔奖获得者 Richard Feyneman 就曾对纳米材料作过预言。此后，研究人员开始有意识地通过对金属纳米微粒的制备和研究来探索纳米体系的奥秘。1984 年，德国萨尔布吕肯的 Gleiter 教授把粒径为 6 nm 的金属铁粉原位加压制成了世界上第一块纳米材料，开创纳米材料学之先河。1990 年 7 月，在美国巴尔的摩召开了第一届国际纳米科学技术学术会议，标志着纳米材料学已经成为一个相对独立的学科。

随后，纳米材料引起各国广泛关注，进入快速发展时期。1990 年，美国 IBM 公司的科学家利用扫描隧道显微镜上的探针，在镍表面用 36 个氙原子排出"IBM"3 个字母。1991 年，日本电子公司的 Iijima 首次用高分辨分析电镜观察到碳纳米管。1997 年，美国纽约大学科学家发现，DNA（脱氧核糖核酸）可用于建造纳米层次上的机械装置。1999 年巴西和美国科学家用碳纳米管制备了世界上最小的"秤"，它能够称量十亿分之一克的物体，即相当于一个病毒的质量。2000 年，美国朗讯公司和英国牛津大学的科学家用 DNA 的碱基配对机制制造出了一种每条臂长只有 7 nm 的纳米级镊子。

在纳米基础研究领域，中国并不落后——自 20 世纪 90 年代初，中国的科学家，在纳米科学领域取得了一系列令人瞩目的成果：1993 年，中国科学院（简称中科院）北京真空物理实验室操纵原子成功写出"中国"二字，标志着我国开始在国际纳米科技领域占有一席之地；1996 年，中国科技大学谢毅博士利用苯热合成法制备出产率很高、平均粒度为 30 nm 的氮化镓粉体；1997 年，清华大学范守善教授制备出直径为 3 ～ 50 nm、长度达微米量级的氮化镓纳米棒，首次把氮化镓制备成一维纳米晶体，提出碳纳米管限制反应的概念；1998 年，中国科技大学钱逸泰院士的研究组用催化热解法，用四氯化碳制备出金刚石纳米粉，被国际刊物誉为"稻草变黄金"；1999 年，中科院金属所成会明博士合成出高质量的碳纳米材料，使我国新型储氢材料研究跃上世界先进水平；中科院沈阳金属所的卢柯博士首次发现纳米铜的室温超塑延展性。这些成果相继在《Science》《Nature》等权威杂志上发表，使中国在纳米材料基础研究方面，尤其是纳米结构的控制合成方面，占据了比较前沿的位置。

到目前为止，纳米材料已经成为材料的一大分支，包括纳米粒子、纳米陶瓷、纳米薄膜、纳米复合材料等。其制备方法可以分为物理法和化学法两大类，物理法有蒸发冷凝法、物理破碎法、非晶晶化法、等离子体沉积法、溅射法等；化学法包括溶胶-凝胶法、微乳液法、水热法、化学沉淀法、模板法、溶液法等。纳米材料的奇特性质决定了它在信息、能源、环境、生命和国防等方面广泛的应用潜力。在信息领域，高性能的量子计算机、大容量存储器的研制；在能源领域，低能耗的纳米碳管晶体管；在环境领域，保洁抗菌材料的开发；在生命领域，生物芯片的研制；在国防领域，可以提高常规武器的打击与防护能力，在隐身技术上的应用更引人注目。纳米颗粒的比表面积大、表面反应活性高、表面活性中心多、催化效率高、吸附能力强的优异性质使其在化工催化方面有着重要的应用。纳米粉材如铂黑、银、氧化铝和氧化铁等已直接用作高分子聚合物氧化、还原及合成反应的催化剂，大大提高了反应效率。纳米材料和技术刚走出实验室，才向产业化阶段迈出第一步，要真正实现大规模应用，还需要一段时间，但可以肯定的是，它的应用必将带来一场技术革命。

阅读材料8　控制全球变暖的综合对策

大气中 CO_2 浓度的增减可能改变气候的设想，是 1903 年诺贝尔化学奖获得者瑞典化学家阿仑尼乌斯于 1896 年提出来的。然而，这方面的研究工作则在 1985 年奥地利菲拉赫会议后的几年里才得到加强，这次会议宣称："增加温室气体的浓度可能引起全球平均温度的上升度数会大于人类全部历史中的上升度数"。在这以后，温室气体引起气候变化已成为多次国际会议的主题，1989 年 12 月世界气象组织与联合国环境署共同建立了气候变化的政府间小组(IPCC)以估价现有科学知识、社会经济影响及各国的政策方案。1992 年 6 月联合国环境与发展大会通过了《气候变化框架公约》等法律文件，要求把保持全球气候作为人类共同遗产的一部分，通过防止气候变化、臭氧层破坏与长程空气污染来保护环境。1997 年 12 月，联合国气候变化框架公约国共同制定了《京都议定书》，其目标是"将大气中的温室气体含量稳定在一个适当的水平，进而防止剧烈的气候改变对人类造成伤害"。2015 年 12 月，在巴黎气候变化大会上通过了《巴黎协定》，该协定为 2020 年后全球应对气候变化行动作出安排，其主要目标是将 21 世纪全球平均气温上升幅度控制在 2 ℃以内，并将全球气温上升控制在前工业化时期水平之上 1.5 ℃以内。

发达国家是温室气体的主要排放国(例如中国人口是美国的 4 倍，而 CO_2 排放量美国是中国的 8 倍)，发达国家应采取有力措施限制温室气体的排放，同时减少向发展中国家转让有利环境技术的障碍。发展中国家也有责任避免重复工业化国家所走过的先污染后治理的道路，选择持续发展所需要的、与环境相协调的技术。

全球变暖问题在以下 3 个方面有别于其他全球环境问题：①全球变暖问题主要是由 CO_2 引起的，而 CO_2 是由消费能源产生的，与人类生产的发展和生活水平的提高有着密切关系，人类不易加以防止；②全球变暖问题具有很大的不确定性；③厄尔尼诺现象会使全球气候变暖，昼夜间温差变小等尚无法确切估计。对于温室气体的排放源、吸收源、物质循环机制等未搞清的问题比其他全球性环境问题更多，因而其解决方法也与其他环境问题有所不同。

控制温室气体剧增的基本对策如下。

1. 调整能源战略

调整能源战略包括提高现有能源利用率、改善能源结构和增加清洁能源比重。

提高现有能源利用率，减少 CO_2 排放，可以采取以下一些措施：

(1)采用高效能转化设备，如电热共生产系统，可提高煤炭转换成电能的比重，减少原煤直接散烧，而使城市用燃气、电力等清洁能源；

(2)加强工业企业的技术改造，采用低耗能工艺，如新法炼钢可节能 1/2；

(3)改进运输，降低油耗，强化对机动车排气的监督管理；

(4)推出新型高效家电；

(5)改进建筑保温；

（6）利用废热、余热集中供暖，有利于城市和大型企业改进燃料结构，可节能30%。

改善能源结构、增加清洁能源比重主要是指从使用含碳量高的燃料(如煤)转向含碳量低的燃料(如天然气)，或转向不含碳的能源，如太阳能、风能、核能、燃料电池、地热能、水力、海洋能、生物质能等。这些选择都将使人们向减少 CO_2 排放的方向迈进。

2. 植树造林，发展植物净化

目前热带森林每年损失 $14×10^6 \ hm^2$，每年从空气中就少吸收 $4×10^8 \ t$ 的 CO_2。为抑制 CO_2 增长，应大面积植树造林。若20 a内造林 $1×10^9 \ hm^2$，即每年世界新增林地 $5×10^7 \ hm^2$，20 a后新增林地将可以吸收 CO_2 约 $2×10^{10} \ t$，达到阻滞 CO_2 增长的目的。植物还具有美化环境、调节气候、截留粉尘、吸收大气中有害气体、消除噪声等功能，植物可以在大面积的范围内，长时间、连续地净化大气，尤其是在大气中污染物影响范围广、浓度较低的情况下，植物净化是行之有效的方法。在城市和工业区有计划、有选择地扩大绿地面积也是大气污染综合防治具有长效能和多功能的保护措施。

3. 控制人口，提高粮产，限制毁林

不发达国家人口失控和发达国家无节制消费及短期行为是造成温室灾害的重要原因之一，因而应在全球推行控制人口数量，提高人口素质，使人口发展与环境和经济相适应。解决第三世界的粮食问题，应依靠农业技术进步，发展生态农业，走提高单产之路，摒弃毁林从耕的落后生产方式。

4. 加强环境意识教育，促进国际合作

缺乏环境意识是环境恶化的重要原因，为此，应通过各种渠道和宣传工具，进行危机感、紧迫感和责任感的教育，使越来越多的人认识到温室灾害已经开始，气候有可能日益变暖，人类应为自身和全球负责，建立长远规划，防止气候恶化。而且这类环境污染是没有国界的，必须把地球环境作为整体统一考虑、合作治理，认真对待地球变暖问题，否则各国的发展进步都是无法实现的。

附　录

附录1　元素的相对原子质量

原子序数	元素名称	元素符号	相对原子质量	原子序数	元素名称	元素符号	相对原子质量
1	氢	H	1.007 94(7)	31	镓	Ga	69.723(1)
2	氦	He	4.002 602(2)	32	锗	Ge	72.61(2)
3	锂	Li	6.941(2)	33	砷	As	74.941 59(2)
4	铍	Be	9.012 182(3)	34	硒	Se	78.96(3)
5	硼	B	10.811(5)	35	溴	Br	79.904(1)
6	碳	C	12.011(1)	36	氪	Kr	83.80(1)
7	氮	N	14.006 74(7)	37	铷	Rb	85.467 8(3)
8	氧	O	15.999 4(3)	38	锶	Sr	87.62(1)
9	氟	F	18.998 403 2(9)	39	钇	Y	88.905 85(2)
10	氖	Ne	20.179 7(6)	40	锆	Zr	91.224(2)
11	钠	Na	22.989 768(6)	41	铌	Nb	92.906 38(2)
12	镁	Mg	24.305 0(6)	42	钼	Mo	95.94(1)
13	铝	Al	26.981 539(5)	43	锝*	Tc	(98)
14	硅	Si	28.085 5(3)	44	钌	Ru	101.07(2)
15	磷	P	30.973 762(4)	45	铑	Rh	102.905 0(3)
16	硫	S	32.066(6)	46	钯	Pd	106.42(1)
17	氯	Cl	35.427(9)	47	银	Ag	107.868 2(2)
18	氩	Ar	39.948(1)	48	镉	Cd	112.411(8)
19	钾	K	39.098 3(1)	49	铟	In	114.818(3)
20	钙	Ca	40.078(4)	50	锡	Sn	118.710(7)
21	钪	Sc	44.955 910(9)	51	锑	Sb	121.760(1)
22	钛	Ti	47.867(1)	52	碲	Te	127.60(3)
23	钒	V	50.941 5(1)	53	碘	I	126.904 47(3)
24	铬	Cr	51.996 1(6)	54	氙	Xe	131.29(2)
25	锰	Mn	54.938 05(1)	55	铯	Cs	132.905 43(5)
26	铁	Fe	55.845(2)	56	钡	Ba	137.327(7)
27	钴	Co	58.933 20(1)	57	镧	La	138.905 5(2)
28	镍	Ni	58.693 4(2)	58	铈	Ce	140.115(4)
29	铜	Cu	63.546(3)	59	镨	Pr	140.907 65(3)
30	锌	Zn	65.39(2)	60	钕	Nd	144.24(3)

续表

原子序数	元素名称	元素符号	相对原子质量	原子序数	元素名称	元素符号	相对原子质量
61	钷	Pm	(145)	83	铋	Bi	208.980 37(3)
62	钐	Sm	150.36(3)	84	钋*	Po	(209)
63	铕	Eu	151.965(9)	85	砹*	At	(210)
64	钆	Gd	157.25(3)	86	氡*	Rn	(222)
65	铽	Tb	158.925 34(3)	87	钫*	Fr	223
66	镝	Dy	162.50(3)	88	镭*	Ra	226
67	钬	Ho	164.930 32(3)	89	锕*	Ac	227
68	铒	Er	167.26(3)	90	钍*	Th	232.038 1(1)
69	铥	Tm	168.934 21(3)	91	镤*	Pa	231.035 88(2)
70	镱	Yb	173.04(3)	92	铀*	U	238.028 9(1)
71	镥	Lu	174.967(1)	93	镎*	Np	(237)
72	铪	Hf	178.49(2)	94	钚*	Pu	(244)
73	钽	Ta	180.947 9(1)	95	镅*	Am	(243)
74	钨	W	183.84(1)	96	锔*	Cm	(247)
75	铼	Re	186.207(1)	97	锫*	Bk	(247)
76	锇	Os	190.23(3)	98	锎*	Cf	(251)
77	铱	Ir	192.217(3)	99	锿*	Es	(252)
78	铂	Pt	195.08(3)	100	镄*	Fm	(257)
79	金	Au	196.966 54(3)	101	钔*	Md	(258)
80	汞	Hg	200.59(2)	102	锘*	No	(259)
81	铊	Tl	204.383 3(2)	103	铹*	Lr	(260)
82	铅	Pb	207.2(1)				

注：加 * 的为放射性元素，其括号中的数值是该元素已知半衰期最长的同位素的相对原子质量或质量数。

附录2　不同温度下水的饱和蒸气压

$T/℃$	p/kPa	$T/℃$	p/kPa	$T/℃$	p/kPa
0	0.611 29	29	4.007 8	58	18.159
1	0.657 16	30	4.245 5	59	19.028
2	0.706 05	31	4.495 3	60	19.932
3	0.758 13	32	4.757 8	61	20.873
4	0.813 59	33	5.033 5	62	21.851
5	0.872 60	34	5.322 9	63	22.868
6	0.935 37	35	5.626 7	64	23.925
7	1.002 1	36	5.945 3	65	25.022
8	1.073 0	37	6.279 5	66	26.163
9	1.148 2	38	6.629 8	67	27.347
10	1.228 1	39	6.996 9	68	28.576
11	1.312 9	40	7.381 4	69	29.852
12	1.402 7	41	7.784 0	70	31.176
13	1.497 9	42	8.205 4	71	32.549
14	1.598 8	43	8.646 3	72	33.972
15	1.705 6	44	9.107 5	73	35.488
16	1.818 5	45	9.589 8	74	36.978
17	1.938 0	46	10.094	75	38.563
18	2.064 4	47	10.620	76	40.205
19	2.197 8	48	11.171	77	41.905
20	2.338 8	49	11.745	78	43.665
21	2.487 7	50	12.344	79	45.487
22	2.644 7	51	12.970	80	47.373
23	2.810 4	52	13.623	81	49.324
24	2.985 0	53	14.303	82	51.342
25	3.169 0	54	15.012	83	53.428
26	3.362 9	55	15.752	84	55.585
27	3.567 0	56	16.522	85	57.815
28	3.781 8	57	17.324	86	60.119

续表

T/℃	p/kPa	T/℃	p/kPa	T/℃	p/kPa
87	62.499	112	153.13	137	331.57
88	64.958	113	158.29	138	341.22
89	67.496	114	163.58	139	351.09
90	70.117	115	169.02	140	361.19
91	72.823	116	174.61	141	371.53
92	75.641	117	180.34	142	382.11
93	78.494	118	186.23	143	392.92
94	81.465	119	192.28	144	403.98
95	84.529	120	198.48	145	415.29
96	87.688	121	204.85	146	426.85
97	90.945	122	211.38	147	438.67
98	94.301	123	218.09	148	450.75
99	97.759	124	224.96	149	463.10
100	101.32	125	232.01	150	475.72
101	104.99	126	239.24	151	488.61
102	108.77	127	246.66	152	501.78
103	112.66	128	254.25	153	515.23
104	116.67	129	262.04	154	528.96
105	120.79	130	270.02	155	542.99
106	125.03	131	278.20	156	557.32
107	129.39	132	286.57	157	571.94
108	133.88	133	295.15	158	586.87
109	138.50	134	303.93	159	602.11
110	143.24	135	312.93	160	617.66
111	148.12	136	322.14	161	633.53

附录3　实验室常用酸碱浓度

试剂名称	密度(20℃)/(kg·L^{-1})	浓度/(mol·L^{-1})	质量分数/%
浓硫酸	1.84	18.0	98.0
稀硫酸	1.06	1.0	9.0
浓盐酸	1.19	12.1	37.2
稀盐酸	1.03	2.0	7.0
浓硝酸	1.42	15.9	70.4
稀硝酸	1.07	2.0	12.0
浓磷酸	1.70	14.8	85.5
冰醋酸	1.05	17.4	99.8
浓醋酸	1.04	5.0	30.0
稀醋酸	1.02	2.0	12.0
氢氟酸	1.18	28.9	49.0
高氯酸	1.67	11.7	70.5
氢溴酸	1.38	7.0	40.0
氢碘酸	1.7	7.5	56.6
浓氨水	0.90	14.5	28
稀氨水	0.98	2.0	4.0
联氨	1.01	30.0	95.0
浓氢氧化钠	1.54	19.4	50.5
稀氢氧化钠	1.09	2.0	8.0
饱和氢氧化钙	—	—	0.15
饱和氢氧化钡	—	0.1	2.0

附录 4 某些特殊试剂的配制

硫酸亚铁：溶解 69.5 g $FeSO_4 \cdot 7H_2O$ 于适量水中，加入 5 mL 的 18 $mol \cdot L^{-1}$ H_2SO_4 溶液，再加水稀释至 1 L，置入小铁钉数枚。

硫化钠：溶解 240 g 的 $Na_2S \cdot 9H_2O$ 和 40 g 的 NaOH 于水中，加水稀释至 1 L。

硫酸铵：将 50 g 的 $(NH_4)_2SO_4$ 溶于 100 mL 热水，冷却后过滤。

碳酸铵：将 96 g 研细的 $(NH_4)_2CO_3$ 溶于 1 L 的 2 $mol \cdot L^{-1}$ 氨水。

氯化亚锡：溶解 22.6 g 的 $SnCl_2 \cdot 2H_2O$ 于 330 mL 的 6 $mol \cdot L^{-1}$ HCl 溶液中，加水稀释至 1 L，加入数粒纯锡，以防氧化。

三氯化锑：溶解 22.8 g 的 $SbCl_3$ 于 330 mL 的 6 $mol \cdot L^{-1}$ HCl 溶液中，加水稀释至 1 L，得浓度为 0.1 $mol \cdot L^{-1}$ 的 $SbCl_3$ 溶液。

三氯化铋：溶解 31.6 g 的 $BiCl_3$ 于 330 mL 的 6 $mol \cdot L^{-1}$ HCl 溶液中，加水稀释至 1 L，得浓度为 0.1 $mol \cdot L^{-1}$ 的 $BiCl_3$ 溶液。

二乙酰二肟（丁二肟）：将 1 g 二乙酰二肟溶于 100 mL 的 95% 酒精中。

对硝基苯偶氮间苯二酚（镁试剂）：将 0.001 g 对硝基苯偶氮间苯二酚溶于 100 mL 的 6 $mol \cdot L^{-1}$ NaOH 溶液。

二苯胺：将 1 g 二苯胺溶于 100 mL 浓硫酸中。

硫代乙酰胺：将 5 g 硫代乙酰胺溶于 100 mL 水中。

打萨宗：将 0.01 g 打萨宗溶于 100 mL 的 CCl_4 或 $CHCl_3$ 中。

钼酸铵：将 5 g 钼酸铵溶于 100 mL 水中，将所得溶液加入 35 mL 的 6 $mol \cdot L^{-1}$ HNO_3 溶液中。

亚硝酰五氰合铁（Ⅲ）酸钠：将 3 g 的 $Na_2Fe(CN)_5NO \cdot 2H_2O$ 溶于 100 mL 水中。

四硫代氰酸汞铵：将 8 g 的 $HgCl_2$ 和 9 g 的 NH_4CNS 溶于 100 mL 水中。

奈斯勒试剂：将 115 g 的 HgI_2 和 80 g 的 KI 溶于水中，稀释为 500 mL，再加 500 mL 的 6 $mol \cdot L^{-1}$ NaOH 溶液，如放置时产生沉淀，除去沉淀，将溶液保存在黑暗处。

格里斯试剂：(1)在加热下溶解 0.5 g 对氨基苯磺酸于 50 mL 的 30% HAc 溶液中，于暗处保存；(2)将 0.4 g α-萘胺与 100 mL 水混合煮沸，在从蓝色渣滓中倾出的无色溶液中，加入 6 mL 的 80% HAc 溶液；使用前将(1)、(2)两溶液等体积混合。

醋酸铀酰锌试剂：将 10 g 醋酸铀酰锌溶于 100 mL 水中。

对氨基苯磺酸试剂：将 0.5 g 对氨基苯磺酸溶于 150 mL 的 12 $mol \cdot L^{-1}$ HAc 溶液中。

α-萘胺试剂：将 0.3 g α-萘胺与 20 mL 水煮沸，在所得溶液中加入 150 mL 的 2 $mol \cdot L^{-1}$ HAc 溶液。

品红试剂：0.1 g 品红溶于 100 mL 水中。

亚硝基 R 盐试剂：将 1 g 亚硝基 R 盐溶于 100 mL 水中。

镁试剂：将 0.01 g 镁试剂溶于 1 L 的 1 $mol \cdot L^{-1}$ NaOH 溶液中。

铝试剂：将 1 g 铝试剂溶于 1 L 水中。

硒红：在 95% 酒精中的保护溶液。

甲基红试剂：每升 60% 乙醇中溶解 2 g 甲基红。

甲基橙试剂：每升水中溶解 1 g 甲基橙。

酚酞试剂：每升 90% 乙醇中溶解 1 g 酚酞。

石蕊试剂：将 2 g 石蕊溶于 50 mL 水中，静置一昼夜后过滤，在溶液中加 30 mL 的 95% 乙醇，再加水稀释至 100 mL。

溴甲酚蓝(溴甲酚绿)试剂：将 0.1 g 该指示剂与 2.9 mL 的 0.05 mol·L^{-1} NaOH 溶液一起搅匀，用水稀释至 250 mL；或每升 20% 乙醇中溶解 1 g 该指示剂。

氯水：在水中通入氯气直至饱和，该溶液使用时临时配制。

溴水：在水中滴入液溴直至饱和。

碘液：溶解 1.3 g 碘和 5 g KI 于尽可能少量的水中，加水稀释至 1 L。

淀粉溶液：将 0.2 g 淀粉和少量冷水调成糊状，倒入 100 mL 沸水中，煮沸后冷却即可。

附录5 弱酸的电离平衡常数

（弱酸的浓度为 $0.1 \sim 0.003 \ mol \cdot L^{-1}$）

弱酸	温度/℃	级次	K_a^θ	pK_a^θ
H_3AsO_4	18	1	5.62×10^{-3}	2.25
	18	2	1.70×10^{-7}	6.77
	18	3	3.95×10^{-12}	11.60
$HAsO_2$	25	—	6×10^{-10}	9.23
H_3BO_3	20	1	7.3×10^{-10}	9.14
	20	2	1.8×10^{-13}	12.70
	20	3	1.6×10^{-14}	13.80
H_2CO_3	25	1	4.30×10^{-7}	6.37
	25	2	5.61×10^{-11}	10.25
H_2CrO_4	25	1	1.8×10^{-1}	0.74
	25	2	3.20×10^{-7}	6.49
HCN	25	—	4.93×10^{-10}	9.31
HF	25	—	3.53×10^{-4}	3.45
H_2S	18	1	9.1×10^{-8}	7.04
	18	2	1.1×10^{-12}	11.96
H_2O_2	25	—	2.4×10^{-12}	11.62
$HBrO$	25	—	2.06×10^{-9}	8.69
$HClO$	18	—	2.95×10^{-5}	4.53
HIO	25	—	2.3×10^{-11}	10.64
HIO_3	25	—	1.69×10^{-1}	0.77
HNO_2	12.5	—	4.6×10^{-4}	3.37

弱酸	温度/℃	级次	K_a^{θ}	pK_a^{θ}
$HClO_4$	20	—	1.78×10^{-2}	1.77
HIO_4	25	—	2.3×10^{-2}	1.64
H_3PO_4	25	1	7.52×10^{-3}	2.12
	25	2	6.23×10^{-8}	7.21
	18	3	2.2×10^{-13}	12.67
H_3PO_3	18	1	1.0×10^{-2}	2.00
	18	2	2.6×10^{-7}	6.59
$H_4P_2O_7$	18	1	1.4×10^{-1}	0.85
	18	2	3.2×10^{-7}	1.49
	18	3	1.7×10^{-6}	5.77
	18	4	6×10^{-9}	8.22
H_2SiO_3	25	1	2×10^{-10}	9.70
	25	2	1×10^{-12}	12.00
HSO_4^-	25	2	1.20×10^{-2}	1.92
H_2SO_3	18	1	1.54×10^{-2}	1.81
	18	2	1.02×10^{-7}	6.91
$HCOOH$	20	—	1.77×10^{-4}	3.75
CH_3COOH	25	—	1.76×10^{-5}	4.75
$H_2C_2O_4$	25	1	5.90×10^{-2}	1.23
	25	2	6.40×10^{-5}	4.19

附录6 常见难溶电解质的溶度积常数

物质	pK_{sp}^{θ}	K_{sp}^{θ}	物质	pK_{sp}^{θ}	K_{sp}^{θ}
Ag(银)	—	—	As_2S_3(水解为 $HASO_2$、H_2S)	21.68	2.1×10^{-22}
Ag_3AsO_4	22	1.0×10^{-22}	Au(金)	—	—
AgBr	12.3	5.0×10^{-13}	AuCl	12.7	2.0×10^{-13}
$AgBrO_3$	4.28	5.3×10^{-5}	AuI	22.8	1.6×10^{-23}
Ag_2CO_3	11.09	8.1×10^{-12}	$AuCl_3$	24.5	3.2×10^{-25}
$AgClO_2$	3.7	2.0×10^{-4}	$Au(OH)_3$	45.26	5.5×10^{-46}
AgCl	9.75	1.8×10^{-10}	$Au_2(C_2O_4)_3$	10	1.0×10^{-10}
Ag_2CrO_4	11.95	1.1×10^{-12}	Ba(钡)	—	—
AgOCN	6.64	2.3×10^{-7}	$Ba(BrO_3)_2$	5.5	3.2×10^{-6}
AgCN	15.92	1.2×10^{-16}	$BaCO_3$	8.29	5.1×10^{-9}
$Ag_2Cr_2O_7$	6.7	2.0×10^{-7}	$BaCrO_4$	9.93	1.2×10^{-10}
$Ag_4[Fe(CN)_6]$	40.81	11.6×10^{-41}	$Ba_2[Fe(CN)_6]\cdot6H_2O$	7.5	3.2×10^{-8}
AgOH	7.71	2.0×10^{-8}	BaF_2	5.98	1.0×10^{-6}
$AgIO_3$	7.52	3.0×10^{-8}	$Ba[SiF_6]$	6	1.0×10^{-6}
AgI	16.08	8.3×10^{-17}	$Ba(IO_3)_2\cdot2H_2O$	8.82	1.5×10^{-9}
$AgNO_2$	3.22	6.0×10^{-4}	$Ba(OH)_2$	2.3	5×10^3
$Ag_2C_2O_4$	10.46	3.4×10^{-11}	$Ba(NO_2)_2$	2.35	4.5×10^3
Ag_3PO_4	15.84	1.4×10^{-16}	BaC_2O_4	6.79	1.6×10^{-7}
Ag_2SO_4	4.84	1.4×10^{-5}	$BaC_2O_4\cdot H_2O$	7.64	2.3×10^{-8}
Ag_2SO_3	13.82	1.5×10^{-14}	$BaHPO_4$	6.5	3.2×10^{-7}
Ag_2S	49.2	6.3×10^{-50}	$Ba_3(PO_4)_2$	22.47	3.4×10^{-23}
AgSCN	12	1.0×10^{-12}	$Ba_2P_2O_7$	10.5	3.2×10^{-11}
Al(铝)	—	—	$BaSeO_4$	7.46	3.5×10^{-8}
$AlAsO_4$	15.8	1.6×10^{-16}	$BaSO_4$	9.96	1.1×10^{-10}
$Al(OH)_3$(无定型)	32.9	1.3×10^{-33}	$BaSO_3$	6.1	8×10^{-7}
$AlPO_4$	18.24	6.3×10^{-19}	BaS_2O_3	4.79	1.6×10^{-5}
As(砷)	—	—			

物质	pK_{sp}^{θ}	K_{sp}^{θ}	物质	pK_{sp}^{θ}	K_{sp}^{θ}
Be(铍)	—	—	CdS	26.1	8.0×10^{-27}
$BeCO_3\cdot4H_2O$	3	1.0×10^{-3}	Co(钴)	—	—
$Be(OH)_2$(无定型)	21.8	1.6×10^{-22}	$Co_3(AsO_4)_2$	28.12	7.6×10^{-29}
Bi(铋)	—	—	$CoCO_3$	12.84	1.4×10^{-13}
$Bi(OH)_3$	30.4	4×10^{-31}	$Co_2[Fe(CN)_6]$	14.74	1.8×10^{-15}
$BiPO_4$	22.89	1.3×10^{-23}	$Co(OH)_2$(新制备)	14.8	1.6×10^{-15}
Bi_2S_3	97	1×10^{-97}	$Co(OH)_3$	43.8	1.6×10^{-44}
BiOBr	6.52	3.0×10^{-7}	$Co(IO_3)_2$	4	1.0×10^{-4}
BiOCl	30.75	1.8×10^{-31}	$Co[Hg(SCN)_4]$	5.82	1.55×10^{-6}
BiOOH	9.4	4×10^{-10}	α-CoS	20.4	4.0×10^{-21}
Ca(钙)	—	—	β-CoS	24.7	2.0×10^{-25}
$CaCO_3$	8.54	2.8×10^{-9}	$CoHPO_4$	6.7	2×10^{-7}
$CaCrO_4$	3.15	7.1×10^{-4}	$Co_3(PO_4)_2$	34.7	2×10^{-35}
CaF_2	8.28	5.3×10^{-9}	Cr	—	—
$Ca[SiF_6]$	3.09	8.1×10^{-4}	$Cr(OH)_2$	15.7	2×10^{-16}
$Ca(OH)_2$	5.26	5.5×10^{-6}	CrF_3	10.18	6.6×10^{-11}
$Ca(IO_3)_2\cdot6H_2O$	6.15	7.1×10^{-7}	$CrAsO_4$	20.11	7.7×10^{-21}
$CaC_2O_4\cdot H_2O$	8.4	4×10^{-9}	$Cr(OH)_3$	30.2	6.3×10^{-31}
$CaHPO_4$	7	1.0×10^{-7}	$CrPO_4\cdot H_2O$(绿)	22.62	2.4×10^{-23}
$Ca_3(PO_4)_2$	28.7	2.0×10^{-29}	$CrPO_4\cdot H_2O$(紫)	17	1.0×10^{-17}
$CaSiO_3$	7.6	2.5×10^{-8}	Cu(铜)	—	—
$CaSO_4$	5.04	9.1×10^{-6}	CuN_3	8.31	4.9×10^{-9}
$CaSO_3$	7.17	6.8×10^{-8}	CuBr	8.28	5.3×10^{-9}
Cd(镉)	—	—	CuCl	5.92	1.2×10^{-6}
$Cd(AsO_4)_2$	32.66	2.2×10^{-33}	CuCN	19.49	3.2×10^{-20}
$CdCO_3$	11.28	5.2×10^{-12}	CuI	11.96	1.1×10^{-12}
$Cd(CN)_2$	8	1.0×10^{-8}	CuOH	14	1.0×10^{-14}
$Cd[Fe(CN)]_6$	16.49	3.2×10^{-17}	Cu_2S	47.6	2.5×10^{-48}
$Cd(OH)_6$(新制)	13.6	2.5×10^{-14}	CuSCN	14.32	4.8×10^{-15}

物质	pK_{sp}^{θ}	K_{sp}^{θ}	物质	pK_{sp}^{θ}	K_{sp}^{θ}
$CdC_2O_4 \cdot 3H_2O$	7.04	9.1×10^{-8}	$Cu_3(AsO_4)_2$	35.12	7.6×10^{-36}
$Cd_3(PO4)_3$	32.6	2.5×10^{-33}	$Cu(N_3)_2$	9.2	6.3×10^{-10}
$CuCO_3$	9.86	1.4×10^{-10}	Hg_2S	47	1.0×10^{-47}
$CuCrO_4$	5.44	6×10^{-6}	$Hg_2(SCN)_2$	19.7	2.0×10^{-20}
$Cu_2[Fe(CN)_6]$	15.89	1.3×10^{-16}	$Hg(OH)_2$	25.52	3.0×10^{-26}
$Cu(IO_3)_2$	7.13	7.4×10^{-8}	$Hg(IO_3)_2$	12.5	3.2×10^{-13}
$Cu(OH)_2$	19.66	2.2×10^{-20}	HgS(红)	52.4	4×10^{-53}
CuC_2O_4	7.64	2.3×10^{-8}	HgS(黑)	51.8	1.6×10^{-52}
$Cu_3(PO_4)_2$	36.9	1.3×10^{-37}	K(钾)	—	—
$Cu_2P_2O_7$	15.08	8.3×10^{-16}	$K_2[PdCl_6]$	5.22	6.0×10^{-6}
CuS	35.2	6.3×10^{-36}	$K_2[PtCl_6]$	4.96	1.1×10^{-5}
Fe(铁)	—	—	$K_2[PtBr_6]$	4.2	6.3×10^{-5}
$FeCO_3$	10.5	3.2×10^{-11}	$K_2[PtF_6]$	4.54	2.9×10^{-5}
$Fe(OH)_2$	15.1	8.0×10^{-16}	K_2SiF_6	6.06	8.7×10^{-7}
$FeC_2O_4 \cdot 2H_2O$	6.5	3.2×10^{-7}	KIO_4	3.08	8.3×10^{-4}
FeS	17.2	6.3×10^{-18}	$K_2Na[Co(NO_2)_6] \cdot H_2O$	10.66	2.2×10^{-11}
$FeAsO_4$	20.24	5.7×10^{-21}	Li(锂)	—	—
$Fe_4[Fe(CN)_6]_3$	40.52	3.3×10^{-41}	Li_2CO_3	1.6	2.5×10^{-2}
$Fe(OH)_3$	37.4	4×10^{-38}	LiF	2.42	3.8×10^{-3}
$FePO_4$	21.89	1.3×10^{-22}	Li_3PO_4	8.5	3.2×10^{-9}
Hg(汞)	—	—	Mg(镁)		
Hg_2Br_2	22.24	5.6×10^{-23}	$MgNH_4PO_4$	12.6	2.5×10^{-13}
Hg_2CO_3	16.05	8.9×10^{-17}	$Mg_3(AsO_4)_2$	19.68	2.1×10^{-20}
$Hg_2(CN)_2$	39.3	5×10^{-40}	$MgCO_3$	7.46	3.5×10^{-8}
Hg_2Cl_2	17.88	1.3×10^{-18}	$MgCO_3 \cdot 3H_2O$	4.67	2.1×10^{-5}
Hg_2CrO_4	8.7	2.0×10^{-9}	MgF_2	8.19	6.5×10^{-9}
$(Hg_2)_3[Fe(CN)_6]_2$	20.07	8.5×10^{-21}	$Mg(OH)_2$	10.74	1.8×10^{-11}
$Hg_2(OH)_2$	23.7	2.0×10^{-24}	$Mg_3(PO_4)_2$	23~27	$10^{-23} \sim 10^{-27}$
$Hg_2(IO_3)_2$	13.71	2.0×10^{-14}	Mn(锰)	—	—

续表

物质	pK_{sp}^{θ}	K_{sp}^{θ}	物质	pK_{sp}^{θ}	K_{sp}^{θ}
Hg_2I_2	28.35	4.5×10^{-29}	$Mn_3(AsO_4)_2$	28.72	1.9×10^{-29}
$Hg_2C_2O_4$	12.7	2.0×10^{-13}	$MnCO_3$	10.74	1.8×10^{-11}
Hg_2HPO_4	12.4	4.0×10^{-13}	$Mn[Fe(CN)_6]$	12.1	8.0×10^{-13}
Hg_2SO_4	6.13	7.4×10^{-7}	PbF_2	7.57	2.7×10^{-8}
$Mn(OH)_2$	12.72	1.9×10^{-13}	$Pb(OH)_2$	14.93	1.2×10^{-15}
$MnC_2O_4 \cdot 2H_2O$	14.96	1.1×10^{-15}	$Pb(OH)Br$	14.7	2.0×10^{-15}
MnS(无定型)	9.6	2.5×10^{-10}	$Pb(OH)Cl$	13.7	2.0×10^{-14}
MnS(晶体)	12.6	2.5×10^{-13}	$Pb(OH)NO_3$	3.55	2.8×10^{-4}
Na(钠)	—	—	PbI_2	8.15	7.1×10^{-9}
$Na[Sb(OH)_6]$	7.4	4.0×10^{-8}	$Pb(IO_3)_2$	12.49	3.2×10^{-13}
Na_3AlF_6	9.39	4.0×10^{-10}	PbC_2O_4	9.32	4.8×10^{-10}
$NaK_2[Co(NO_2)_6]$	10.66	2.2×10^{-11}	$PbHPO_4$	9.9	1.3×10^{-10}
$Na(NH_4)_2[Co(NO_2)_6]$	11.4	4×10^{-12}	$Pb_3(PO_4)_2$	42.1	8.0×10^{-43}
Ni(镍)	—	—	$PbSO_4$	7.79	1.6×10^{-8}
$NiCO_3$	8.18	6.6×10^{-9}	PbS	27.9	8.0×10^{-28}
$Ni[Fe(CN)_6]$	14.89	1.3×10^{-15}	$Pb(SCN)_2$	4.7	2.0×10^{-5}
$Ni(OH)_2$(新制备)	14.7	2.0×10^{-15}	$Pb(OH)_4$	65.5	3.2×10^{-66}
$Ni(IO_3)_2$	7.85	1.4×10^{-8}	Sn(锡)	—	—
NiC_2O_4	9.4	4×10^{-10}	$Sn(OH)_2$	27.85	1.4×10^{-28}
$Ni_3(PO_4)_2$	30.3	5×10^{-31}	$Sn(OH)_4$	56	1.0×10^{-56}
$Ni_2P_2O_7$	12.77	1.7×10^{-13}	SnS	25	1.0×10^{-25}
$\alpha-NiS$	18.5	3.2×10^{-19}	Sr(锶)	—	—
$\beta-NiS$	24	1.0×10^{-24}	$SrCO_3$	9.96	1.1×10^{-10}
$\gamma-NiS$	25.7	2.0×10^{-26}	$SrCrO_4$	4.65	2.2×10^{-5}
Pb(铅)	—	—	SrF_2	8.61	2.5×10^{-9}
$Pb(Ac)_2$	2.75	1.8×10^{-3}	$Sr(IO_3)_2$	6.48	3.3×10^{-7}
$Pb_3(AsO_4)_2$	35.39	4.0×10^{-36}	$SrC_2O_4 \cdot H_2O$	6.8	1.6×10^{-7}
$PbBr_2$	4.41	4.0×10^{-5}	$Sr_3(PO_4)_2$	27.39	4.0×10^{-28}
$PbCO_3$	13.13	7.4×10^{-14}	$SrSO_3$	7.4	4×10^{-8}

物质	pK_{sp}^{θ}	K_{sp}^{θ}	物质	pK_{sp}^{θ}	K_{sp}^{θ}
$PbCl_2$	4.79	1.6×10^{-5}	$SrSO_4$	6.49	3.2×10^{-7}
PbClF	8.62	2.4×10^{-9}	Zn(锌)	—	—
$PbCrO_4$	12.5	2.8×10^{-13}	$ZnCO_3$	10.84	1.4×10^{-11}
$Pb(ClO_2)_2$	8.4	4×10^{-9}	$Zn_2[Fe(CN)_6]$	15.39	4.0×10^{-16}
$Te(OH)_4$	53.52	3.0×10^{-54}	$Zn(IO_3)_2$	7.7	2.0×10^{-8}
Ti(钛)	—	—	$Zn(OH)_2$	16.92	1.2×10^{-17}
$Ti(OH)_3$	40	1.0×10^{-40}	ZnC_2O_4	7.56	2.7×10^{-8}
$TiO(OH)_2$	29	1.0×10^{-29}	$Zn_3(PO_4)_4$	32.04	9.0×10^{-33}
V(钒)	—	—	$\alpha-ZnS$	23.8	1.6×10^{-24}
$VO(OH)_2$	22.13	5.9×10^{-23}	$\beta-ZnS$	21.6	2.5×10^{-22}
$(VO_3)PO_4$	24.1	8.0×10^{-25}	$Zn[Hg(SCN)_4]$	6.66	2.2×10^{-7}
$Pb[Fe(CN)_6]$	14.46	3.5×10^{-15}			

注：表中数据适用于 $T = 18 \sim 25$ ℃的变化范围，按阳离子元素符号的英文字母的顺序排列。

附录7　常见金属离子沉淀时的 pH 值

1. 金属氢氧化物沉淀的 pH 值(包括形成氢氧配离子的大约值)

氢氧化物	开始沉淀时的 pH 值		沉淀完全时的 pH 值(残留离子浓度 $< 10^{-5}$ mol·L^{-1})	沉淀开始溶解时的 pH 值	沉淀完全溶解时的 pH 值
	初始浓度$[M^{n+}]$为 1 mol·L^{-1}	初始浓度$[M^{n+}]$为 0.01 mol·L^{-1}			
$Sn(OH)_4$	0	0.5	1	13	15
$TiO(OH)_2$	0	0.5	2	—	—
$Sn(OH)_2$	0.9	2.1	4.7	10	13.5
$ZrO(OH)_2$	1.3	2.3	3.8	—	—
HgO	1.3	2.4	5	11.5	—
$Fe(OH)_3$	1.5	2.3	4.1	14	—
$Al(OH)_3$	3.3	4	5.2	7.8	10.8
$Cr(OH)_3$	4	4.9	6.8	12	15
$Be(OH)_2$	5.2	6.2	8.8	—	—
$Zn(OH)_2$	5.4	6.4	8	10.5	12 ~ 13
Ag_2O	6.2	8.2	11.2	12.7	—
$Fe(OH)_2$	6.5	7.5	9.7	13.5	—
$Co(OH)_2$	6.6	7.6	9.2	14.1	—
$Ni(OH)_2$	6.7	7.7	9.5	—	—
$Cd(OH)_2$	7.2	8.2	9.7	—	—
$Mn(OH)_2$	7.8	8.8	10.4	14	—
$Mg(OH)_2$	9.4	10.4	12.4	—	—
$Pb(OH)_2$	—	7.2	8.7	10	13
$Ce(OH)_4$	—	0.8	1.2	—	—
$Th(OH)_4$	—	0.5	—	—	—
$Tl(OH)_3$	—	~0.6	~1.6	—	—
H_2WO_4	—	~0	~0	—	—
H_2MoO_4	—	—	—	~8	~9
稀土	—	6.8 ~ 8.5	~9.5	—	—
H_2UO_4	—	3.6	5.1	—	—

2. 沉淀金属硫化物的 pH 值

pH 值	被 H_2S 所沉淀的金属
1	Cu, Ag, Hg, Pb, Bi, Cd, Rh, Pd, Os As, Au, Pt, sb, Ir. Ge, Se, Te, Mo
2 ~ 3	Zn, Ti, In, Ga
5 ~ 6	Co, Ni
>7	Mn, Fe

3. 溶液中硫化物能沉淀时的盐酸最高难度

硫化物	Ag_2S	HgS	CuS	Sb_2S_3	Bi_2S_3	SnS_2	CdS
盐酸浓度/ $(mol \cdot L^{-1})$	12	7.5	7.0	3.7	2.5	2.3	0.7

硫化物	PbS	SnS	ZnS	CoS	NiS	FeS	MnS
盐酸浓度/ $(mol \cdot L^{-1})$	0.35	0.30	0.02	0.001	0.001	0.000 1	0.000 08

附录 8　标准电极电势(298 K)

电极反应	E^{θ}/V
$Ag^+ + e^- \rightleftharpoons Ag$	0.799 6
$Ag^{2+} + e^- \rightleftharpoons Ag^+$	1.980
$AgAc + e^- \rightleftharpoons Ag + Ac^-$	0.643
$AgBr + e^- \rightleftharpoons Ag + Br^-$	0.071 33
$Ag_2C_2O_4 + 2e^- \rightleftharpoons 2Ag + C_2O_4^{2-}$	0.464 7
$AgCl + e^- \rightleftharpoons Ag + Cl^-$	0.222 33
$AgCN + e^- \rightleftharpoons Ag + CN^-$	−0.017
$Ag_2CO_3 + 2e^- \rightleftharpoons 2Ag + CO_3^{2-}$	0.47
$Ag_2CrO_4 + 2e^- \rightleftharpoons 2Ag + CrO_4^{2-}$	0.447
$AgF + e^- \rightleftharpoons Ag + F^-$	0.779
$Ag_4[Fe(CN)_6] + 4e^- \rightleftharpoons 4Ag + [Fe(CN)_6]^{4-}$	0.147 8
$AgI + e^- \rightleftharpoons Ag + I^-$	−0.152 24
$AgNO_2 + e^- \rightleftharpoons Ag + NO_2^-$	0.564
$Ag_2O + H_2O + 2e^- \rightleftharpoons 2Ag + 2OH^-$	0.342
$Ag_2O_3 + H_2O + 2e^- \rightleftharpoons 2Ag + 2OH^-$	0.739
$Ag^{3+} + 2e^- \rightleftharpoons Ag^+$	1.9
$Ag^{3+} + e^- \rightleftharpoons Ag^{2+}$	1.8
$Ag_2O_2 + 4H^+ + 2e^- \rightleftharpoons 2Ag^+ + 2H_2O$	1.802
$2AgO + H_2O + 2e^- \rightleftharpoons Ag_2O + 2OH^-$	0.607
$Ag_2S + 2e^- \rightleftharpoons 2Ag + S^{2-}$	−0.691
$Ag_2S + 2H^+ + 2e^- \rightleftharpoons 2Ag + H_2S$	−0.036 6
$AgSCN + e^- \rightleftharpoons Ag + SCN^-$	0.089 51
$Ag_2SO_4 + 2e^- \rightleftharpoons 2Ag + SO_4^{2-}$	0.654
$Al^{3+} + 3e^- \rightleftharpoons Al$	−1.662
$Al(OH)_3 + 3e^- \rightleftharpoons Al + 3OH^-$	−2.31
$Al(OH)_4^- + 3e^- \rightleftharpoons Al + 4OH^-$	−2.328
$H_2AlO_3^- + H_2O + 3e^- \rightleftharpoons Al + 4OH^-$	−2.33

续表

电极反应	E^{θ}/V
$AlF_6^{3-} + 3e^- \rightleftharpoons Al + 6F^-$	−2.069
$Ba^{2+} + 2e^- \rightleftharpoons Ba$	−2.912
$Ba(OH)_2 + 2e^- \rightleftharpoons Ba + 2OH^-$	−2.99
$Bi^{3+} + 3e^- \rightleftharpoons Bi$	0.308
$BiCl_4^- + 3e^- \rightleftharpoons Bi + 4Cl^-$	0.16
$Bi_2O_3 + 3H_2O + 6e^- \rightleftharpoons 2Bi + 6OH^-$	−0.46
$BiO^+ + 2H^+ + 3e^- \rightleftharpoons Bi + H_2O$	0.320
$Br_2(aq) + 2e^- \rightleftharpoons 2Br^-$	1.087 3
$Br_2(l) + 2e^- \rightleftharpoons 2Br^-$	1.066
$HBrO + H^+ + 2e^- \rightleftharpoons Br^- + H_2O$	1.331
$HBrO + H^+ + e^- \rightleftharpoons \frac{1}{2}Br_2(aq) + H_2O$	1.574
$HBrO + H^+ + e^- \rightleftharpoons \frac{1}{2}Br_2(l) + H_2O$	1.596
$BrO^- + H_2O + 2e^- \rightleftharpoons Br^- + 2OH^-$	0.761
$BrO_3^- + 6H^+ + 6e^- \rightleftharpoons Br^- + 3H_2O$	1.423
$BrO_3^- + 6H^+ + 5e^- \rightleftharpoons \frac{1}{2}Br_2 + H_2O$	1.482
$BrO_3^- + 3H_2O + 6e^- \rightleftharpoons Br^- + 6OH^-$	0.61
$Ca^{2+} + 2e^- \rightleftharpoons Ca$	−2.868
$Ca(OH)_2 + 2e^- \rightleftharpoons Ca + 2OH^-$	−3.02
甘汞电极，饱和 KCl(SCE)	0.241 2
$Cd^{2+} + 2e^- \rightleftharpoons Cd$	−0.403 0
$[Cd(OH)_4^{2-}] + 2e^- \rightleftharpoons Cd + 4OH^-$	−0.658
$Cl_2(g) + 2e^- \rightleftharpoons 2Cl^-$	1.358 27
$HClO + H^+ + e^- \rightleftharpoons \frac{1}{2}Cl_2 + H_2O$	1.611
$HClO + H^+ + 2e^- \rightleftharpoons Cl^- + H_2O$	1.482
$ClO^- + H_2O + 2e^- \rightleftharpoons Cl^- + 2OH^-$	0.81
$ClO_2 + H^+ + e^- \rightleftharpoons HClO_2$	1.277
$HClO_2 + 2H^+ + 2e^- \rightleftharpoons HClO + H_2O$	1.645

续表

电极反应	E^{θ}/V
$HClO_2 + 3H^+ + 3e^- \Longleftrightarrow \frac{1}{2}Cl_2 + 2H_2O$	1.628
$HClO_2 + 3H^+ + 4e^- \Longleftrightarrow Cl^- + 2H_2O$	1.570
$ClO_2^- + H_2O + 2e^- \Longleftrightarrow ClO^- + 2OH^-$	0.66
$ClO_2^- + 2H_2O + 4e^- \Longleftrightarrow Cl^- + 4OH^-$	0.76
$ClO_2(aq) + e^- \Longleftrightarrow ClO_2^-$	0.954
$ClO_3^- + 2H^+ + e^- \Longleftrightarrow ClO_2 + H_2O$	1.152
$ClO_3^- + 3H^+ + 2e^- \Longleftrightarrow HClO_2 + H_2O$	1.214
$ClO_3^- + H_2O + 2e^- \Longleftrightarrow ClO_2^- + 2OH^-$	0.33
$ClO_3^- + 6H^+ + 5e^- \Longleftrightarrow \frac{1}{2}Cl_2 + 3H_2O$	1.47
$ClO_3^- + 6H^+ + 6e^- \Longleftrightarrow Cl^- + 3H_2O$	1.451
$ClO_3^- + 3H_2O + 6e^- \Longleftrightarrow Cl^- + 6OH^-$	0.62
$ClO_4^- + 2H^+ + 2e^- \Longleftrightarrow ClO_3^- + H_2O$	1.189
$ClO_4^- + 8H^+ + 7e^- \Longleftrightarrow \frac{1}{2}Cl_2 + 4H_2O$	1.39
$ClO_4^- + 8H^+ + 8e^- \Longleftrightarrow Cl^- + 4H_2O$	1.389
$ClO_4^- + H_2O + 2e^- \Longleftrightarrow ClO_3^- + 2OH^-$	0.36
$Co^{2+} + 2e^- \Longleftrightarrow Co$	-0.28
$Co^{3+} + e^- \Longleftrightarrow Co^{2+}$	1.92
$[Co(NH_3)_6]^{3+} + e^- \Longleftrightarrow [Co(NH_3)_6]^{2+}$	0.108
$Co(OH)_2 + 2e^- \Longleftrightarrow Co + 2OH^-$	-0.73
$Co(OH)_3 + e^- \Longleftrightarrow Co(OH)_2 + OH^-$	0.17
$Cr^{2+} + 2e^- \Longleftrightarrow Cr$	-0.913
$Cr^{3+} + e^- \Longleftrightarrow Cr^{2+}$	-0.407
$Cr^{3+} + 3e^- \Longleftrightarrow Cr$	-0.744
$Cr_2O_7^{2-} + 14H^+ + 6e^- \Longleftrightarrow 2Cr^{3+} + 7H_2O$	1.232
$CrO_2^- + 2H_2O + 3e^- \Longleftrightarrow Cr + 4OH^-$	-1.2
$HCrO_4^- + 7H^+ + 3e^- \Longleftrightarrow Cr^{3+} + 4H_2O$	1.350
$CrO_2 + 4H^+ + e^- \Longleftrightarrow Cr^{3+} + 2H_2O$	1.48

电极反应	E^{θ}/V
$CrO_4^{2-} + 4H_2O + 3e^- \Longrightarrow Cr(OH)_3 + 5OH^-$	-0.13
$Cr(OH)_3 + 3e^- \Longrightarrow Cr + 3OH^-$	-1.48
$Cu^+ + e^- \Longrightarrow Cu$	0.521
$Cu^{2+} + e^- \Longrightarrow Cu^+$	0.153
$Cu^{2+} + 2e^- \Longrightarrow Cu$	$0.341\ 9$
$Cu^{3+} + e^- \Longrightarrow Cu^{2+}$	2.4
$Cu_2O_3 + 6H^+ + 2e^- \Longrightarrow 2Cu^{2+} + 3H_2O$	2.0
$Cu^{2+} + 2CN^- + e^- \Longrightarrow [Cu(CN)_2]^-$	1.103
$CuI_2^- + e^- \Longrightarrow Cu + 2I^-$	0.00
$Cu_2O + H_2O + 2e^- \Longrightarrow 2Cu + 2OH^-$	-0.360
$Cu(OH)_2 + 2e^- \Longrightarrow Cu + 2OH^-$	-0.222
$2Cu(OH)_2 + 2e^- \Longrightarrow Cu_2O + 2OH^- + H_2O$	-0.080
$Fe^{2+} + 2e^- \Longrightarrow Fe$	-0.447
$Fe^{3+} + 3e^- \Longrightarrow Fe$	-0.037
$Fe^{3+} + e^- \Longrightarrow Fe^{2+}$	0.771
$Fe_2O_3 + 4H^+ + 2e^- \Longrightarrow 2FeOH^+ + H_2O$	0.16
$[Fe(CN)_6]^{3-} + e^- \Longrightarrow [Fe(CN)_6]^{4-}$	0.358
$Fe(OH)_3 + e^- \Longrightarrow Fe(OH)_2 + OH^-$	-0.56
$2H^+ + 2e^- \Longrightarrow H_2$	$0.000\ 00$
$H_2 + 2e^- \Longrightarrow 2H^-$	-2.23
$H_2O + H^+ + e^- \Longrightarrow H_2O_2$	1.495
$2H_2O + 2e^- \Longrightarrow H_2 + 2OH^-$	$-0.827\ 7$
$H_2O_2 + 2H^+ + 2e^- \Longrightarrow 2H_2O$	1.776
$Hg^{2+} + 2e^- \Longrightarrow Hg$	0.851
$2Hg^{2+} + 2e^- \Longrightarrow Hg_2^{2+}$	0.920
$Hg_2^{2+} + 2e^- \Longrightarrow 2Hg$	$0.797\ 3$
$Hg_2Br_2 + 2e^- \Longrightarrow 2Hg + 2Br^-$	$0.139\ 23$
$Hg_2Cl_2 + 2e^- \Longrightarrow 2Hg + 2Cl^-$	$0.268\ 08$
$Hg_2I_2 + 2e^- \Longrightarrow 2Hg + 2I^-$	$-0.040\ 5$

电极反应	E^{θ}/V
$Hg_2O + H_2O + 2e^- \Longrightarrow 2Hg + 2OH^-$	0.123
$HgO + H_2O + 2e^- \Longrightarrow Hg + 2OH^-$	0.097 7
$Hg(OH)_2 + 2H^+ + 2e^- \Longrightarrow Hg + 2H_2O$	1.034
$Hg_2SO_4 + 2e^- \Longrightarrow 2Hg + SO_4^{2-}$	0.612 5
$I_2 + 2e^- \Longrightarrow 2I^-$	0.535 5
$I_3^- + 2e^- \Longrightarrow 3I^-$	0.536
$H_3IO_6^{2-} + 2e^- \Longrightarrow IO_3^- + 3OH^-$	0.7
$H_5IO_6 + H^+ + 2e^- \Longrightarrow IO_3^- + 3H_2O$	1.601
$2HIO + 2H^+ + 2e^- \Longrightarrow I_2 + 2H_2O$	1.439
$HIO + H^+ + 2e^- \Longrightarrow I^- + H_2O$	0.987
$IO^- + H_2O + 2e^- \Longrightarrow I^- + 2OH^-$	0.485
$2IO_3^- + 12H^+ + 10e^- \Longrightarrow I_2 + 6H_2O$	1.195
$IO_3^- + 6H^+ + 6e^- \Longrightarrow I^- + 3H_2O$	1.085
$K^+ + e^- \Longrightarrow K$	-2.931
$Mg^+ + e^- \Longrightarrow Mg$	-2.70
$Mg^{2+} + 2e^- \Longrightarrow Mg$	-2.372
$Mg(OH)_2 + 2e^- \Longrightarrow Mg + 2OH^-$	-2.690
$Mn^{2+} + 2e^- \Longrightarrow Mn$	-1.185
$Mn^{3+} + e^- \Longrightarrow Mn^{2+}$	1.541 5
$MnO_2 + 4H^+ + 2e^- \Longrightarrow Mn^{2+} + 2H_2O$	1.224
$MnO_4^- + e^- \Longrightarrow MnO_4^{2-}$	0.558
$MnO_4^- + 4H^+ + 3e^- \Longrightarrow MnO_2 + 2H_2O$	1.679
$MnO_4^- + 8H^+ + 5e^- \Longrightarrow Mn^{2+} + 4H_2O$	1.507
$MnO_4^- + 2H_2O + 3e^- \Longrightarrow MnO_2 + 4OH^-$	0.595
$MnO_4^{2-} + 2H_2O + 2e^- \Longrightarrow MnO_2 + 4OH^-$	0.60
$Mn(OH)_2 + 2e^- \Longrightarrow Mn + 2OH^-$	-1.56
$Mn(OH)_3 + e^- \Longrightarrow Mn(OH)_2 + OH^-$	0.15
$Mn_2O_3 + 6H^+ + e^- \Longrightarrow Mn^{2+} + 3H_2O$	1.485

续表

电极反应	E^{θ}/V
$3N_2 + 2H^+ + 2e^- \rightleftharpoons 2HN_3$	-3.09
$N_2O + 2H^+ + 2e^- \rightleftharpoons N_2 + H_2O^{\cdot}$	1.766
$N_2O_4 + 2e^- \rightleftharpoons 2NO_2^-$	0.867
$N_2O_4 + 2H^+ + 2e^- \rightleftharpoons 2HNO_2$	1.065
$N_2O_4 + 4H^+ + 4e^- \rightleftharpoons 2NO + 2H_2O$	1.035
$2NO + 2H^+ + 2e^- \rightleftharpoons N_2O + H_2O$	1.591
$2NO + H_2O + 2e^- \rightleftharpoons N_2O + 2OH^-$	0.76
$HNO_2 + H^+ + e^- \rightleftharpoons NO + H_2O$	0.983
$2HNO_2 + 4H^+ + 4e^- \rightleftharpoons N_2O + 3H_2O$	1.297
$NO_2^- + H_2O + 3e^- \rightleftharpoons NO + 2OH^-$	-0.46
$NO_3^- + 3H^+ + 2e^- \rightleftharpoons HNO_2 + H_2O$	0.934
$NO_3^- + 4H^+ + 3e^- \rightleftharpoons NO + 2H_2O$	0.957
$2NO_3^- + 4H^+ + 2e^- \rightleftharpoons N_2O_4 + 2H_2O$	0.803
$NO_3^- + H_2O + 2e^- \rightleftharpoons NO_2^- + 2OH^-$	0.01
$2NO_3^- + 2H_2O + 2e^- \rightleftharpoons N_2O_4 + 4OH^-$	-0.85
$Na^+ + e^- \rightleftharpoons Na$	-2.71
$Ni^{2+} + 2e^- \rightleftharpoons Ni$	-0.257
$Ni(OH)_2 + 2e^- \rightleftharpoons Ni + 2OH^-$	-0.72
$NiO_2 + 4H^+ + 2e^- \rightleftharpoons Ni^{2+} + 2H_2O$	1.678
$NiO_2 + 2H_2O + 2e^- \rightleftharpoons Ni(OH)_2 + 2OH^-$	-0.490
$O_2 + 2H^+ + 2e^- \rightleftharpoons H_2O_2$	0.659
$O_2 + 4H^+ + 4e^- \rightleftharpoons 2H_2O$	1.229
$O_2 + H_2O + 2e^- \rightleftharpoons HO_2^- + OH^-$	-0.076
$O_2 + 2H_2O + 4e^- \rightleftharpoons 4OH^-$	0.401
$O_3 + 2H^+ + 2e^- \rightleftharpoons O_2 + 2H_2O$	2.076
$O_3 + H_2O + 2e^- \rightleftharpoons O_2 + 2OH^-$	1.24
$\frac{1}{2}O_2(g) + 2H^+ + 2e^- \rightleftharpoons H_2O$	2.421
$P(红) + 3H^+ + 3e^- \rightleftharpoons PH_3(g)$	-0.111

续表

电极反应	E^{θ}/V
P(白) + 3H$^+$ + 3e$^-$ $\Longrightarrow$ PH$_3$(g)	-0.063
P + 3H$_2$O + 3e$^-$ $\Longrightarrow$ PH$_3$(g) + 3OH$^-$	-0.87
H$_3$PO$_2$ + H$^+$ + 3e$^-$ $\Longrightarrow$ P + 2H$_2$O	-0.508
H$_3$PO$_3$ + 2H$^+$ + 2e$^-$ $\Longrightarrow$ H$_3$PO$_2$ + H$_2$O	-0.499
H$_3$PO$_3$ + 3H$^+$ + 3e$^-$ $\Longrightarrow$ P + 3H$_2$O	-0.454
HPO$_3^{2-}$ + 2H$_2$O + 2e$^-$ $\Longrightarrow$ H$_2$PO$_2^-$ + 3OH$^-$	-1.65
HPO$_3^{2-}$ + 2H$_2$O + 3e$^-$ $\Longrightarrow$ P + 5OH$^-$	-1.71
H$_3$PO$_4$ + 2H$^+$ + 2e$^-$ $\Longrightarrow$ H$_3$PO$_3$ + H$_2$O	-0.276
PO$_4^{3-}$ + 2H$_2$O + 2e$^-$ $\Longrightarrow$ HPO$_3^{2-}$ + 3OH$^-$	-1.05
Pb^{2+} + 2e$^-$ $\Longrightarrow$ Pb	-0.126 2
PbBr$_2$ + 2e$^-$ $\Longrightarrow$ Pb + 2Br$^-$	-0.284
PbCl$_2$ + 2e$^-$ $\Longrightarrow$ Pb + 2Cl$^-$	-0.267 5
PbF$_2$ + 2e$^-$ $\Longrightarrow$ Pb + 2F$^-$	-0.344 4
PbHPO$_4$ + 2e$^-$ $\Longrightarrow$ Pb + HPO$_4^{2-}$	-0.465
PbI$_2$ + 2e$^-$ $\Longrightarrow$ Pb + 2I$^-$	-0.365
PbO + H$_2$O + 2e$^-$ $\Longrightarrow$ Pb + 2OH$^-$	-0.580
PbO$_2$ + 4H$^+$ + 2e$^-$ $\Longrightarrow$ Pb^{2+} + 2H$_2$O	1.455
HPbO$_2^-$ + H$_2$O + 2e$^-$ $\Longrightarrow$ Pb + 3OH$^-$	-0.537
PbO$_2$ + H$_2$O + 2e$^-$ $\Longrightarrow$ PbO + 2OH$^-$	0.247
PbO$_2$ + SO$_4^{2-}$ + 4H$^+$ + 2e$^-$ $\Longrightarrow$ PbSO$_4$ + 2H$_2$O	1.691 3
PbSO$_4$ + 2e$^-$ $\Longrightarrow$ Pb + SO$_4^{2-}$	-0.358 8
PbSO$_4$ + 2e$^-$ $\Longrightarrow$ Pb(Hg) + SO$_4^{2-}$	-0.350 5
S + 2e$^-$ $\Longrightarrow$ S^{2-}	-0.476 27
S + 2H$^+$ + 2e$^-$ $\Longrightarrow$ H$_2$S(aq)	0.142
S + H$_2$O + 2e$^-$ $\Longrightarrow$ SH$^-$ + OH$^-$	-0.478
2S + 2e$^-$ $\Longrightarrow$ S$_2^{2-}$	-0.428 36
S$_2$O$_6^{2-}$ + 4H$^+$ + 2e$^-$ $\Longrightarrow$ 2H$_2$SO$_3$	0.564
S$_2$O$_8^{2-}$ + 2e$^-$ $\Longrightarrow$ 2SO$_4^{2-}$	2.010

电极反应	E^{θ}/V
$S_4O_6^{2-} + 2e^- \Longrightarrow 2S_2O_3^{2-}$	0.08
$H_2SO_3 + 4H^+ + 4e^- \Longrightarrow S + 3H_2O$	0.449
$SO_4^{2-} + 4H^+ + 2e^- \Longrightarrow H_2SO_3 + H_2O$	0.172
$2SO_4^{2-} + 4H^+ + 2e^- \Longrightarrow S_2O_6^{2-} + H_2O$	-0.22
$SO_4^{2-} + H_2O + 2e^- \Longrightarrow SO_3^{2-} + 2OH^-$	-0.93
$Sb + 3H^+ + 3e^- \Longrightarrow SbH_3$	-0.510
$Sb_2O_3 + 6H^+ + 6e^- \Longrightarrow 2Sb + 3H_2O$	0.152
$SbO_2^- + 2H_2O + 3e^- \Longrightarrow Sb + 4OH^-$	-0.66
$SbO_3^- + H_2O + 2e^- \Longrightarrow SbO_2^- + 2OH^-$	-0.59
$Sn^{2+} + 2e^- \Longrightarrow Sn$	-0.137 5
$Sn^{4+} + 2e^- \Longrightarrow Sn^{2+}$	0.151
$SnO_2 + 4H^+ + 2e^- \Longrightarrow Sn^{2+} + 2H_2O$	-0.094
$SnO_2 + 4H^+ + 4e^- \Longrightarrow Sn + 2H_2O$	-0.117
$SnO_2 + 3H^+ + 2e^- \Longrightarrow SnOH^+ + H_2O$	-0.194
$SnO_2 + H_2O + 4e^- \Longrightarrow Sn + 4OH^-$	-0.945
$HSnO_2^- + H_2O + 2e^- \Longrightarrow Sn + 3OH^-$	-0.909
$Sn(OH)_6^{2-} + 2e^- \Longrightarrow HSnO_2^- + 3OH^- + H_2O$	-0.93
$Zn^{2+} + 2e^- \Longrightarrow Zn$	-0.761 8
$ZnO_2^{2-} + 2H_2O + 2e^- \Longrightarrow Zn + 4OH^-$	-1.251
$Zn(OH)_4^{2-} + 2e^- \Longrightarrow Zn + 4OH^-$	-1.199
$Zn(OH)_2 + 2e^- \Longrightarrow Zn + 2OH^-$	-1.249
$Zn + H_2O + 2e^- \Longrightarrow Zn + 2OH^-$	-1.260

注：本表所列为 298 K、101.325 kPa 时的标准电极电势 E^{θ}，以元素符号的英文字母顺序编排。

附录9 一些金属配合物的稳定常数 $\lg \beta_i$

（离子强度为 0，温度为 293~298 K）

配体	中心离子	$\lg \beta_1$	$\lg \beta_2$	$\lg \beta_3$	$\lg \beta_4$	$\lg \beta_5$	$\lg \beta_6$
NH_3	Cd	2.65	4.75	6.19	7.12	6.80	5.14
	Co(Ⅱ)	2.11	3.74	4.79	5.55	5.73	5.11
	Co(Ⅲ)	6.7	14.0	20.1	25.7	30.8	35.2
	Cu(Ⅰ)	5.93	10.86	—	—	—	—
	Cu(Ⅱ)	4.31	7.98	11.02	13.32	12.86	
	Fe(Ⅱ)	1.4	2.2	—	—	—	—
	Mn(Ⅱ)	0.8	1.3	—	—	—	—
	Hg(Ⅱ)	8.8	17.5	18.5	19.28	—	—
	Ni	2.80	5.04	6.77	7.96	8.71	8.74
	Pt(Ⅱ)	—	—	—	—	—	35.3
	Ag(Ⅰ)	3.24	7.05	—	—	—	—
	Zn	2.37	4.81	7.31	9.46	—	—
F^-	Al	6.01	11.15	15.00	17.75	19.37	19.84
	Fe(Ⅲ)	5.28	9.30	12.06	—	—	—
OH^-	Al	9.27	—	—	—	—	—
	Sb(Ⅲ)	—	24.3	36.7	—	—	—
	Cr(Ⅲ)	10.1	17.8	—	—	—	—
	Cu(Ⅱ)	7.0	13.68	17.00	18.5	—	—
	Pb(Ⅱ)	7.82	10.85	14.58	—	—	61.0
	Zn	4.40	11.30	14.14	17.66	—	—
Cl^-	Sb(Ⅲ)	2.26	3.49	4.18	4.72	—	—
	Bi(Ⅲ)	—	4.7	5.0	5.6	—	—
	Cu	—	5.5	5.7	—	—	—
	Fe(Ⅱ)	1.17	—	—	—	—	—
	Fe(Ⅲ)	1.48	2.13	1.99	0.01	—	—
	Pb	1.62	2.44	1.70	1.60	—	—
	Hg(Ⅱ)	6.74	13.22	14.07	15.07	—	—

配体	中心离子	$\lg \beta_1$	$\lg \beta_2$	$\lg \beta_3$	$\lg \beta_4$	$\lg \beta_5$	$\lg \beta_6$
Cl^-	Pt(Ⅱ)	—	11.5	15.5	16.0	—	—
	Ag	3.04	—	—	5.30	—	—
	Sn(Ⅱ)	1.51	2.24	2.03	1.48	—	—
	Zn	0.43	0.61	0.53	0.20	—	—
	Cd	—	—	—	2.78	—	—
CN^-	Cd	5.48	10.60	15.23	18.78	—	—
	Cu	—	24.0	28.59	30.30	—	—
	Au	38.3	—	—	—	—	—
	Fe(Ⅱ)	—	—	—	—	—	35
	Fe(Ⅲ)	—	—	—	—	—	42
	Hg(Ⅱ)	—	—	—	41.4	—	—
	Ni	—	—	—	31.3	—	—
	Ag(Ⅰ)	—	21.1	21.7	20.6	—	—
	Zn	—	—	—	16.7	—	—
SO_3^{2-}	Cu(Ⅰ)	7.5	8.5	9.2	—	—	—
	Hg(Ⅱ)	—	22.66	—	—	—	—
	Ag	5.30	7.35	—	—	—	—
SCN^-	Bi	1.15	2.26	3.41	4.23	—	—
	Cd	1.39	1.98	2.58	3.6	—	—
	Co(Ⅱ)	-0.04	-0.70	0	3.00	—	—
	Cu(Ⅰ)	12.11	5.18	—	—	—	—
	Au(Ⅰ)	—	23	—	42	—	—
	Fe(Ⅲ)	2.95	3.36	—	—	—	—
	Hg(Ⅱ)	—	17.47	—	21.23	—	—
$S_2O_3^{2-}$	Cd	3.92	6.44	—	—	—	—
	Cu(Ⅰ)	10.27	12.22	13.84	—	—	—
	Pb	—	5.13	6.35	—	—	—
	Hg(Ⅱ)	—	29.44	31.90	33.24	—	—
	Ag	8.82	13.46	—	—	—	—
I^-	Bi	3.63	—	—	14.95	16.80	18.80
	Cd	2.10	3.43	4.49	5.41	—	—

续表

配体	中心离子	lg β_1	lg β_2	lg β_3	lg β_4	lg β_5	lg β_6
I⁻	Cu（Ⅰ）	—	8.58	—	—	—	—
	Bi	3.63	—	—	14.95	16.80	18.80
	Cd	2.10	3.43	4.49	5.41	—	—
	Cu（Ⅰ）	—	8.58	—	—	—	—
	I	2.89	5.79	—	—	—	—
	Pb	2.00	3.15	3.29	4.47	—	—
	Hg（Ⅱ）	12.87	23.82	27.60	29.83	—	—
	Ag	6.58	11.74	13.68	—	—	—
Br⁻	Cd	1.75	2.34	3.32	3.70	—	—
	Cu（Ⅰ）	—	5.89	—	—	—	—
	Au（Ⅰ）	—	12.46	—	—	—	—
	Hg（Ⅱ）	—	17.32	—	21.00	—	—
	Pt（Ⅰ）	—	—	—	20.5	—	—
	Ag（Ⅰ）	4.38	7.33	8.00	8.73	—	—
CH₃COOH	Ag（Ⅰ）	0.73	0.64	—	—	—	—
	Hg（Ⅱ）	—	8.43	—	—	—	—
	Mg（Ⅱ）	0.8	—	—	—	—	—
	Mn（Ⅱ）	9.84	2.06	—	—	—	—
	Pb（Ⅱ）	2.52	4.0	6.4	8.5	—	—
H₂C₂O₄	Ag	2.41	—	—	—	—	—
	Al	7.26	13.0	16.3	—	—	—
	Ba	2.31	—	—	—	—	—
	Ca	3.0	—	—	—	—	—
	Cd	3.52	5.77	—	—	—	—
	Co（Ⅱ）	4.79	6.7	9.7	—	—	—
	Co（Ⅲ）	—	—	~20	—	—	—
	Cu（Ⅱ）	6.16	8.5	—	—	—	—
	Fe（Ⅱ）	2.9	4.52	5.22	—	—	—
	Fe（Ⅲ）	9.4	16.2	20.2	—	—	—
	Hg（Ⅱ）	—	6.98	—	—	—	—
	Mg	3.43	4.38	—	—	—	—

配体	中心离子	$\lg \beta_1$	$\lg \beta_2$	$\lg \beta_3$	$\lg \beta_4$	$\lg \beta_5$	$\lg \beta_6$
$H_2C_2O_4$	Mn(Ⅱ)	3.97	5.80	—	—	—	—
	Ni	5.3	7.64	~8.5	—	—	—
	Sr	2.54	—	—	—	—	—
	Zn	4.89	7.06	—	—	—	—
$H_6C_4O_6$（酒石酸）	Ba	—	1.62	—	—	—	—
	Bi	—	—	8.30	—	—	—
	Ca	2.98	9.01	—	—	—	—
	Cd	2.8	—	—	—	—	—
	Co(Ⅱ)	2.1	—	—	—	—	—
	Cu(Ⅱ)	3.2	5.11	4.78	6.51	—	—
	Fe	7.49	—	—	—	—	—
	Mg	—	1.36	—	—	—	—
	Sr	1.60	—	—	—	—	—
	Zn	2.68	8.32	—	—	—	—
1,2-乙二胺-N,N,N,N-四乙酸(EDTA)	Ag	7.32	—	—	—	—	—
	Al	16.11	—	—	—	—	—
	Ba	7.78	—	—	—	—	—
	Bi	22.8	—	—	—	—	—
	Ca	11.0	—	—	—	—	—
	Cd	16.4	—	—	—	—	—
	Co(Ⅱ)	16.31	—	—	—	—	—
	Cr(Ⅲ)	23	—	—	—	—	—
	Cu(Ⅱ)	18.7	—	—	—	—	—
	Fe(Ⅱ)	14.33	—	—	—	—	—
	Fe(Ⅲ)	24.23	—	—	—	—	—
	Hg(Ⅱ)	21.80	—	—	—	—	—
	Mg	8.64	—	—	—	—	—
	Mn(Ⅱ)	13.8	—	—	—	—	—
	Na	1.66	—	—	—	—	—
	Ni	18.56	—	—	—	—	—
	Pb	18.3	—	—	—	—	—
	Sn(Ⅱ)	22.1	—	—	—	—	—

附录10　某些离子和化合物的颜色

1. 无色离子

阳离子：Na^+、K^+、NH_4^+、Mg^{2+}、Ca^{2+}、S^{2+}、Ba^{2+}、Al^{3+}、Sn^{2+}、Sn^{4+}、Pb^{2+}、Bi^{3+}、Ag^+、Zn^{2+}、Cd^{2+}、Hg_2^{2+}、Hg^{2+}等。

阴离子：$B(OH)_4^-$、$B_4O_7^{2-}$、$C_2O_4^{2-}$、Ac^-、CO_3^{2-}、SiO_3^{2-}、NO_3^-、NO_2^-、PO_4^{3-}、AsO_3^{3-}、AsO_4^{3-}、$[SbCl_6]^{3-}$、$[SbCl_6]^-$、SO_3^{2-}、SO_4^{2-}、$S_2O_3^{2-}$、F^-、Cl^-、ClO_3^{2-}、Br^-、BrO_3^-、I^-、SCN^-、$[CuCl_2]^-$、TiO^{2+}、VO_3^-、VO_4^{3-}、MoO_4^{2-}、WO_4^{2-}等。

2. 离子的颜色

附录10 表1　离子的颜色

离子	颜色	离子	颜色	离子	颜色
$[Cu(H_2O)_4]^{2+}$	浅蓝色	$[Cr(H_2O)_5Cl]^{2+}$	浅绿色	$[Ni(NH_3)_6]^{2+}$	蓝色
$[CuCl_4]^{2-}$	黄色	$[Cr(H_2O)_4Cl_2]^+$	暗绿色	$[Fe(H_2O)_6]^{2+}$	浅绿色
$[Cu(NH_3)_4]^{2+}$	深蓝色	$[Cr(NH_3)_2(H_2O)_4]^{3+}$	紫红色	$[Fe(H_2O)_6]^{3+}$	浅紫色
$[Ti(H_2O)_6]^{3+}$	紫色	$[Cr(NH_3)_3(H_2O)_3]^{3+}$	浅红色	$[Fe(CN)_6]^{4-}$	黄色
$[TiCl(H_2O)_5]^{2+}$	绿色	$[Cr(NH_3)_4(H_2O)_2]^{3+}$	橙红色	$[Fe(CN)_6]^{3-}$	浅橘黄色
$[TiO(H_2O_2)]^{2+}$	橘黄色	$[Cr(NH_3)_5(H_2O)]^{2+}$	橙黄色	$[Fe(NCS)_n]^{3-}$	血红色
$[V(H_2O)_6]^{2+}$	紫色	$[Cr(NH_3)_6]^{3+}$	黄色	$[Co(H_2O)_6]^{2+}$	粉红色
$[V(H_2O)_6]^{3+}$	绿色	CrO_2^-	绿色	$[Co(NH_3)_6]^{2+}$	黄色
VO^{2+}	蓝色	CrO_4^{2-}	黄色	$[Co(NH_3)_6]^{3+}$	橙黄色
VO_2^+	浅黄色	$Cr_2O_7^{2-}$	橙色	$[CoCl(NH_3)_5]^{2+}$	红紫色
$[VO_2(O_2)_2]^{3-}$	黄色	$[Mn(H_2O)_6]^{2+}$	肉色	$[Co(NH_3)_5H_2O]^{3+}$	粉红色
$[V(O_2)]^{3+}$	深红色	MnO_4^{2-}	绿色	$[Co(NH_3)_4CO_3]^+$	紫红色
$[Cr(H_2O)_6]^{2+}$	蓝色	MnO_4^-	紫红色	$[Co(CN)_6]^{3-}$	紫色
$[Cr(H_2O)_6]^{3+}$	紫色	$[Ni(H_2O)_6]^{2+}$	亮绿色	$[Co(SCN)_4]^{2-}$	蓝色

3. 化合物的颜色

附录10 表2　化合物的颜色

化合物	颜色	化合物	颜色	化合物	颜色
氧化物 Hg_2O	黑褐色	氢氧化物 $Zn(OH)_2$	白色	氯化物 $CoCl_2$	蓝色
V_2O_5	红棕色	$Pb(OH)_2$	白色	$CoCl_2 \cdot H_2O$	蓝紫色
CuO	黑色	$Mg(OH)_2$	白色	$CoCl_2 \cdot 2H_2O$	紫红色
HgO	红色或黄色	$Sn(OH)_2$	白色	$CoCl_2 \cdot 6H_2O$	粉红色
VO_2	深蓝色	$Sn(OH)_4$	白色	$FeCl_3 \cdot 6H_2O$	黄棕色
Cu_2O	暗红色	$Mn(OH)_2$	白色	$TiCl_3 \cdot 6H_2O$	紫色或绿色
TiO_2	白色	$Fe(OH)_2$	白色或苍绿色	$TiCl_2$	黑色
Cr_2O_3	绿色	$Fe(OH)_3$	红棕色	溴化物 $AgBr$	淡黄色
Ag_2O	暗棕色	$Cd(OH)_2$	白色	$AsBr$	浅黄色
VO	亮灰色	$Al(OH)_3$	白色	$CuBr_2$	黑紫色
CrO_3	红色	$Bi(OH)_3$	白色	碘化物 AgI	黄色
ZnO	白色	$Sb(OH)_3$	白色	Hg_2I_2	黄绿色
V_2O_3	黑色	$Cu(OH)_2$	浅蓝色	HgI_2	红色
MnO_2	棕褐色	$Cu(OH)$	黄色	PbI_2	黄色
CdO	棕红色	$Ni(OH)_2$	浅绿色	CuI	白色
MoO_2	铅灰色	$Ni(OH)_3$	黑色	SbI_3	红黄色
WO_2	棕红色	$Co(OH)_2$	粉红色	BiI_3	绿黑色
FeO	黑色	$Co(OH)_3$	褐棕色	TiI_4	暗棕色
Fe_2O_3	砖红色	$Cr(OH)_3$	灰绿色	卤酸盐 $Ba(IO_3)_2$	白色
Fe_3O_4	黑色	氯化物 $AgCl$	白色	$AgIO_3$	白色
CoO	灰绿色	Hg_2Cl_2	白色	$KClO_4$	白色
Co_2O_3	黑色	$PbCl_2$	白色	$AgBrO_3$	白色
NiO	暗绿色	$CuCl$	白色	硫化物 Ag_2S	灰黑色
Ni_2O_3	黑色	$CuCl_2$	棕色	HgS	红色或黑色
PbO	黄色	$CuCl_2 \cdot 2H_2O$	蓝色	PbS	黑色
Pb_3O_4	红色	$Hg(NH_2)Cl$	白色	CuS	黑色

化合物		颜色	化合物		颜色	化合物		颜色
硫化物	Cu_2S	黑色	碳酸盐	Ag_2CO_3	白色	草酸盐	CaC_2O_4	白色
	FeS	棕黑色		$CaCO_3$	白色		$Ag_2C_2O_4$	白色
	Fe_2S_3	黑色		$SrCO_3$	白色		$FeC_2O_4 \cdot 2H_2O$	黄色
	CoS	黑色		$BaCO_3$	白色	类卤化合物	$AgCN$	白色
	NiS	黑色		$MnCO_3$	白色		$Ni(CN)_2$	浅绿色
	Bi_2S_3	黑褐色		$CdCO_3$	白色		$Cu(CN)_2$	浅棕黄色
	SnS	褐色		$Zn_2(OH)_2CO_3$	白色		$CuCN$	白色
	SnS_2	金黄色		$BiOHCO_3$	白色		$AgSCN$	白色
	CdS	黄色		$Hg_2(OH)_2CO_3$	红褐色		$Cu(SCN)_2$	黑绿色
	Sb_2S_3	橙色		$Co_2(OH)_2CO_3$	红色	其他含氧酸盐	NH_4MgAsO_4	白色
	Sb_2S_5	橙红色		$Cu_2(OH)_2CO_3$	暗绿色		Ag_3AsO_4	红褐色
	MnS	肉色		$Ni_2(OH)_2CO_3$	浅绿色		$Ag_2S_2O_3$	白色
	ZnS	白色		$Ca_3(PO_4)_2$	白色		$BaSO_3$	白色
	As_2S_3	黄色		$CaHPO_4$	白色		$SrSO_3$	白色
硫酸盐	Ag_2SO_4	白色	磷酸盐	$Ba_3(PO_4)_2$	白色	其他化合物	$Fe^{III}[Fe^{II}(CN)_6]_3 \cdot xH_2O$	蓝色
	Hg_2SO_4	白色		$FePO_4$	浅黄色		$Cu_2[Fe(CN)_6]$	红褐色
	$PbSO_4$	白色		Ag_3PO_4	黄色		$Ag_3[Fe(CN)_6]$	橙色
	$CaSO_4 \cdot 2H_2O$	白色		$Mg(NH_4)PO_4$	白色		$Zn_3[Fe(CN)_6]_2$	黄褐色
	$SrSO_4$	白色	铬酸盐	Ag_2CrO_4	砖红色		$Co_2[Fe(CN)_6]$	绿色
	$BaSO_4$	白色		$PbCrO_4$	黄色		$Ag_4[Fe(CN)_6]$	黄色
	$[Fe(NO)]SO_4$	深棕色		$BaCrO_4$	黄色		$Zn_2[Fe(CN)_6]$	白色
	$Cu_2(OH)_2SO_4$	浅蓝色		$FeCrO_4 \cdot 2H_2O$	黄色		$K_3[Co(NO_2)_6]$	黄色
	$CoSO_4 \cdot 7H_2O$	蓝色	硅酸盐	$BaSiO_3$	白色		$K_2Na[Co(NO_2)_6]$	黄色
	$CSO_4 \cdot 2H_2O$	红色		$CuSiO_3$	蓝色		$(NH_4)_2Na[Co(NO_2)_6]$	黄色
	$Cr_2(SO_4)_3 \cdot 6H_2O$	绿色		$CoSiO_3$	紫色		$K_2[PtCl_6]$	黄色
	$Cr_2(SO_4)_3$	紫色或红色		$Fe_2(SiO_3)_3$	棕红色		$KHC_4H_4O_6$	白色
	$Cr_2(SO_4)_3 \cdot 18H_2O$	蓝紫色		$MnSiO_3$	肉色		$Na[Sb(OH)_6]$	白色
	$KCr(SO_4)_2 \cdot 12H_2O$	紫色		$NiSiO_3$	翠绿色		$Na_2[Fe(CN)_5NO] \cdot 2H_2O$	血红色
				$ZnSiO_3$	白色		$(NH_4)_2MoS_4$	血红色

附录 11　常见阴阳离子的鉴定

1. 常见阳离子的鉴定

附录 11 表 1　常见阳离子的鉴定

离子	鉴定方法	备注
Ag^+	取 2 滴试液，加 2 滴 $2\ mol \cdot L^{-1}$ HCl 溶液，若产生沉淀，离心分离，在沉淀上加 $6\ mol \cdot L^{-1}$ $NH_3 \cdot H_2O$ 溶液使沉淀溶解，再加 $6\ mol \cdot L^{-1}$ HNO_3 溶液酸化，白色沉淀又出现，说明有 Ag^+，反应式为 $Ag^+ + Cl^- \longrightarrow AgCl \downarrow$ $AgCl + 2NH_3 \cdot H_2O \longrightarrow [Ag(NH_3)_2]^+ + Cl^- + 2H_2O$ $[Ag(NH_3)_2]^+ + 2H^+ + Cl^- \longrightarrow AgCl \downarrow + 2NH_4^+$	
Al^{3+}	取 2 滴试液，加 2 滴铝试剂，微热，有红色沉淀出现，表示有 Al^{3+}，反应可在 $HAc-NH_4Ac$ 缓冲溶液中进行	
Ba^{2+}	在试液中加入 $0.2\ mol \cdot L^{-1}$ K_2CrO_4 溶液，生成黄色的 $BaCrO_4$ 沉淀，表示有 Ba^{2+}，可用 $K_2Cr_2O_7$ 溶液代替 K_2CrO_4 溶液	Sr^{2+} 对 Ba^{2+} 的鉴定有干扰，但 $SrCrO_4$ 与 $BaCrO_4$ 不同的是，$SrCrO_4$ 在醋酸中可溶解，所以应在醋酸存在下进行反应
Bi^{3+}	1. SnO_2^{2-} 将 Bi^{3+} 还原，生成金属铋（黑色沉淀），表示有 Bi^{3+}，反应式为 $2Bi(OH)_3 + 3SnO_2^{2-} \longrightarrow 2Bi \downarrow + 3SnO_3^{2-} + 3H_2O$ 取 2 滴试液，加入 2 滴 $0.2\ mol \cdot L^{-1}$ $SnCl_2$ 溶液和数滴 NaOH 溶液，溶液为碱性，观察有无黑色金属铋出现 2. $BiCl_3$ 溶液稀释，生成白色沉淀，表示有 Bi^{3+}，反应式为 $Bi^{3+} + H_2O + Cl^- \longrightarrow BiOCl \downarrow + 2H^+$	
Ca^{2+}	在试液中加入饱和 $(NH_4)_2C_2O_4$ 溶液，如有白色 CaC_2O_4 沉淀生成表示有 Ca^{2+}	沉淀不溶于醋酸，Ba^{2+}、Sr^{2+} 也与 $(NH_4)_2C_2O_4$ 生成同样的沉淀
Cd^{2+}	Cd^{2+} 与 S^{2-} 生成黄色沉淀的反应可作为 Cd^{2+} 鉴定反应；取 3 滴试液加入 Na_2S 溶液，产生黄色沉淀，表示有 Cd^{2+}	沉淀不溶于碱和硫化钠，过量的酸妨碍反应进行

续表

离子	鉴定方法	备注
Co^{2+}	1. 取 5 滴试液，加入 0.5 mL 丙酮，然后加入 1 $mol \cdot L^{-1}$ NH_4SCN 溶液，溶液显蓝色，表示有 Co^{2+} 2. 在 2 滴试液中加入 1 滴 3 $mol \cdot L^{-1}$ NH_4Ac 溶液，再加入 1 滴亚硝基 R 盐溶液。溶液呈红褐色，表示有 Co^{2+}	
Cr^{3+}	1. 在 2～3 滴试液中加入 4～5 滴 2 $mol \cdot L^{-1}$ NaOH 溶液和 2～3 滴 3% H_2O_2 溶液，加热，溶液颜色由绿变黄，表示有 CrO_4^{2-}。继续加热，直至过量的 H_2O_2 完全分解，冷却，用 6 $mol \cdot L^{-1}$ HAc 溶液酸化，加 2 滴 0.1 $mol \cdot L^{-1}$ $Pb(NO_3)_2$ 溶液，生成黄色 $PbCrO_4$ 沉淀，表示有 Cr^{3+} 2. 得到 CrO_4^{2-} 后除去过量 H_2O_2，用 HNO_3 酸化，加入数滴乙醚和 3% H_2O_2 溶液，乙醚层显蓝色，表示有 Cr^{3+}，反应式为 $$Cr_2O_7^{2-} + 4H_2O_2 + 2H^+ \longrightarrow 2CrO_5(\text{蓝色}) + 5H_2O$$	
Cu^{2+}	1. 与 $K_4[Fe(CN)_6]$ 的反应式为 $$2Cu^{2+} + [Fe(CN)_6]^{4-} \longrightarrow Cu_2[Fe(CN)_6] \downarrow (\text{红棕色})$$ 取 1 滴试液放在点滴板上，再加入 1 滴 $K_4[Fe(CN)_6]$ 溶液，有红棕色沉淀出现，表示有 Cu^{2+} 2. 与 $NH_3 \cdot H_2O$ 的反应式为 $$Cu^{2+} + 4NH_3 \longrightarrow [Cu(NH_3)_4]^{2+}(\text{深蓝色})$$ 取 5 滴试液，加入过量 $NH_3 \cdot H_2O$，溶液变为深蓝色，证明 Cu^{2+} 存在	沉淀不溶于稀酸，可在 HAc 存在下反应，沉淀溶于 $NH_3 \cdot H_2O$，还可被碱分解，反应式为 $$Cu_2[Fe(CN)_6] + 4OH^-$$ $$\longrightarrow 2Cu(OH)_2 \downarrow +$$ $$[Fe(CN)_6]^{4-}$$
Hg^{2+}	1. Hg^{2+} 可被铜置换，在铜片表面析出金属汞的灰色斑点，表示有 Hg^{2+}，反应式为 $$Hg^{2+} + Cu \longrightarrow Cu^{2+} + Hg$$ 2. 取 2 滴试液，加入过量 $SnCl_2$ 溶液，$SnCl_2$ 与汞盐作用首先生成白色 Hg_2Cl_2 沉淀，过量 $SnCl_2$ 将 Hg_2Cl_2 进一步还原成金属汞，逐渐变灰，说明有 Hg^{2+}，反应式为 $$2HgCl_2 + Sn^{2+} \longrightarrow Sn^{4+} + Hg_2Cl_2 \downarrow + 2Cl^-$$ $$Sn^{2+} + Hg_2Cl_2 \longrightarrow Sn^{4+} + 2Hg \downarrow + 2Cl^-$$	
Fe^{3+}	1. 向 2 滴试液中加入 2 滴 NH_4SCN 溶液生成血红色的 $Fe(SCN)_3$，证明有 Fe^{3+}（此反应可在点滴板上进行） 2. 将 1 滴试液放于点滴板上，加入 1 滴 $K_4[Fe(CN)_6]$ 溶液生成蓝色沉淀，表示有 Fe^{3+}	在适当酸度下进行，蓝色沉淀溶于强酸，强碱能分解生成的沉淀，若加入试剂太多，也会溶解沉淀

离子	鉴定方法	备注
K^+	钴亚硝酸钠 $Na_3[Co(NO_2)_6]$ 与钾盐生成黄色 $K_2Na[Co(NO_2)_6]$ 沉淀，反应可在点滴板上进行，1 滴试液加 2~3 滴试剂	强碱存在将试剂分解生成 $Co(OH)_3$ 沉淀。溶液呈强酸性时，应加入醋酸钠，以使强酸性转为弱酸性，防止沉淀溶解
Mg^{2+}	取几滴试液，加入少量镁试剂（对硝基苯偶氮间苯二酚），再加入 $NaOH$ 溶液使之呈碱性，若有 Mg^{2+}，则产生蓝色沉淀，Mg^{2+} 量少时溶液由红紫色变成蓝色	加入镁试剂后，溶液显黄色表示试液酸性太强，应加入碱液，镍、钴、镉的氢氧化物会与镁试剂作用，干扰镁的鉴定
Mn^{2+}	取 1 滴试液，加入数滴 6 $mol \cdot L^{-1}$ HNO_3 溶液，再加入 $NaBiO_3$ 固体，若有 Mn^{2+}，溶液应为红紫色	
Na^+	向 1 滴试液加入 8 滴醋酸铀酰锌试剂，用玻璃棒摩擦试管壁，如果溶液中有淡黄色结晶状醋酸铀酰锌钠 $[NaCH_3COO \cdot Zn(CH_3COO)_2 \cdot 3UO_2(CH_3COO)_2 \cdot 9H_2O]$ 沉淀出现，表示有 Na^+	1. 反应在中性或酸性溶液中进行 2. 大量 K^+ 存在会干扰测定，为降低 K^+ 浓度，可将试液稀释 2~3 倍
NH_4^+	1. 在表玻璃上放 5 滴试液，加入 5 滴 6 $mol \cdot L^{-1}$ $NaOH$ 溶液，立即把一凹面贴有湿润红色石蕊试纸（或 PH 试纸）的表玻璃盖上，然后放在水浴上加热，试纸呈碱性，表示有 NH_4^+ 2. 在点滴板上放 1 滴试液，加 2 滴奈斯勒试剂（$K_2[HgI_4]$ 与 KOH 的混合物），生成红棕色沉淀，表示有 NH_4^+	NH_4^+ 含量少时，不生成红棕色沉淀，得到黄色溶液
Ni^{2+}	在 2 滴试液中加入 2 滴二乙酰二肟（丁二肟）和 1 滴稀氨水生成红色丁二肟镍沉淀，说明有 Ni^{2+}	溶液 pH 值在 5~10 时发生反应，可在 HAc-NaAc 缓冲溶液中进行反应
Pb^{2+}	取 2 滴试液，加入 2 滴 0.1 $mol \cdot L^{-1}$ K_2CrO_4 溶液，生成 $PbCrO_4$ 黄色沉淀，表示有 Pb^{2+}	沉淀不溶于 HAc 溶液和 $NH_3 \cdot H_2O$，易溶于强碱，难溶于稀硝酸
Sb^{3+}	1. 在锡箔上放 1 滴试液，放置，生成金属锑的黑色斑点，表示有 Sb^{3+}，反应式为 $$2[SbCl_6]^{3-} + 3Sn \longrightarrow 2Sb\downarrow + 3Sn^{2+} + 12Cl^-$$ 2. 取 2 滴试液加入 0.4 g $Na_2S_2O_3$ 固体，在水浴上加热数分钟，橙红色的 Sb_2OS_2 沉淀出现，说明有 Sb^{3+}	若溶液酸性过强，会使试剂分解为 SO_2 和 S，应控制 pH 值在 6 左右

离子	鉴定方法	备注
Sn^{4+} Sn^{2+}	1. 在试液中放铝丝(或铁粉)，稍加热，反应 2 min，试液中若有 Sn^{4+}，则被还原为 Sn^{2+}，再加 2 滴 6 mol·L^{-1} HCl 溶液，鉴定按 2. 进行 2. 取 2 滴试液，加 1 滴 0.1 mol·L^{-1} HgCl$_2$ 溶液，生成白色 Hg$_2$Cl$_2$ 沉淀，说明有 Sn^{2+}	
Zn^{2+}	1. 取 3 滴试液用 2 mol·L^{-1} HAc 溶液酸化，再加入等体积的 (NH$_4$)$_2$[Hg(SCN)$_4$]溶液，摩擦试管壁，有白色沉淀生成，表示有 Zn^{2+}，反应式为 $$Zn^{2+} + [Hg(SCN)]^{2-} \longrightarrow ZnHg(SCN) \downarrow$$ 2. 在试管中放入 2 滴极稀的 CoCl$_2$(≤0.02%)，加入等体积 (NH$_4$)$_2$[Hg(SCN)$_4$]。用玻璃棒摩擦试管壁 0.5 min，若未生成蓝色沉淀，再加入 2 滴试液，再摩擦试管壁 0.5 min，这时产生蓝色或浅蓝色沉淀，表示有 Zn^{2+}，反应式为 $$Co^{2+} + [Hg(SCN)_4]^{2-} \longrightarrow CoHg(SCN)_4 \downarrow$$ $$Zn^{2+} + [Hg(SCN)_4]^{2-} \longrightarrow ZnHg(SCN)_4 \downarrow$$ 产生的沉淀为两种化合物的混晶，混合晶的颜色取决于 Zn^{2+} 的量而显浅蓝色或深蓝色。	有大量 Co^{2+} 存在会干扰反应，Ni^{2+} 和 Fe^{2+} 与试剂生成淡绿色沉淀；Fe^{3+} 与试剂生成紫色沉淀，Cu^{2+} 形成黄绿色沉淀，少量 Cu^{2+} 存在时，形成铜锌紫色混晶

2. 常见阴离子的鉴定

附录 11 表 2　常见阴离子的鉴定

离子	鉴定方法	备注
Cl^-	向 2 滴试液中加入 1 滴 2 mol·L^{-1} HNO$_3$ 溶液和 2 滴 0.1 mol·L^{-1} AgNO$_3$ 溶液生成白色沉淀，沉淀溶于 6 mol·L^{-1} NH$_3$·H$_2$O，再用 6 mol·L^{-1} HNO$_3$ 溶液酸化，又有白色沉淀出现，表示有 Cl^-	
Br^-	1. 取 2 滴试液，加入数滴 CCl$_4$，滴加氯水，振荡，有机层显红棕色，表示有 Br^- 2. 品红试法：品红与 NaHSO$_3$ 生成无色加成物，游离溴与此加成物作用，生成红紫色溴代染料。方法如下：在试管中放数滴品红的 0.1% 水溶液，加入数滴固体 NaHSO$_3$ 和 1～2 滴浓 HCl 以使溶液变为无色，用所得溶液润湿小块滤纸，黏附在一块表玻璃的内表面上，将此表玻璃与另一块表玻璃扣在一起组成一个气室，在下面的表玻璃上放 2～3 滴试液及 4～5 滴 25% 铬酸溶液，然后将气室放在沸腾水浴的开口上加热约 10 min，若有 Br^-，则被铬酸氧化成游离溴，后者挥发，与试纸上的试剂相互作用，试纸呈现红紫色	加氯水过量，生成 BrCl 使有机层显淡黄色。氯和碘不产生颜色，所以这个反应可在 Cl^-、I^- 存在时鉴定很小量的 Br^-

续表

离子	鉴定方法	备注
I^-	取 2 滴试液，加入数滴 CCl_4，滴加氯水，振荡，有机层显紫色，表示有 I^-	在弱碱性、中性或酸性溶液中氯水氧化 I^- 为 I_2，过量氯水将 I_2 氧化为 IO_3^-，有机层紫色褪去
S^{2-}	取 1 滴试液放在点滴板上，加 1 滴 $Na_2[Fe(CN)_5NO]$ 试剂，由于生成 $Na_4[Fe(CN)_5NOS]$ 而显紫红色，表示有 S^{2-}	在酸性溶液中，$S^{2-} \rightarrow HS^-$ 而不产生紫红色，故应加碱液使酸度降低
$S_2O_3^{2-}$	取 5 滴试液，逐渐加入 1 $mol \cdot L^{-1}$ HCl 溶液生成白色或淡黄色沉淀，表示有 $S_2O_3^{2-}$，反应式为 $$S_2O_3^{2-} + 2H^+ \longrightarrow S\downarrow + SO_2\uparrow + H_2O$$	
SO_4^{2-}	向 3 滴试液中加入 6 $mol \cdot L^{-1}$ HCl 溶液酸化，再加入 0.1 $mol \cdot L^{-1}$ $BaCl_2$ 溶液，有白色沉淀 $BaSO_4$ 析出，表示有 SO_4^{2-}	
SO_3^{2-}	1. 亚硫酸盐能使有机染料品红溶液褪色。具体操作如下：在点滴板上加 1 滴品红溶液，加 1 滴中性试剂，SO_3^{2-} 存在时溶液褪色，试液若为酸性，须先用 $NaHCO_3$ 溶液中和，碱性溶液须加 1 滴酚酞，通 CO_2 至饱和使溶液由红色变为无色 2. 向 3 滴试液中加入数滴 0.2 $mol \cdot L^{-1}$ HCl 溶液和 0.1 $mol \cdot L^{-1}$ $BaCl_2$ 溶液，再滴 3% H_2O_2 溶液，产生白色沉淀，表示有 SO_3^{2-}	S^{2-} 也能使品红溶液褪色，故干扰反应
NO_3^-	1. 二苯胺 $[(C_6H_5)_2NH]$ 法：在洗净并干燥的表玻璃上放 4~5 滴二苯胺的浓 H_2SO_4 溶液，用玻璃棒蘸取少量试液放入上述溶液中。有 NO_3^- 时二苯胺被生成的硝酸氧化而呈深蓝色 2. 取 1 滴试液放在点滴板上，再加 $FeSO_4$ 固体和浓硫酸，在 $FeSO_4$ 晶体周围出现棕色环，表示有 NO_3^-	NO_2^-、Fe^{3+}、CrO_4^{2-} 和 MnO_4^- 也有同样反应，会干扰测定
NO_2^-	在 1 滴试液中加几滴 6 $mol \cdot L^{-1}$ HAc 溶液，再加一滴对硝基苯磺酸和 1 滴 α-萘胺，若溶液显粉红色，表示有 NO_2^-	
PO_4^{3-}	在 2 滴试液中加 5 滴浓 HNO_3 和 10 滴饱和钼酸铵溶液，若有黄色沉淀产生，表示有 PO_4^{3-}	

附录 12　危险药品的分类、性质和管理

1. 危险药品的分类、性质和管理

危险药品是指受光、热、空气、水或撞击等外界因素的影响，可能引起燃烧、爆炸的药品，或具有强腐蚀性、剧毒性的药品。常用危险药品按危害性可分为以下类别进行管理，如附录 12 表 1 所示。

附录 12 表 1　常用危险药品的分类、性质和管理

类　别		举　例	性　质	注意事项
爆炸品		硝酸铵、苦味酸、三硝基甲苯	遇高热摩擦、撞击等，引起剧烈反应，放出大量气体和热量，产生猛烈爆炸	存放于阴凉、低下处；轻拿、轻放
易燃品	易燃液体	丙酮、乙醚、甲醇、乙醇、苯等有机溶剂	沸点低、易挥发，遇火则燃烧，甚至引起爆炸	存放于阴凉处，远离热源；使用注意通风，不得有明火
	易燃固体	赤磷、硫、萘、硝化纤维	燃点低，受热、摩擦、撞击或遇氧化剂，可引起剧烈连续燃烧、爆炸	存放于阴凉处，远离热源；使用注意通风，不得有明火
	易燃气体	氢气、乙炔、甲烷	因撞击、受热引起燃烧，与空气按一定比例混合，则会爆炸	使用时注意通风，如为钢瓶气，不得在实验室存放
	遇水易燃品	钠、钾	遇水剧烈反应，产生可燃气体并放出热量，此反应热会引起燃烧	保存于煤油中，切勿与水接触
	自燃物品	白磷	在适当温度下被空气氧化、放热，达到燃点而引起自燃	保存于水中
氧化剂		硝酸钾、氯酸钾、过氧化氢、过氧化钠、高锰酸钾	具有强氧化性，遇酸、受热、与有机物、易燃品、还原剂等混合时，因反应引起燃烧成爆炸	不得与易燃品、爆炸品、还原剂等一起存放
腐蚀性药品		强酸、氟化氢、强碱、溴、酚	具有强腐蚀性，触及物品造成腐蚀、破坏，触及人体皮肤，引起化学烧伤	不要与氧化剂、易燃品、爆炸品放在一起

类　别	举　例	性　质	注意事项
剧毒品	氰化钾、三氧化二砷、升汞、氯化钡、液氯、六六六、二氟化氧	剧毒，少量侵入人体（误食或接触伤口）引起中毒，甚至死亡	专人、专柜保管，现用现领，用后的剩余物不论是固体或液体都应交回保管人，并应设有使用登记制度

2. 化学实验室毒品管理规定

（1）实验室使用毒品和剧毒品（无论 A 类或 B 类毒品）应预先计算使用量，按用量到毒品库领取，尽量做到用多少领多少。使用后剩余毒品应送回毒品库统一管理，毒品库对领出和退回毒品要详细登记。

（2）实验室在领用毒品和剧毒品后，由两位教师（教辅人员）共同负责保证领用毒品的安全管理，实验室要建立毒品使用账目，账目包括：药品名称、领用日期、领用量、使用日期、使用量、剩余量、使用人签名、两位管理人签名。

（3）实验室使用毒品时，如剩余量较少且近期仍需使用，则此药品必须存放于实验室毒品保险柜内，钥匙由两位管理教师掌管，保险柜上锁和开启均须两人同时在场。实验室配制有毒药品溶液时也应按用量配制，该溶液的使用、归还和存放也必须履行使用账目登记制度。

参考文献

[1] 大连理工大学无机化学教研室. 无机化学实验[M]. 2版. 北京：高等教育出版社，2004.

[2] 北京师范大学无机化学教研室. 无机化学实验[M]. 北京：高等教育出版社，1983.

[3] 北京师范大学无机化学教研室. 无机化学实验[M]. 3版. 北京：高等教育出版社，2001.

[4] 韩晓霞，杨文远，倪刚. 无机化学实验[M]. 天津：天津大学出版社，2017.

[5] 华彤文，陈景祖，严洪杰，等. 普通化学原理[M]. 3版. 北京：北京大学出版社，2005.

[6] 闽南师范大学无机及材料化学教研室. 无机化学实验[M]. 4版. 厦门：厦门大学出版社，2017.

[7] 程国娥. 无机化学实验[M]. 武汉：中国地质大学出版社，2016.

[8] 练萍，胡乔生. 无机化学实验[M]. 杭州：浙江大学出版社，2014.

[9] 李生英，白林，徐飞. 无机化学实验[M]. 北京：化学工业出版社，2007.

[10] 毛海荣. 无机化学实验[M]. 南京：东南大学出版社，2006.

[11] 蔡定建. 无机化学实验[M]. 武汉：华中科技大学出版社，2013.

[12] 朱湛，傅引霞. 无机化学实验[M]. 北京：北京理工大学出版社，2007.

[13] 于涛. 微型无机化学实验[M]. 北京：北京理工大学出版社，2004.

[14] 周宁怀，宋学梓. 微型化学实验[M]. 杭州：浙江科学出版社，1992.

[15] 周宁怀. 微型无机化学实验[M]. 北京：科学出版社，2000.

[16] 张荣. 无机化学实验[M]. 北京：石油工业出版社，2008.

[17] 梁华定. 无机化学实验[M]. 杭州：浙江大学出版社，2011.

[18] 王振英，张涛，黄文季. 化学实验[M]. 北京：中央民族学院出版社，1992.

[19] 张谋真，刘启瑞. 无机化学实验[M]. 西安：西安地图出版社，2003.

[20] 王希通，周宜童，潘鸿章，等. 无机化学实验[M]. 2 版. 北京：高等教育出版社，1988.

[21] 余彩莉，刘峥. 大学化学实验教程[M]. 北京：冶金工业出版社，2009.

[22] 胡忠勤. 基础实验化学教程[M]. 哈尔滨：东北林业大学出版社，2009.

[23] 王志坤，吕健全. 无机及分析化学实验[M]. 成都：电子科技大学出版社，2008.

[24] 刘绍乾. 基础化学实验指导[M]. 2 版. 长沙：中南大学出版社，2014.

[25] 丁琼. 基础化学实验[M]. 武汉：湖北科学技术出版社，2013.

[26] 曹天鹏，伍天荣. 普通化学实验教程[M]. 北京：中国纺织出版社，1995.

[27] 陕西省仪祉农业学校. 果品贮藏加工实验实习指导[M]. 北京：中国农业出版社，1983.

[28] 丛峰松. 生物化学实验[M]. 上海：上海交通大学出版社，2005.

[29] 史苏华. 无机化学实验[M]. 武汉：华中科技大学出版社，2010.

[30] 袁天佑，吴文伟，王清. 无机化学实验[M]. 上海：华东理工大学出版社，2005.

[31] 李梅，梁竹梅，韩莉. 化学实验与生活：从实验中了解化学[M]. 北京：化学工业出版社，2004.

[32] GORDON F. 21 世纪新物理学[M]. 秦克诚，译. 北京：科学出版社，2014.

[33] 王明华. 化学与现代文明[M]. 杭州：浙江大学出版社，1998.

[34] 李铭岫. 无机化学实验[M]. 北京：北京理工大学出版社，2002.

[35] 吴泳. 大学化学新体系实验[M]. 北京：科学出版社，1999.

[36] 胡立江，尤宏. 工科大学化学实验[M]. 哈尔滨：哈尔滨工业大学出版社，1999.

[37] 高剑南，戴立益. 现代化学实验基础[M]. 上海：华东师范大学出版社，1998.

[38] 浙江大学普通化学教研组. 普通化学实验[M]. 北京：高等教育出版社，1996.

[39] 陈秉垸. 普通无机化学实验[M]. 上海：同济大学出版社，2000.

[40] 周其镇. 大学基础化学实验[M]. 北京：化学工业出版社，2000.

[41] 古风才，肖衍繁. 基础化学实验教程[M]. 北京：科学出版社，2001.

[42] 李聚源. 普通化学实验[M]. 北京：化学工业出版社，2003.

[43] 无机化学演示实验编写组. 无机化学演示实验[M]. 北京：人民教育出版社，1980.

[44] 吕苏琴，张春荣，揭念芹. 基础化学实验[M]. 北京：科学出版社，2000.

[45] 天津大学无机化学教研室. 大学化学实验[M]. 天津：天津大学出版社，1998.

[46] 王克强，王捷，吴本芳. 新编无机化学实验[M]. 上海：华东师范大学出版社，2001.

[47] 南京大学大学化学实验教学组. 大学化学实验[M]. 北京：高等教育出版社，2004.

[48] 叶艳青，郭俊明. 基础化学实验[M]. 杭州：浙江大学出版社，2014.

［49］郭伟强. 大学化学基础实验［M］. 北京：科学出版社，2005.

［50］窦英. 大学化学实验（无机及分析化学实验分册）［M］. 天津：天津大学出版社，2015.

［51］沈君朴. 无机化学实验［M］. 2 版. 天津：天津大学出版社，1992.